蔬菜安全高效施肥

李博文 等 编著

U0380892

中国农业出版社

图书在版编目（CIP）数据

蔬菜安全高效施肥/李博文等编著.—北京：中
国农业出版社，2014.9（2019.10重印）
ISBN 978-7-109-19686-5

Ⅰ.①蔬… Ⅱ.①李… Ⅲ.①蔬菜-施肥 Ⅳ.
①S630.6

中国版本图书馆 CIP 数据核字（2014）第 238844 号

中国农业出版社出版
（北京市朝阳区麦子店街 18 号楼）
（邮政编码 100125）
责任编辑　郭　科　孟令洋

中农印务有限公司印刷　　新华书店北京发行所发行
2014 年 10 月第 1 版　　2019 年 10 月北京第 3 次印刷

开本：880mm×1230mm　1/32　　印张：11.875
字数：320 千字
定价：30.00 元
（凡本版图书出现印刷、装订错误，请向出版社发行部调换）

《蔬菜安全高效施肥》编委会

主　　任　李博文

副 主 任　刘树庆　刘文菊　张丽娟　杨志新

编著人员

第一章　李博文（河北农业大学）

第二章　李博文

第三章　张丽娟（河北农业大学）

第四章　李博文

第五章　王　凌（河北省农林科学院）

第六章　刘文菊　耿丽平（河北农业大学）

第七章　王丽英（河北省农林科学院）

第八章　吉艳芝（河北农业大学）

第九章　刘树庆（河北农业大学）

第十章　杨志新（河北农业大学）

第十一章　郭艳杰（河北农业大学）

第十二章　王小敏（河北农业大学）

第十三章　刘文菊　耿丽平

序

目前，我国蔬菜播种面积已达 2 000 万 hm²，总产量 7.09 亿 t，年总产值已达到 1.4 万亿元，占种植业总产值比例近 34%，促进农民人均增收近千元，在农业结构中居重要的地位。蔬菜产业已成为农业结构调整的突破口，成为促进农业增效、农民增收的主渠道，成为推进农民劳动就业、致富的支柱产业。然而，在蔬菜生产中，盲目、过量施肥现象严重，菜田养分失调、次生盐渍化普遍，硝酸盐、重金属和农药残留等污染凸现，严重威胁蔬菜食品安全和生态安全。因此，亟待研发先进施肥技术，推动蔬菜产业的提质增效。

2012 年中央 1 号文件以农业科技创新为主题，把现代农业产业技术体系建设，作为完善科技创新机制的重要环节，并提出了明确要求。2012 年 5 月，河北省委、省政府认真落实中央精神，颁发了冀办发 [2012] 19 号《关于加快推进农业科技创新 促进现代农业建设的实施意见》的文件，明确提出：围绕农业主导产业和优势特色产业，聚合科教推人才，建设现代农业产业技术体系省级创新团队。河北省农业厅、财政厅认真落实中央和省委、省政府的决策部署，2013 年 8 月首批启动了小麦、玉米、棉花、蔬菜、食用菌、中药材、生猪、奶牛、蛋鸡、淡水养殖、特色海产品 11 个产业技术体系建设。

河北农业大学李博文教授作为河北省现代蔬菜产业技术体系"安全高效施肥用药"岗位专家，组织河北农业大学、河北省农林科学院及相关企业的科技骨干，构建了"蔬菜安全高效施肥协同创新团队"，对全省蔬菜生产施肥问题开展了专门调研，在微生物肥料、生物有机肥、腐殖酸类肥料、缓控释肥等新型肥料的研发与安全高效施用领域，开展了蔬菜施肥关键技术的集成研发与示范，同时根据河北省现代蔬菜产业技术体系建设的需要，编写了《蔬菜安全高效施肥》一书。

该书针对农村基层领导、技术人员和农民的实践需要，阐明了蔬菜施肥的现状、存在的问题和施肥创新的方向，介绍了各种新型肥料的研发现状与趋势、主要优点与缺点、质量要求与鉴别、施用原则与方法，重点介绍了主要蔬菜植物的营养特征、需肥特点和施肥要领，强化了技术的物化、简化、标准化和模式化。既有科学的理论依据，又有成熟的技术方法，突出了技术的实用性和可操作性，切合现代蔬菜产业的发展需要，对推动蔬菜产业的提质增效，将提供有力的科技支撑。

此书集中展现了蔬菜安全高效施肥领域的先进适用技术，是科研战线一批专家、学者辛勤工作的结晶，体现了他们脚踏实地、创新进取的工作态度和坚持与时俱进、团结协作的团队精神，为河北省现代蔬菜产业技术体系建设做出的重要贡献。真诚地希望工作在蔬菜产业第一线的管理同志、技术人员、种菜能手和菜农珍惜这一创新成果，与科研人员密切配合，将此书切实用于蔬菜产业的实践，真正发挥它的技术引领作用，建设一批"创新驱动、安全高效、引领发展"的河北省现代蔬菜产业科技创新示范基地（园区），推动蔬菜产业的持续高效发展。

河北省蔬菜产业创新团队首席专家

2014 年 5 月 28 日

前　言

　　近年来，蔬菜过量施肥、滥施肥现象严重，导致菜田养分失调、次生盐渍化普遍，硝酸盐、重金属和农药残留等污染凸现，严重威胁蔬菜食品安全和生态安全，研发先进适用技术，推动蔬菜产业提质增效，已刻不容缓。

　　"推进蔬菜安全高效施肥"是河北省蔬菜产业技术体系建设的一项重要任务。在河北省农业厅、财政厅的大力支持下，我们创建了"蔬菜安全高效施肥协同创新团队"，并根据河北省现代蔬菜产业技术体系建设的需要，积极研发蔬菜施肥关键适用技术，编写了《蔬菜安全高效施肥》一书，旨在推动现代蔬菜施肥技术的创新示范。

　　本书内容跟踪国际施肥技术的前沿，引入了现代施肥的科学理念，阐述了蔬菜施肥面临的严峻挑战、创新发展趋势，明确了现代蔬菜的施肥目标，突出了技术创新的先进性。同时，面向蔬菜生产实际，既有先进科学的理论依据，又有简便实用的技术方法，力求推进施肥技术的物化、简化、标准化和模式化，提高实用性和可操作性。为便于对施肥技术的应用与掌握，一是突出技术的物化，以肥料产品为核心，重点介绍了各种新型肥料的特点、质量鉴别与施用要点；二是注重技术的简化，主要介绍了肥料真伪鉴别与质量检测的简易方法，在施肥上重点介绍了"施什么、何时施、施多少、怎么施"，技术易行、操作简便；三是坚持技术的标准化，依据国家、行业相关标准，对常用肥料的质量要求，做了重点介绍，技术指标权威规范；四是推荐技术的模式化，重点介绍了不同蔬菜的植物营养特征、需肥特点、施肥原则和施肥要领，技术推广便捷实用。适用于农村基层干部、管理人员、科技人员和菜农，用于指导蔬菜合理施肥工作，对推动蔬菜产业提质增效，具有较高的实用价值和指导意义。

全书共分为13章：第一章为导论，第二章为设施蔬菜施肥存在的问题，第三章为微生物肥料的安全高效施用，第四章为农家肥的安全高效施用，第五章为常见单质化肥的安全高效施用，第六章为生物有机肥的安全高效施用，第七章为常规复混肥料的安全高效施用，第八章为腐殖酸类肥料的安全高效施用，第九章为缓控释肥料的安全高效施用，第十章为中微量元素肥料的安全高效施用，第十一章为土壤调理剂的安全高效施用，第十二章为植物生长调节剂的安全高效施用，第十三章为主要蔬菜的安全高效施肥。

本书集中展现了蔬菜安全高效施肥领域的先进技术成果，是本创新团队集体智慧的结晶。团队的研发工作，得到了永清县蔬菜管理局、河北民得富生物技术有限公司、河北闰沃生物技术有限公司、廊坊市欧华嘉利农业科技发展有限公司、张家口市泓都生物技术有限公司，以及河北省蔬菜产业技术体系相关岗位和试验站专家的密切配合。在本书编写过程中，河北省农业厅、河北省财政厅、河北农业大学、河北省农林科学院等单位的领导和同志给予了大力支持和帮助；同时，本书的创作也参考了相关学者的大量文献，在此一并表示衷心的感谢！

由于学识水平及掌握资料有限，书中疏漏、不足之处在所难免，敬请广大读者批评指正。

编著者
2014年5月28日

目 录

第一章
导　论

第一节　安全高效施肥的必要性

一、蔬菜产业在种植业中居重要战略地位

　　蔬菜产业已成为种植业中发展最快、效益最高的产业之一。据联合国粮农组织（FAO）统计，我国蔬菜播种面积和产量分别占世界的43%、49%，均居世界第一。2012年，全国蔬菜播种面积已达2 000万 hm^2，总产量7.09亿 t，总产值已达到1.4万亿元，占种植业总产值比例近34%，促进农民人均增收近千元，在农业结构中居重要的地位。目前，我国已是世界上最大的蔬菜生产国和消费国，人均蔬菜占有量近450kg，超过世界人均水平200kg以上，并大量出口俄、日、韩、美等国家，年出口量已达802.7万 t，仅占总产量的1.3%，贸易顺差66.7亿美元，约占农产品贸易顺差的65%，发展潜力巨大。

　　目前，河北省瓜菜播种面积130万 hm^2 左右，居全国第五位；瓜菜总产量8 100多万 t，已连续17年居全国第二；瓜菜平均每667 m^2 产量4 000kg，居全国第一；人均蔬菜占有量达到960kg以上，居全国首位，是全国平均水平的2倍多，已成为全国重要的蔬菜输出大省，商品率达85%，销往全国近30个省份，居外埠进京津蔬菜市场份额之首。全省瓜菜总产值900多亿元，占农业总产值的45%以上，已连续11年居全省种植业之首。

二、菜田施肥污染已直接危及蔬菜食品安全

过量施肥是导致蔬菜硝酸盐和重金属面源污染的主要因素之一。据实际施肥量与推荐量对比调查，菜田普遍存在过量施肥。河北棚室番茄平均施氮肥量为推荐量的 3.2 倍，高的达 11.6 倍；平均施磷肥量为推荐量的 9 倍，高的达 39 倍。棚室黄瓜平均施氮肥量为推荐量的 2.5 倍，高的达 7 倍；平均施磷肥量为推荐量的 8.5 倍，高的达 25 倍。豆类、茄子、辣椒氮肥、磷肥用量分别为推荐量的 3～4 倍和 4～6 倍。过量施肥导致蔬菜硝酸盐含量超标已被人们所公认。肥料中报道最多的污染物是重金属，其重金属含量一般是：磷肥＞复混肥＞钾肥＞氮肥。随施磷肥进入菜田的 Cd 污染开始凸现。据马耀华等对上海地区菜园土研究发现，施肥后 Cd 的含量从 0.13mg/kg 上升到 0.32mg/kg。硝酸铵、磷酸铵中 As 量可达 50～60mg/kg，长期施用可引起 As 面源污染。因菜农追求高产过量施肥，磷肥超量最为严重，其次是氮肥，钾肥相对不足。蔬菜重金属和硝酸盐含量超标现象屡见不鲜。目前，80％以上蔬菜产品尚难以达到绿色食品标准，直接危及蔬菜食品安全，每年蔬菜业减少收益高达数百亿元。加强菜田施肥对蔬菜污染的控制，已刻不容缓。

三、菜田施肥污染已严重威胁生态环境安全

有关资料表明，我国农田氮肥用量约 3 500 万 t，占世界氮肥用量的 30％以上。氮肥利用率为 30％～35％，磷肥和钾肥利用率分别为 10％～20％和 35％～50％，分别低于发达国家 15～20 个百分点，每年农田氮肥损失率为 33％～74％。大量随水流失的化肥，已引起水体的富营养化。其中，棚室蔬菜施肥严重超量，土壤耕层大量盐分累积，已引起土壤次生盐渍化和地下水污染，同时导致温室气体的大量排放，严重威胁生态环境安全。据初步测算，全国农田年均 N_2O 排放总量为 N 398Gg，约占全球农田土壤排放总量的 10％。一般旱田土壤 N_2O 年排放总量为 N 310Gg，占农田土壤总

排放量的 78%。其中，棚室菜田面积已达 466.7 万 hm^2，且每年以 10%左右的速度增长，其 N_2O 的排放量比一般旱田高 5 倍左右。N_2O、CO_2 和 CH_4 是被公认的 3 种温室效应气体，其中 N_2O 的增温潜势最高，分别是 CO_2 的 296 倍、CH_4 的 14 倍。这些气体浓度的增加加剧着全球气候变暖，直接危害全球生物的多样性和人居生存环境。加强菜田施肥对生态环境污染的控制，已迫在眉睫。

四、推进蔬菜产业提质增效的迫切需要

面对国际市场"绿色壁垒"和国内大中城市的准入制度，发展绿色、有机食品蔬菜，既是当今世界蔬菜的发展趋势，又是我国蔬菜产业的根本出路。因此，突破绿色、有机食品蔬菜发展的瓶颈，是我国蔬菜产业提质增效的核心与关键。亟待解决的瓶颈是农药、重金属和亚硝酸盐污染。目前，蔬菜生产禁止使用剧毒、高残留农药，采用生物防治，农药污染已得到有效控制；菜田重金属面源污染和蔬菜亚硝酸盐污染，主要来自难以摆脱的施肥过程；通过产地的科学选址、合理布局，可从源头有效控制重金属污染。大量研究已证实，单纯控制氮肥用量，既要避免亚硝酸盐污染，又期望蔬菜高产，相当困难。研发基于蔬菜食品安全的高效施肥技术，突破蔬菜提质增效的瓶颈，既控制施肥污染，又实现丰产高效，十分必要。

五、推动蔬菜产业可持续发展的迫切需要

据田间调查，过量施肥已导致设施菜田普遍出现次生盐渍化、养分平衡失调等连作土壤障碍。同时，因长期过量施用矿质磷肥，土壤重金属面源污染开始凸现。尤其，在老菜区、老菜园表现比较突出。次生盐渍化导致土壤板结，生理病害加重，产量降低，品质下降。如地面出现盐斑，番茄出现青肩或花脸果，黄瓜出现苦味瓜、细腰瓜、弯瓜等。养分平衡失调已引起蔬菜缺素症。如番茄缺钙出现脐腐病，黄瓜营养不良形成大肚瓜、尖头瓜、细腰瓜、苦味瓜等。重金属面源污染已导致发展无公害、绿色食品农产品选址困

难。大量调查研究表明，蔬菜施钾肥比较优势最大，磷肥其次，氮肥最小，迫切需要以平衡施肥理论为依据，以优质、高产、安全、高效、环保为目标，大力推进安全高效施肥。根据不同蔬菜的需肥规律、土壤供肥性能、肥料效应特点及其安全生产目标，"以地定产、以产定氮、以氮配磷、补钾配微、平衡配方"，将有机肥与无机肥，氮肥与磷钾肥、中微量元素肥料等合理配置，科学施用。通过蔬菜安全高效施肥，既能实现蔬菜丰产增收，又可保障生态环境安全，大力推动蔬菜产业可持续发展，因此意义重大。

第二节 国内外施肥技术研究进展

一、测土配方施肥的形成与发展

作物施肥技术的研究与应用，可追溯到 1850 年的李比希时代，在国内外已有 100 多年的历史。早期侧重研究作物的施肥时期与方法，在施肥技术上并没有明显的突破性进展。直到 20 世纪 40 年代，施肥技术开始迅速发展，在欧美国家已开始把土壤测定作为制定肥料施用方案的有效手段；美国各州已建立土壤测试实验室为农户提供施肥建议；20 世纪 60 年代，美国已建立起比较完善的测土施肥体系，每个州都有测土工作委员会，大部分州都制定了测试技术规范；到 20 世纪 80 年代，已开始研制推荐施肥软件，开始精准施肥的研究；进入 20 世纪 90 年代，精准施肥在欧美已经从试验研究走向推广应用。美国配方施肥技术覆盖面积达到 80% 以上，40% 的玉米田块采用土壤或植株测试推荐施肥技术。目前，测土配方施肥已成为当今国际上最为先进、成熟的施肥技术。

我国测土配方施肥工作，始于 20 世纪 70 年代末的全国第二次土壤普查。首先，农业部土壤普查办公室组织了由 16 个省（自治区、直辖市）参加的"土壤养分丰缺指标研究"。其后，农业部开展了大规模配方施肥技术的推广。1992 年组织了联合国开发计划（UNDP）平衡施肥项目的实施。1995 年前后，在全国部分地区进行了土壤养分调查，并在全国组建了 4 000 多个不同层次的多种类型土壤肥力监测点，分布在 16 个省份的 70 多个县，代表 20 多种土壤类型。在此期间，1989 年中国农业科学院通过中国-加拿大（PPIC）合作项目，将"土壤养分状况综合系统评价法"（简称 ASI 方法）引入我国，并且建立了"中国-加拿大（CAAS－PPIC）合作土壤植物测试实验室"，2005 年命名为"中国农业科学院国家测土施肥中心实验室"。中国农业科学院与全国 44 个科研、教学和技术推广部门组成的合作研究网络，在 31 个省份范围内开展了深入系统的研究，共分析土壤样品 30 000 多个，进行了 7 000 多个田间试验和 500 多个盆栽试验，形成了完整的土壤养分评价指标和推荐施肥指标体系。在此基础上，针对我国主要土壤类型和作物，研制出测土推荐施肥指标体系和推荐施肥模型，形成了一整套测土推荐施肥的方法与技术体系。测土配方施肥与传统施肥方法相比，平均增产 11.2%～16.2%，一般大田作物增产 10% 左右，蔬菜与水果等经济作物增产 15% 左右。目前，国内已有多年的测土施肥研究基础和良好的技术储备。其中，在大田作物施肥上研究的比较全面、系统、细致；在蔬菜施肥上尚待深入研究。

二、蔬菜施肥技术的发展要求

在蔬菜施肥方面，纵观国内外的研究与应用，早在 20 世纪 20 年代，为克服保护地土壤因连作带来的病害和盐渍危害，国外就以无土栽培技术生产无公害蔬菜，开始注意蔬菜施肥技术的改进。到 20 世纪 70 年代，西方各国倡导生态农业、有机农业等农业模式。美国率先倡导了"有机农业"，反对在农场施用化肥及农药，强调生态环境保护第一，用绿肥秸秆替代化肥，用天敌、轮作替代化学防治。20 世纪 90 年代以来，国外无公害蔬菜向有机蔬菜方向发展，倡导以天然环境栽培的蔬菜品质为最优，提出了严格的蔬菜禁止施用、推荐施用的肥料品种及准则，形成了精细的土壤养分平衡推荐施肥技术体系。

我国无公害蔬菜的测土施肥研究始于 1982 年，在全国 23 个省份开展无公害蔬菜的研究、示范与推广工作，探索出一套综合防治病虫害及配方施肥，减少农药污染，实行无公害蔬菜生产的技术。1990 年农业部召开"绿色食品"工作会议，提出"绿色食品"的概念，并成立绿色食品开发办公室。1993 年中国绿色食品发展中心加入"国际有机农业运动联盟"。同全世界 90 多个国家和地区，500 多个相关组织建立了联系。1993 年颁布的《中华人民共和国农业法》指出，"应当保养土地，合理使用化肥、农药，增加使用有机肥料，提高地力，防止土壤污染、破坏和地力衰退。"1998 年颁布《基本农田保护条例》指出，"国家提倡和鼓励农业生产者对其经营的基本农田施用有机肥，合理施用化肥和农药，……保持和培肥地力。"将施肥用法律条文加以规范，促进了无公害蔬菜的发展。

进入 21 世纪以来，针对无公害食品和绿色食品蔬菜生产，我国颁布了一系列的农业行业标准，制定了 20 多种无公害蔬菜的生产技术规程，针对性地提出了无公害蔬菜施肥的技术要求和准则。并且，颁布了《绿色食品产地环境技术条件》（NY/T 391—2000），以及茄果类、根菜类和绿叶类等 8 类绿色食品蔬菜的标准，为深入研究蔬菜高效施肥技术提出了要求和依据。

2005 年，农业部开始制定《测土配方施肥技术规范（试行）》，经两次修订，2008 年 2 月正式印发施行。2011 年经再次修订，编制了《测土配方施肥技术规范（2011 年修订版）》，主要细化了蔬菜、果树测土配方施肥技术内容，旨在建立和完善蔬菜、果树等园艺作物的施肥技术体系，加大蔬菜、果树等园艺作物测土配方施肥技术推广力度，这也为本课题的开展创造了良好的社会环境。

三、生化增效施肥技术正在兴起

20 世纪 50 年代中期，美国率先开展了人工合成硝化抑制剂的研制，1973 年美国 DOW 化学公司开发生产出 nitrapyrin［2 -氯-6 -（三氯甲基）吡啶］硝化抑制剂，1975 年美国环保局正式批准其在农业生产中应用，20 世纪 80 年代初，已在玉米、小麦、水稻等作物上应用。一般可使作物增产 7％，减少硝态氮淋失 16％，降

低 N_2O 排放通量 51%。2 -氯- 6 -（三氯甲基）吡啶是含氯的有机物，长期施用会产生环境污染。

20 世纪末，德国 BASF 公司研制出了 DMPP（3，4 -二甲基吡唑磷酸盐）硝化抑制剂，1999 年得到德国政府批准，在德国及欧洲其他国家得到了商业化生产，并在农业上规模化应用。德国 COMPO 集团公司及其下属企业，每年生产并销售大量添加 DMPP 的氮肥和复合肥。大量田间应用试验表明，可减少硝态氮淋失 13%，降低 N_2O 排放通量 43%，平均增产小麦、水稻、玉米 3% 以上，平均增产水果、蔬菜 5% 以上。但目前该项专利技术被德国垄断，添加 DMPP 的肥料进口价格昂贵，成为影响其在我国推广应用的主要因素。

21 世纪初，新西兰林肯大学取得了应用 DCD（二氰二氨）硝化抑制剂的专利技术，并在牧场系统大规模的应用。一般在每年施用 $200kg/hm^2$（以 N 计）尿素的牧场，秋季施用 DCD，可减少硝态氮淋失 76%，降低 N_2O 排放 74%；春季施用 DCD，可减少硝态氮淋失 42%，降低 N_2O 排放 75%；均可增产牧草 15% 以上。DCD 在土壤中可代谢生成铵态氮和硝态氮，完全转化而不留残余物。因此，DCD 既具有抑制功效，又是氮素肥源。近年来，我们引进了该项技术，将其应用到蔬菜施肥领域，明确了应用 DCD 硝化抑制剂的适宜温度为 20～30℃，适宜用量为施氮量的 10%，抑制作用可持续 29d，提高氮肥利用率 9%，降低氮损失 52.5%；探明了配施 DCD 对 N_2O 排放和 NH_3 挥发的抑制效应，降低 N_2O 排放通量 79.5%，减少 NH_3 挥发损失 43.5%；揭示了施用 DCD 对蔬菜硝酸盐含量及其品质的影响，配施 DCD 可分别降低番茄、黄瓜果实硝酸盐含量 57.4%、29.0%，显著改善了蔬菜品质。

目前，在国际上许多硝化抑制剂已取得了专利权，并注册了商标在市场上流通，但在农业上已规模化推广应用的只有 nitrapyrin、DCD 和 DMPP。其中，DCD 是被公认为最有效的硝化抑制剂。

四、生物有机肥开发应用前景广阔

半个多世纪以来，化肥在我国提高粮食产量方面发挥了十分重要的作用。然而，随着化肥施用量的逐年增加，单纯的施用化肥产生了许多负面效应。过量使用化肥已导致菜田盐渍化、地下水污染和水体富营养化。虽然单纯施用化肥可显著提高蔬菜产量，但会导致蔬菜品质明显下降。例如，单纯使用尿素会导致番茄难以转色、黄瓜变涩变苦、芹菜纤维增多等，普遍使蔬菜口感变差，商品经济价值降低。同化肥相比，微生物肥料在保护生态环境、提高作物产量和养分利用率、改善蔬菜品质等方面具有明显优势。生物有机肥料是有机肥、无机肥、微生物肥料的复合肥料，既含有蔬菜所需的营养元素，又含有有益微生物。目前，生物有机肥堪称绿色食品蔬菜专用肥，代表着目前肥料的发展方向，具有广阔的发展前景。

第三节　我国蔬菜施肥的发展趋势

一、施用肥料趋向配方化

随着现代科技的迅猛发展，测土配方施肥在国际上已呈现出批量化前处理、专业化检测、自动化数据采集和网络化推荐施肥的技术发展趋势。同时，除常用的 SPAD 叶绿素仪、植株硝酸盐诊断、植株全氮分析等手段外，光学和遥感技术被越来越多地应用到植株营养诊断。现代高新技术的发展与应用，正在颠覆传统的测土施肥技术。肥料推荐现在越来越偏向根据植株诊断的追肥推荐。智能化和信息化已成为欧美现代科学施肥的发展趋势。但这些新技术还必须基于传统的测土配方施肥技术，必须用传统的测试指标和推荐施肥体系进行校验和验证。鉴于我国设施蔬菜高强度的周年种植，多年种植菜田由于菜农过量滥施肥，普遍出现土壤养分失衡的现象（氮磷钾含量偏高、个别中微量养分缺乏）。因此，必须基于平衡施肥理论施用肥料，而施用肥料也必然趋向配方化。

专用配方肥具有很强的区域适用性。基于菜田土壤养分供给力，根据蔬菜需肥特性，研发的专用配方肥针对性强，其性能优于进口肥料，养分利用率可提高 3～5 个百分点。加入硝化抑制剂、大面积应用、肥效好的缓控释肥料，被一些西方国家专利垄断，进口肥料价格十分昂贵。目前，施肥成本过高是制约进口缓控释肥在我国大规模应用的主要因素之一。开发拥有自主知识产权的技术产品，从根本上解决缓控释肥主要依赖进口的现状，大幅度降低施肥成本，从而使其经济效益优于进口肥料。

二、施肥目标趋向多元化

20 世纪末，国内外的施肥研究已从产量兼顾品质目标的时期，进入兼顾产量、品质与生态的多元目标时期。目前，我国现行用于推荐施肥的土壤养分丰缺诊断指标和植物营养诊断指标体系，主要是 20 世纪 80 年代依据产量基础制定的。虽然近年来考虑到对品质的影响，有的已做过一些调整和改进，但远不能满足兼顾产量、品质与生态多元目标的发展要求，应重新构建新的养分丰缺诊断指标体系。同时，应坚持与时俱进，主动迎接全球环境问题的挑战，基于多元目标严格控制施肥污染。

从施肥高产、优质、环保的多元目标出发，融入西方发达国家先进的施肥理念，借鉴最为先进、成熟的测土施肥、缓控释肥和水肥耦合的技术理论，基于河北菜田的实际，在高强度利用条件下，协调高产、优质与环保三者的关系，建立蔬菜高产的安全高效施肥模式，处在国际高效施肥技术难度的高端，同欧盟国家强调优质、环保、不求高产的蔬菜施肥模式相比，具有一定的竞争优势。

三、施肥技术趋向"三化"

施肥目标的多元化，对施肥技术提出了更高的要求。西方国家占据人均土地资源占有量大的优势，强调生态环境保护第一，提出了一系列施肥技术的准则，引导着国际施肥技术发展的潮流，形成了现代科学施肥的理念。我国在巨大的人口、资源、环境压力下，引入现代科学施肥的理念，必须立足高产、优质、安全、高效、环保的施肥目标，既要做到"土壤缺什么补什么、补足而不浪费"，又要掌握"用什么控什么、恰好而不污染"。这样，研发出的安全高效施肥技术，在应用中对技术掌握的要求高。因此，要切实提高安全高效施肥技术的入户率、覆盖率和到位率，应结合农村国民素质和高度分散经营的实际，大力推进安全高效施肥技术的物化、模式化和实用化。施肥技术的"三化"，将是蔬菜施肥的必然要求和趋势。

河北地域辽阔，气候资源复杂，土壤类型多样，蔬菜种类繁多，各地生产条件和管理技术水平差异较大。加之，菜田的高度分散经营和高强度开发，已导致土壤养分供给力千差万别。在蔬菜生产中，只有给菜农提供具体的、可操作的施肥技术，才能真正实现蔬菜施肥的安全高效，取得理想的效果。因此，针对菜田过量施肥和养分失调的问题，必须突破的难点首先是施肥技术的物化，将复杂的施肥技术物化成肥料产品，只要按照产品说明施用即可奏效。这样，可跨越菜农科技素质低下的障碍，推动蔬菜种植的大幅度增产增收。

水肥耦合是提高水肥利用效率的战略方向。自 20 世纪 60 年代，发达国家开始推广应用灌溉施肥技术，将灌溉与施肥有机结合，根据作物需水需肥规律进行少量多次的灌溉和施肥，水分和养分的供应与根生长的空间、时间保持协调一致，最大限度地减少水肥的流失，达到以水促肥，以肥调水，提高水肥利用率、生产效率和改善品质的目的。根据菜田水肥耦合效应规律，以提高肥料利用率为核心，研发水肥共济、有机-无机协同的耦合增效施肥技术，技术含量高、操作难度大，在生产中很难直接掌握和运用。应用成败的关键是如何把它转化成简便易行的技术模式。该项技术突破的难点是耦合增效技术的模式化，为菜农提供可借鉴的施肥技术样板，以利于技术的推广应用。

铵态氮肥是菜田施用的主要氮素肥料，其氮素利用率低、损失严重是菜田施肥存在的普遍问题。华北菜田氮肥损失的主要途径是：氮淋失和硝化-反硝化过程。已有大量研究证实，无论造成硝态氮淋失，还是产生 N_2O 气体排放，必须以通过硝化过程形成 NO_3^- 或 NO_2^- 为先决条件。因此，抑制硝化过程是控制施用氮肥损失的核心关键。目前，国际上许多硝化抑制剂已取得了专利权，并注册了商标在市场上流通，但在农业上已规模化应用的只有 ni-trapyrin、DCD 和 DMPP。其中，DCD 是被公认为最有效的硝化抑制剂之一。但它存在一定局限：一是在高温、高湿条件下，易于降解失效；二是受农田温湿条件变化的影响，规模化应用效果不稳；三是施用量达到 $15 \sim 30kg/hm^2$ 才有效，这会使施肥成本过高，导致一般大田施用的经济效益显著降低。因此，必须突破的技术难点是生化增效技术的实用化。

四、安全高效施肥的先进性

施肥技术的竞争力取决于其先进与实用结合的高度统一。同国外同类技术相比，立足测土施肥、缓控释肥和水肥耦合等国际先进的施肥理论，根据我国菜田高强度利用与高度分散经营的实际，针对高产、优质、环保多元施肥目标，研发蔬菜安全高效施肥技术体系，切合河北菜田施肥的实际需求，是施肥技术先进与实用结合的高度统一体，具有很强的竞争力。国内虽已有比较成熟的高效施肥技术体系，但主要产生在追求蔬菜高产、优质目标的背景下。基于多元化施肥目标的安全高效施肥技术，方兴未艾。

在欧美发达国家，施肥技术的精准化、智能化和信息化已成为当今的发展趋势。随高新技术在施肥上的应用，施肥的技术手段越来越先进，引导着世界高效施肥技术的发展潮流，非常适用于西方规模化经营、地力比较均匀、高素质经营背景的作物种植制度。所采用的先进技术手段，值得我们在施肥研究中借鉴。但从实用角度来看，难以适应我国高度分散经营、地力千变万化和经营者科技素质偏低的蔬菜生产系统。从河北蔬菜生产的实际出发，大力推进安全高效施肥技术的物化、模式化，具有较高的实用价值。

第二章
设施蔬菜施肥存在的问题

蔬菜是高投入、高产出的朝阳产业。菜农受利益驱动，追求高产收益心切，往往投入大量肥料，不惜成本以期高产。目前，设施蔬菜过量施肥、盲目施肥现象已相当普遍，菜田养分失衡、资源浪费和环境恶化比较严重。

第一节 过量施肥严重

一、施用有机肥比重偏高

随着绿色农业、有机农业的兴起，蔬菜资源扩大、品种增多，蔬菜消费趋向绿色食品化。在蔬菜生产过程中，多施有机肥达到高产优质，已经成为蔬菜生产的新趋势。然而，在这种背景下，滋生着一种"只有施有机肥，才能生产绿色食品蔬菜"的施肥偏见。由田间调查（表2-1）可以看出，在大棚蔬菜生产中，有机肥施用量已占总施肥量的 60.8%～87.6%，有机肥施用量偏高，应引起高度重视。

表 2-1　河北省大棚蔬菜施用有机肥的田间调查情况

蔬菜种类	调查大棚（个）	数值项目	施用有机肥的养分量（kg/hm²）		
			N	P₂O₅	K₂O
黄瓜	95	平均值	3 427.5	2 493.0	1 798.5
		最高值	6 825.0	5 157.0	4 518.0
		占总施肥量比重（%）	73.0	60.8	74.7

（续）

蔬菜种类	调查大棚（个）	数值项目	施用有机肥的养分量（kg/hm^2）		
			N	P$_2$O$_5$	K$_2$O
番茄	98	平均值	2 301.0	1 639.5	1 243.5
		最高值	6 493.5	9 460.5	4 492.5
		占总施肥量比重（%）	69.8	70.5	71.2
甜椒	50	平均值	3 717.0	4 608.0	5 242.5
		最高值	7 605.0	8 865.0	9 240.0
		占总施肥量比重（%）	87.6	76.1	82.1

目前，设施蔬菜普遍存在施鸡粪等畜禽粪肥比重偏高的问题。据调查，一般一茬蔬菜每 667m^2 底施鸡粪 10～18m^3、磷酸二铵 50～100kg、高钾三元复合肥 50～100kg；不少设施蔬菜生产基地，一茬蔬菜每 667m^2 底施鸡粪超过 20m^3，高的达 25m^3。并且，在种植蔬菜前往往浇两次大水，以保证正常出苗生长发育。这种做法，既导致大量的养分淋失，又会引起地下水污染。

二、施用氮、磷肥料偏多

一些菜农长期受北方土壤富含钾宣传的影响，误认为土壤富含钾，种植蔬菜根本不需要施用钾肥，仅靠有机肥即可补钾。过于相信氮、磷的增产作用，过量施用氮肥和磷肥。目前，设施蔬菜生产中，普遍存在重施氮磷肥、轻施钾肥的现象。这种做法的结果是蔬菜养分平衡吸收失调，既增加了蔬菜产品的硝酸盐含量，使蔬菜品质下降、易烂、不耐储运、口味变差，又降低了对病害和不良环境的抵抗力，导致蔬菜减产。

针对设施蔬菜过量施肥问题，对河北省藁城、栾城、永年、定州、武强、滦县、乐亭和涿鹿八县市大棚番茄、黄瓜、甜椒的施肥进行了抽样调查。由表 2-2 可知，在大棚甜椒、黄瓜和番茄上，氮素肥料养分平均施用量超过推荐用量的 1.8～16.9 倍，最高的达 29.2 倍；磷素肥料养分平均施用量超过推荐用量的 9.3～19.1

倍，最高的达 43.8 倍；钾素肥料养分在黄瓜和番茄上的平均施用量与推荐用量基本持平，仅在甜椒上的平均施用量超过推荐用量的 2.2 倍，最高达 6.0 倍。

大棚黄瓜平均施 N 1 269.0kg /hm²、P_2O_5 1 609.5kg /hm² 和 K_2O 610.5kg /hm²，除钾肥外，平均施氮量和施磷量超过大棚黄瓜产量 75 000～90 000kg /hm² 时的推荐用量（N 457.5kg /hm²、P_2O_5 150.0kg /hm²、K_2O 621.0kg /hm²）。其中，平均施氮量超过推荐用量的 1.8 倍，最高达 6.4 倍；平均施磷量超过推荐用量的 9.7 倍，最高达 36.0 倍；平均施钾量与推荐施用量持平，最高仅超 1.2 倍。

大棚番茄产量在 75 000kg /hm² 时，推荐施 N 285.0kg /hm²、P_2O_5 67.5kg /hm²、K_2O 435.0kg /hm²，而调查大棚番茄平均施 N 996.0kg /hm²、P_2O_5 687.0kg /hm²、K_2O 502.5kg /hm²，施氮量和施磷量分别超过推荐施用量的 2.5 倍和 9.3 倍，最高分别超过推荐施用量的 14.2 倍和 38.9 倍；施钾量接近推荐施用量，最高超过 6.0 倍。

大棚甜椒产量在 60 000kg /hm² 时，推荐施 N 294.0kg /hm²、P_2O_5 72.0kg /hm²、K_2O 361.5kg /hm²，而调查大棚甜椒平均施 N 5 265.0kg /hm²、P_2O_5 1 447.5kg /hm² 和 K_2O 1 140.0kg /hm²，分别超过推荐施用量的 16.9 倍、19.1 倍和 2.2 倍，最高分别超过推荐施用量的 29.2 倍、43.8 倍和 4.1 倍。

表 2-2 河北省大棚蔬菜施肥量的田间调查情况表

蔬菜种类	调查大棚（个）	数值项目	施用有机肥的养分量（kg/hm²）		
			N	P_2O_5	K_2O
黄瓜	95	平均值	1 269.0	1 609.5	610.5
		超推荐用量（倍）	1.8	9.7	0.0
		最高值	3 375.0	5 550.0	1 350.0
		超推荐用量（倍）	6.4	36.0	1.2

（续）

蔬菜种类	调查大棚（个）	数值项目	施用有机肥的养分量（kg/hm²）		
			N	P₂O₅	K₂O
番茄	98	平均值	996.0	687.0	502.5
		超推荐用量（倍）	2.5	9.3	0.2
		最高值	4 332.0	2 691.0	3 045.0
		超推荐用量（倍）	14.2	38.9	6.0
甜椒	50	平均值	5 265.0	1 447.5	1 140.0
		超推荐用量（倍）	16.9	19.1	2.2
		最高值	8 880.0	3 225.0	1 854.0
		超推荐用量（倍）	29.2	43.8	4.1

三、施肥量远远超过推荐用量

　　菜农受"肥大水勤，不用问人"的传统观念误导，往往认为"施肥越多，增产越多，多施肥即可多产出"。片面的观点导致施肥量加大，施肥量远远超过蔬菜的需肥量，菜田土壤养分储量大幅度上升。

　　根据规模化设施蔬菜重点区域的田间调查，叶菜类蔬菜实际施氮量和施磷量分别超过推荐用量的 9 倍、15.5 倍，番茄、黄瓜实际施氮量和施磷量分别超过推荐用量的 3～4 倍、2～4 倍，豆类、茄子、辣椒实际施氮量和施磷量分别超过推荐用量的 2～3 倍、3～5 倍，韭菜实际施氮量和施磷量分别超过推荐用量的 1.5 倍、1 倍。总体来看，设施蔬菜施肥量普遍超过了推荐用量。

　　廊坊是河北环京津的重要蔬菜基地，设施蔬菜规模种植已有 20 多年的历史。全市蔬菜以大棚黄瓜、番茄、豇豆、韭菜、胡萝卜、芹菜和甜瓜为主，占其蔬菜总种植面积的 65.2%，为该区域种植的代表性蔬菜，其他蔬菜种类种植面积小、高度分散，不具代表性。通过对代表性蔬菜施肥状况的调查发现，菜田氮、磷、钾养分处于盈余状态（表 2 - 3）。其中，氮盈余量为 147.7～547.0kg/hm²，平均 385.6kg/hm²，番茄的盈余量最低，甜瓜的盈余量最高；磷盈余量为 389.2～850.0kg/hm²；平均 611.6kg/hm²，甜瓜的盈余量最低，黄瓜的盈余量最高；钾盈余量为 8.0～426.4kg/hm²，平均为 278.1kg/hm²，芹菜的盈余量最低，番茄的盈余量最高。从养分盈余状态来看，菜田氮、磷、钾养分均有较大积累，以磷素最多，其次是氮素，钾素最少。

表 2-3　廊坊市代表性大棚蔬菜氮、磷、钾施用量的盈余状况

蔬菜种类	施用养分量（kg/hm²）			养分支出量（kg/hm²）			养分盈余量（kg/hm²）		
	N	P₂O₅	K₂O	N	P₂O₅	K₂O	N	P₂O₅	K₂O
黄 瓜	1 078.0	974.0	661.0	589.0	124.0	618.0	489.0	850.0	43.0
番 茄	1 132.7	853.0	652.0	985.0	83.0	218.0	147.7	770.0	434.0
豇 豆	976.5	666.3	642.0	535.0	103.0	271.0	441.5	563.3	371.0
韭 菜	954.6	670.0	455.0	513.0	30.0	111.0	441.6	640.0	344.0
胡萝卜	893.0	632.0	443.0	453.0	12.0	123.0	440.0	620.0	320.0
芹 菜	884.2	523.4	412.0	692.0	75.0	404.0	192.2	448.4	8.0
甜 瓜	1 032.0	535.2	500.4	485.0	146.0	74.0	547.0	389.2	426.4
平 均	993.0	693.4	537.9	607.4	81.9	259.9	385.6	611.6	278.1

四、出现营养过剩症状

土壤中养分盈余过多，会导致蔬菜出现一系列不良症状。目前，蔬菜营养过剩是设施蔬菜过量施肥引起的一个突出问题。最常见的是氮素过量的蔬菜旺长。个别菜农施用中微量元素肥料过多，导致蔬菜中微量元素过剩。

氮过剩在茄子、黄瓜等果菜类上主要表现为枝叶增多、徒长，开花少，坐果率低，果实畸形，容易出现筋条果、苦味瓜，果实着色不良，品质低劣。萝卜等根菜类氮过剩往往地上部生长过旺，地下块根发育不良，膨大受影响，储藏物质减少，块根细小或不能充实，容易导致空洞的块根。施氮过多，还容易使植株体内积累氨，从而造成氨中毒。如番茄氨中毒症状主要表现为叶片萎蔫，叶边缘

或叶脉间出现褐枯，类似早疫病初期症状，茎部还会形成污斑。磷过剩表现为叶片肥厚而密集。钾过剩黄瓜出现叶缘上卷、黄边现象。

个别出现中微量元素过剩现象。例如，锌过剩诱发的黄瓜植株顶端叶产生缺铁的症状，果实失绿变白。铁过剩叶缘变黄下卷，叶脉间发黄。铜过剩自下部叶的叶脉间变黄，生长发育受阻；根生长不良，根尖变短且有短的分枝根；植株节间变短。钼过剩叶脉残留绿色，叶脉间呈鲜黄色。镁过剩茄子下部叶片的边缘向上卷曲，叶脉间出现黄化，随后叶脉间出现褐色斑点或枯斑。

第二节　盲目施肥普遍

一、有机肥施用不当

畜禽粪肥已成为设施蔬菜生产的主要基肥之一。菜农为了施用方便，通常将畜禽粪在田间晒干，但并未腐熟，很不科学。暴晒的有机肥，会使氮素挥发，损失了肥料的氮素养分。并且，未经发酵腐熟的有机肥施入温室菜田，会迅速分解挥发大量的氨气、硫化氢等，导致温室臭气弥漫。同时，未腐熟的有机肥，还会滋生杂草，传播病菌、虫卵。大多数菜农常施入大量未腐熟的鸡粪作有机肥。此类未经腐熟的有机肥施入菜田，在土壤中腐熟将产生大量的有机酸和无机盐，积累到一定程度，会使种苗蛋白质变性失活，出现烧苗现象。同时，土壤微生物参与腐熟变得活跃，与种苗争水争肥，导致缺苗断垄。

随着农村沼气工程的兴起，产生了大量的沼渣沼液。沼渣沼液是人畜粪便、生活污水、农业废弃物等有机物，经微生物厌氧发酵产生沼气后的剩余物。沼渣沼液营养成分全面，具有速效肥的功效，并且富含氨基酸、维生素、类抗生素等生长促进剂成分，具有提高蔬菜抗逆性的作用；同时，含有未完全分解的有机物和微生物菌体，施入菜田将进一步释放养分，肥效缓速兼备。沼渣中的有机质、腐殖质是很好的土壤改良剂，能提高地温和土壤的通透性，增强土壤的保肥保水能力。因此，沼渣沼液是一种有优良的有机肥源，肥效稳定，成本低廉，既可作追肥，又可作基肥，有利于减少化肥用量，显著提高蔬菜品质，降低生产成本。然而，菜农盲目将沼渣沼液直接施入菜田，缺乏科学的养分配比，养分利用率低，养分资源浪费严重。

目前，有些菜农仍有将人粪尿直接施入菜田的习惯。一些发达国家，例如德国对蔬菜的施肥控制很严格，已严禁使用人粪尿。因为人粪尿可能携带一些病菌，未经腐熟的人粪尿施入菜田，很容易引起疾病的传播。

二、复混肥料施用混乱

目前，设施蔬菜普遍施用复混肥料。常用复混肥料有无机复混肥料、有机-无机复混肥料、三元复混肥料、二元复混肥料等。在种植规模较大的黄瓜、番茄、辣椒和西葫芦等蔬菜上，常用的三元复混肥料以 17-17-17、15-15-15 和含钾 20% 以上的高钾三元复混肥料等居多，主要用作基肥。施用复混肥料比例较大，其复混肥料与单质肥之比：N 为 59.2：40.8，P_2O_5 为 75.5：24.5，K_2O 为 71.1：28.9。但有些菜农用复混肥料作追肥比例较大，更为严重的是追施复混肥的选用相当混乱，既没有考虑蔬菜的需肥特点，也未考虑菜田养分的供给能力，而是看别人施什么就用什么。从而，造成盲目施肥和养分资源浪费。应有机肥和无机肥配合施用。无机肥养分释放快，但是需要少量多次追施，以保证养分释放高峰与蔬菜的养分吸收高峰相吻合。如果施用量或施用时间不当，易导致营养生长过剩或短期营养不足，造成减产。而有机肥养分释放缓慢，可保证蔬菜的长期养分需求。二者配合施用可协调养分的释放速度，长期提供有效营养。另外，有机肥可改善土壤结构，增强土壤保水保肥性能。

三、施肥方法不合理

在蔬菜生产中，复混肥料是菜农施用的主要肥料品种，磷酸二铵、三元复混肥料作追肥在土壤表面撒施也占了较大比例，肥料养分利用率很低。目前，绝大多数日光温室蔬菜追肥方法是冲施，将肥料溶于水中，在浇水时随地表灌溉追肥。经试验研究这种施肥方式，易导致土壤 10cm 以上表层积累大量养分，蔬菜根系不易吸收，并且氮肥容易以气态形式挥发损失。温室温度高且施肥量偏大时，容易烧伤蔬菜叶片。少数使用化肥深施器进行穴施或覆土追肥的，因其劳动量较大，开穴数少，施肥不均匀。

四、施用禁用肥料

棚室蔬菜生产禁止施用易释放氨的化肥品种。但调查发现，仍有部分菜农用碳酸氢铵作追肥在土表撒施。碳酸氢铵俗称气肥，施入土壤会很快分解转化为氨，造成氨的挥发损失，氨浓度达到一定程度，使靠近地面的蔬菜叶片出现氨中毒而变黄脱落，浓度过高时，会导致整个棚室植株叶片脱落，使蔬菜绝收。

第三节 养分平衡失调

一、养分平衡的基础

所谓氮、磷、钾养分平衡失调，是指所施肥料中氮、磷、钾养分的比例不符合植物需求，而引起的植物营养比例失衡现象。氮养分过高易产生铵离子过剩，影响蔬菜对钾、钙、镁的吸收，造成养分吸收不平衡，生长发育受阻。同时，氮肥用量过大，很容易造成蔬菜硝酸盐积累，品质下降，产投比降低。钾肥用量过低，蔬菜抗逆性差，病虫害严重。正因为土壤中养分比例不平衡，难以满足植物生长发育的需要，所以才需要通过合理施肥来协调土壤养分比例，使之达到与植物养分需求相对平衡，以满足植物正常生长发育的营养需求，进而达到高产、优质、高效的目的。

根据田间调查的结果，目前设施菜田土壤普遍处于氮、磷、钾养分盈余状态。在这种背景条件下，施用氮、磷、钾肥料的核心目的，主要是施用的养分比例符合不同蔬菜的需求特点。已有研究表明，不同蔬菜吸收氮、磷、钾养分的比例存在很大差异。因此，设施蔬菜安全高效施肥，关键是根据菜田土壤的养分供给能力，合理安排施用肥料的养分比例。氮、磷、钾肥配合施用，充分发挥交互作用，可以减少生理病害。特别是减少氮肥、磷肥的施用，可以提高钾肥的投入，可以提高蔬菜品质。菜农应针对蔬菜种类调整大量元素肥料的投入比例。实际生产中，对高肥力菜地或在施用高量氮肥时，应施较高量的钾肥，以便保持养分平衡。同时，可在一定程度上抑制氮的吸收，避免蔬菜亚硝酸盐超标。

二、氮、磷、钾养分失衡

通过河北省设施蔬菜土壤养分的抽样调查，结合全国土壤养分含量分级标准（表2-4）分析表明，土壤有效氮＜60mg/kg的样点数占调查总数的11.5%；60～90mg/kg的样点数占23.8%；90～120mg/kg的样点数占44.1%；＞120mg/kg的样点数占20.6%。土壤氮素营养以中等和丰富为主，占64.7%；35.3%的土壤氮养分不足。土壤有效磷＜40mg/kg的样点数仅占1.7%；＞40mg/kg的样点数占98.3%，说明长期过量施用磷肥，已导致土壤磷养分超量。土壤速效钾＜100mg/kg的样点没有；100～150mg/kg的样点数占21.2%；150～200mg/kg的样点数占30.1%；＞200mg/kg的样点数占48.7%。总体来看，土壤大量元素养分平衡失调，磷、钾含量偏高，氮含量不足，养分失衡。

表2-4 全国土壤养分含量分级标准

级别	丰缺状况	有机质含量（%）	有效氮含量（N, mg/kg）	有效磷含量（P_2O_5, mg/kg）	速效钾含量（K_2O, mg/kg）
Ⅰ	很丰富	＞4	＞150	＞40	＞200
Ⅱ	丰富	3～4	120～150	20～40	150～200
Ⅲ	中等	2～3	90～120	10～20	100～150
Ⅳ	缺乏	1～2	60～90	5～10	50～100
Ⅴ	很缺乏	0.6～1	30～60	3～5	30～50
Ⅵ	极缺乏	＜0.6	＜30	＜3	＜30

三、土壤有机质含量偏低

土壤有机质是土壤固相的重要组成部分，是土壤肥力形成的基础。尽管在土壤中有机质所占比重很小，但它含有丰富的营养元素，经矿质化可提供蔬菜吸收利用的养分；有机质中胡敏酸的钠盐对根系生长有促进作用；有机质含有维生素、抗生素等多种有机成分，可促进蔬菜生长发育，增强蔬菜抗逆性。提高土壤有机质含量，对改善土壤结构，增强土壤通透性，避免土壤板结，提高保水保肥性能，增强土壤的缓冲性，降低土壤盐分、重金属和农药残留等危害，推进蔬菜产业可持续发展意义重大。然而，据调查河北省设施菜田土壤有机质含量普遍在3%以下，土壤有机质含量都偏低，距温室大棚菜田有机质适宜含量4%~5%尚有较大差距，日本、荷兰等国家温室大棚发展水平较高，其有机质含量普遍在6%~7%，与之相比，有机质的含量相差更远。

四、出现中微量元素缺乏

蔬菜不仅需要吸收大量的氮、磷、钾养分，而且还需要吸收较多的钙、镁、硫、铁、锰、硼、锌、钼等中微量元素。否则，将影响其生长发育。然而，菜农对此认识不足，往往忽视中微量元素的作用，基本不单施中微量元素肥料，主要靠施有机肥来补充，而温棚复种指数又高，致使土壤中微量元素含量随棚龄增加呈减少趋势，特别是钙、镁、硫、硼等严重缺乏时，会诱发蔬菜缺素症。目前，一些设施蔬菜养分平衡失调，已出现缺素症。常见的有缺钙导致的番茄脐腐病、大白菜干烧心；缺硼导致的芹菜叶柄横裂、番茄锈色斑、茄子出现紫花，果皮变褐、凹陷等。

第四节　产地环境恶化

一、土壤次生盐渍化

随着棚室蔬菜的长期发展，土壤次生盐渍化的问题日渐突出，已严重制约着蔬菜品质、产量和效益的提高。土壤次生盐渍化主要发生在长期过量施肥的老菜棚,主要表现为:发生积盐的土壤相当板结,渗水较为困难,且在土壤干燥后地表会变成白色,再搁置一段时间后地表会出现白色结晶物质。若土壤表面长出绿霉,则表明此处盐分浓度较高,若发生红霉则表明盐分浓度相当高,植株根部吸水受到抑制。

据田间调查,河北省不同区域大棚蔬菜次生盐渍土壤电导率的平均值为 $112.7\sim513.1\mu S/cm$,为露地菜田或一般农田的 $1.5\sim2.5$ 倍;不同区域最高值为 $234.9\sim1\,142.9\mu S/cm$,为露地蔬菜田或一般农田的 $2.7\sim7.0$ 倍,出现了不同程度的积盐现象。一般蔬菜耐盐的临界值为 $400\mu S/cm$。武强大棚菜田最高值已超临界值 1 倍以上;定州最高值为 $758.5\mu S/cm$,已超临界值 0.9 倍;栾城、永年、藁城和涿鹿等地最高值均已超过临界值。河北省老龄棚室菜田已出现次生盐渍化现象。有的棚室土壤盐分含量已达 2.95g/kg,超过蔬菜田土壤盐分障碍指标 2.5g/kg,地面出现盐斑。蔬菜生长点附近叶缘黄化卷缩,果实生长缓慢;番茄出现青肩或花脸果;黄瓜出现苦味瓜、细腰瓜、弯瓜等。次生盐渍化已导致土壤板结,生理病害加重,产量降低,品质下降。

土壤次生盐渍化的成因较多,但主要是氮肥施用过量,磷、钾及微量元素施用不足,造成土壤氮素相对过剩,导致土壤中可溶性硝酸盐含量过高,大量盈余的养分聚集在土壤表层,当盐分积累到一定程度产生危害。棚室内温度较高,土壤水分蒸发快,盐分随土壤毛细管作用上升到土壤表层,从而加剧耕作层盐分的累积。大水漫灌或灌水次数过多,土壤团粒结构遭到破坏,土壤表层会累积盐分。受棚膜保护,降雨不能对棚内土壤进行有效淋洗,在土壤中会积累大量盐分。棚室多年连作重茬,致使土壤酸化严重,氨化细菌、硝化细菌等有益微生物受到抑制,影响了肥料分解,同时也使某些微量元素缺乏,致使土壤盐离子不能交换,导致盐分富集。随着盐类浓度的升高,土壤微生物活动受到抑制,铵态氮向硝态氮的转化速度下降,作物被迫吸收铵态氮,叶色变深,甚至卷叶,生长发育不良。

土壤次生盐渍化将产生盐害。蔬菜植株受害后，叶片失去活力，中午萎蔫，早晚恢复或表现为不浇水就不长，浇一次才能生长一段时间；受害叶片叶色变的浓绿发亮，植株生长不整齐，茎秆细弱，叶片变小、发卷，节间明显变长，根系变为褐色，根尖齐钝。如番茄受害后表现为叶片小、叶色呈灰绿色，果实膨大缓慢，发亮，着色不良，红绿界线明显；黄瓜受害后叶片边缘干枯呈"镶金边"状，新生部位出现"花打顶"，果实有明显苦味且畸形瓜率高；辣椒受害后植株矮小，叶色深绿，落花严重，僵果率增加等。

二、已引起深层土壤和地下水污染

根据对河北省定州设施菜田 20m 和 40m 深层土壤养分的调查，与一般农田比较研究发现，低龄棚硝态氮、有效磷、速效钾及水溶性磷含量，分别为 377.2mg/kg、448.8mg/kg、1 405.6mg/kg 和 30.6mg/kg，比对照农田分别高 3.7 倍、3.6 倍、0.4 倍和 10.5 倍；10 年以上老龄棚硝态氮、有效磷、速效钾及水溶性磷含量，分别为 629.1mg/kg、555.0mg/kg、2 567.1mg/kg 和 35.2mg/kg，比对照农田分别高 5.4 倍、15.3 倍、1.7 倍和 11.0 倍。菜田土壤速效养分的深层累积随棚龄增长而加重。根据世界卫生组织制定的饮用水标准：硝态氮含量<10mg/L，设施蔬菜栽培区 20m 浅层地下水受硝态氮污染超标率为 39.3%，严重超标率达 7.1%；40m 深层地下水超标率为 37.5%，无严重超标现象。

根据对环渤海七省份地下水硝酸盐含量的调查（表 2-5），依据我国《地下水质量标准》（GB/T 14848—93），山东省因大规模发展蔬菜而过量施肥造成地下水硝酸盐污染比较普遍，已有 36.8% 的地下水为Ⅳ类和Ⅴ类水质，辽宁和天津Ⅳ类和Ⅴ类水质分别占 22.2% 和 20.4%，不宜直接饮用。而且山东、天津和辽宁 3 个省区地下水的Ⅴ类水质分别达到了 25.3%、15.5% 和 13.1%，不宜饮用，形势严峻。河北、河南两省虽然Ⅳ类和Ⅴ类水比例较低，但是Ⅲ类水质已经分别占到了 44.3% 和 36.8%，地下水潜在向Ⅳ类水质发展的威胁。

表 2-5　环渤海七省份地下水硝酸盐氮含量差异

省区	样品数	范围 (mg/L)	平均数 (mg/L)	硝态氮 (mg/L)（GB/T 14848—93）				
				Ⅰ类<2	Ⅱ类<5	Ⅲ类<20	Ⅳ类<30	Ⅴ类>30
				分布频率（%）				
山东	253	0~87.7	18.9	26.5	10.7	26.1	11.5	25.3
天津	103	0~110.5	13.0	66.0	5.8	7.8	4.9	15.5
河北	210	0~36.9	7.2	33.8	17.1	44.3	1.4	3.3
辽宁	175	0~122.6	15.1	44.0	9.1	24.6	9.1	13.1
山西	111	0~79.7	7.4	39.6	26.1	24.3	4.5	5.4
河南	223	0~222.4	9.5	42.2	9.4	36.8	4.9	6.7
北京	71	0.02~71.9	5.4	53.5	16.9	29.6	0.0	2.8

从土地利用类型对地下水硝酸盐的影响来看，菜地、粮田、果园、养殖4种土地利用类型地下水硝酸盐含量，环渤海地区分别有55.1%、34.5%、43.3%、17.9%超过世界卫生组织制定的饮用水标准。其中，蔬菜种植对地下水硝酸盐含量的影响最大，平均值高达21mg/L，部分样本硝酸盐含量高达113mg/L。依据我国地下水质量标准，受蔬菜栽培影响的所有地下水中属于Ⅰ类水的仅有20.8%，属于Ⅱ类水的也仅有9.6%，35.2%的水属于Ⅲ类，11.2%的水属于Ⅳ类，而Ⅴ类水的比例高达24.8%。

三、温室气体排放值得重视

N_2O、CO_2 和 CH_4 是被公认的3种温室效应气体。N_2O 是全球气候变暖增温潜势最强的温室气体。它的增温潜能值分别是 CO_2、CH_4 的296倍和14倍；红外吸收能力约为 CO_2 的200倍，CH_4 的4倍。而且，N_2O 可在大气中持留150年之久，参与大气的光化学反应，破坏大气的臭氧层。

目前，全球大气 N_2O 的50%以上来自土壤。据初步测算，目前我国农田 N_2O 排放量约占全球农田土壤排放总量的10%。一般旱田占农田总排放量的 78％，其中菜田 N_2O 排放量较大。调查数据显示，我国土壤释放的 N_2O 有 20％来自于菜田系统。由肥料引起的 N_2O 排放系数为 2.3％～6.7％。北方菜田系统年均排放的 N_2O 为 2.6～8.8kg/hm^2（以 N 计）。施用氮肥会显著提高 N_2O 排放量，土壤 N_2O 排放量占施肥量的比例高达 8.6％，值得引起高度重视。

第三章
微生物肥料的
安全高效施用

微生物肥料是以微生物的生命活动导致作物得到特定肥料效应的一种制品，是农业生产中施用肥料的一种。中国科学院院士，我国土壤微生物学的奠基人，华中农业大学陈华癸教授就微生物肥料的含义指出，"所谓微生物肥料，是指一类含有活微生物的特定制品，应用于农业生产中，能够获得特定的肥料效应，在这种效应的产生中，制品中活微生物起关键作用，符合上述定义的制品均归入微生物肥料。"目前，《农用微生物菌剂》（GB 20287—2006）的定义：微生物肥料（microbial fertilizer/biofertilizer）是含有特定微生物活体的制品，应用于农业生产，通过其中所含微生物的生命活动，增加植物养分的供应量或促进植物生长，提高产量，改善农产品品质及农业生态环境。

第一节　微生物肥料发展现状

如果说从 1890 年维诺格拉得斯基分离硝化细菌的纯培养，到1896 年诺布尔销售专利商品根瘤菌菌剂算起，微生物肥料迄今已有 100 多年的历史。19 世纪中叶，一些学者对土壤和农业生产中的一些重要问题很感兴趣，如有机质的分解、植物氮素养料来源、硝酸盐在土壤中形成过程等。直到 19 世纪下半叶，以巴氏灭菌方法的发明人——巴斯德为代表的一批学者，在微生物学研究方面取得重要成果，促进了农业微生物研究、应用和发展，固氮、解钾、解磷等微生物肥料随之应运而生。

早在20世纪50年代，苏联微生物学者在固氮菌、磷细菌和硅酸盐细菌的研究上已卓有成效。1972年国际农业组织织成立了有机农业运动国际联盟（IFOAM），同时还成立了绿色食品国际协会组织，到1990年，已发展了300多会员，分布于世界60多个国家。这些国际组织提出了"可持续农业"要生产绿色食品必须有相应的生物肥料和有机肥料。目前，国际上已有70多个国家生产、应用和推广生物肥料。

我国微生物肥料的研究、生产和应用已有60多年的历史，其间经历了3次大的起伏，起伏的主要原因是产品质量无保证、产品无标准和行业无管理，以致每次发展的时间不长。目前，正处在第四次发展崛起阶段。

一、微生物肥料产业基本形成

现在，我国从事微生物肥料规模化生产的企业已达850多家，年产量达到近900万t，总产值150亿元以上，已逐渐成为肥料家族中的重要成员。而且，产品种类繁多，在农业部登记的产品种类有12个，包括固氮菌菌剂、硅酸盐细菌菌剂、磷细菌菌剂、光合细菌菌剂、有机物料腐熟剂、复合微生物菌剂、微生物产气剂、农药残留降解菌剂、水体净化菌剂和土壤生物改良剂（或称生物修复剂）、复合生物肥和生物有机肥类产品。

二、菌种的开发应用日趋成熟

所使用的菌种早已不限于根瘤菌，即使是根瘤菌种类也达10多种。其他还有各种自生、联合固氮微生物，纤维素分解菌，PGPR菌株等。据统计，目前使用菌种已达到90种之多。应用效果逐渐被使用者认可。微生物肥料的应用效果不仅表现在产量增加，而且表现在产品品质的改善，化肥使用的减少，病（虫）害发生的降低，农田生态环境得到保护等方面。目前，微生物肥料应用面积不断扩大，累计达1 000万 hm^2。

1. 硅酸盐细菌（钾细菌） 钾细菌是在 1911 年，由丹麦学者 Bassalik 从蚯蚓肠道中分离获得的，是一种带芽孢的杆菌。1930 年苏联学者亚历山大罗夫在土壤中也同样分离到了这种细菌，定名为硅酸盐细菌，1939 将该菌应用于生产实际。经研究发现硅酸盐细菌能分解钾长石、玻璃粉、磷灰石等矿物质，释放出钾素和磷素，进一步证明了硅酸盐细菌的生命活动改善了土壤中有效钾素和磷素的状况。自 1950 年以来，我国学者在土壤中和植物根际都分离到多株硅酸盐细菌，并做了大量工作。经研究发现硅酸盐细菌主要有两种菌，一种是胶质芽孢杆菌；另一种是环状芽孢杆菌。这两种菌都能分解硅酸盐矿物质和磷灰石，并将钾、磷、硅等无机离子释放出来。目前，解钾微生物应用较多的是胶质芽孢杆菌，如生物钾肥。

2. 磷细菌 磷细菌是在 1935 年，由苏联学者蒙基娜从黑钙土中发现的，该菌株分解有机磷化合物，其形态与巨大芽孢杆菌相似，定名为巨大芽孢杆菌变种。1954 年我国东北农业科学院从东北黑钙土和灰化土中也分离到了分解有机磷很强的解磷巨大芽孢杆菌。1955 年中国农业科学院土壤肥料研究所分离到一种产酸能力较强的无芽孢细菌，对磷酸三钙有明显的分解作用，试验表明该菌株对无机磷分解能力较强。1956 年，我国科技工作者又在水稻田中分离到分解磷的蜡状芽孢杆菌。其后对巨大芽孢杆菌、无芽孢磷细菌和蜡状芽孢杆菌分解无机磷的能力进行了比较，研究表明，无芽孢磷细菌＞巨大芽孢杆菌＞蜡状芽孢杆菌。无芽孢磷细菌分解无机磷的能力虽然比较强，但该菌不形成芽孢，其产品储存稳定性较差，一般仅 3 个月，商业价值不高。生产企业对于生产菌株不仅要考虑使用价值，更重要的是考虑其商品价值。为此，生物磷肥生产中多采用产生芽孢的磷细菌，如巨大芽孢杆菌、枯草芽孢杆菌等。

三、产品质量监督日益完善

质量意识开始深入人心，质检体系初步形成。1996 年农业部将微生物肥料纳入国家检验登记管理范畴，对微生物肥料的生产、销售、应用、宣传等方面进行监管。农业部和其下属的微生物肥料质检中心已举办了 11 期标准和技术培训班，并发表了有关标准、产品质量、应用误区等文章，使社会各界对微生物肥料的产品质量意识有了较大的提高。目前，少数产品开始进入国际市场，主要是出口到泰国、印度等国家的硅酸盐细菌菌剂产品。

四、呈现出良好的发展势头

与其他国家相比，我国的微生物肥料具有品种种类多、应用范围广的特点，尤其是在研发微生物与有机营养物质、微生物与无机营养物质复合而成的新产品方面，处于国际领先地位。这些产品目前在我国已形成较大生产规模，在降低化肥使用量、提高化肥利用率和减少化肥过量使用导致环境污染方面，已取得了较好的效果，研制开发具有广阔前景。然而，还必须认识到，提高产品质量，降低生产成本，稳定应用效果，仍是面临急需解决的课题。

第二节　微生物肥料的作用机制

微生物肥料与化肥、有机肥不同。它不是直接提供养分给植物来体现肥效的，而是通过微生物肥料中活的微生物的生命代谢活动来获得特定肥效的，不同种类的微生物肥料，对植物所发挥的肥效作用也不同。

关于微生物肥料作用机制，国内外学者已开展了大量研究。一般认为，微生物肥料产生的肥料效应为多功能综合作用的结果，已证明的功效有活化促进作物吸收养分、增进土壤肥力、增强植物抗病和抗干旱能力、降低和减轻植物病害发生、产生多种生理活性物质刺激和调控植物生长、提高化肥利用率及减少化肥使用量等。

一、固氮菌肥的固氮机制

固氮菌肥固氮作用由固氮菌完成。固氮菌是指能够直接固定空气中的氮气并转化为氮素营养的微生物总称。固氮菌的固氮作用是一个极为复杂的酶促反应过程，称为固氮酶系统。大气中含有80%的氮，由于其化学性质十分稳定，植物一般不能直接利用，只有将空气中的氮转化为铵（NH_4^+）或硝酸化物（NO_2^-，NO_3^-）才能为植物吸收利用。固氮菌中的固氮酶系统能将大气中的 N_2 还原为植物可吸收利用的氨（NH_3）。$N_2 + 3H_2 \rightarrow 2NH_3$ 的酶促过程中酶系统非常不稳定，如和大气中的氧接触极易失活，所以很难分离纯化，这给生物固氮研究带来极大困难。因此，固氮作用的机制目前还没有完全阐明。

目前，固氮效率比较高、固氮量多的是来自豆科植物根瘤菌的共生固氮，如大豆根瘤菌、花生根瘤菌、苜蓿根瘤菌等。据测定，一般根瘤菌每年每 $667m^2$ 固定纯氮约为 13.3kg，折合每 $667m^2$ 每年固定标准化肥约 65kg，且几乎全部被利用。美国、加拿大根瘤菌肥应用面积较大，豆科植物应用面积达 70%以上。

自生固氮菌、联合固氮菌的固氮量较低，远不能满足作物生长的需要，并且自生固氮菌、联合固氮菌不形成芽孢，保质期短，商业价值不高。如产品中加入这类固氮菌，往往会误导农民不使用氮肥而影响农作物产量。

二、生物钾肥的解钾机制

生物钾肥解钾作用由解钾微生物完成。解钾微生物中采用较多的是硅酸盐细菌，也称为胶质芽孢杆菌。硅酸盐细菌在生命活动时产生的酶、荚膜多糖及有机酸类物质，能够将土壤中的矿物钾、固定钾分解转化成能被植物吸收的有效钾。南京农业大学资源与环境科学学院等单位对硅酸盐细菌解钾机制研究发现，硅酸盐细菌能破坏钾长石晶格结构，释放其中的钾，为作物提供营养；同时进一步证明钾长石晶格结构的破坏是通过硅酸盐细菌产生的有机酸、氨基酸的酸溶作用和有机酸、氨基酸及荚膜多糖的络合作用实现的。也有专家认为，荚膜多糖与大量的氧化硅（SiO_2）发生络合，从而降低了土壤中 SiO_2 浓度，打破了矿物质结晶过程中暂时的动态平衡，促进了矿物质的降解，从而释放出被矿物质晶格所包围的 SiO_2、

K^+等。解钾机制的研究解决了人们长期对硅酸盐细菌能否解钾的认识问题。河北省微生物研究所肥料研究室试验，将硅酸盐细菌接种到含有硅酸盐的培养基中，培养38h，测定水溶性钾，得出的结果较对照增加了 0.47mg，增加率为 35.24%，同时释放出了铁、镁、硅、铝、钼等营养元素。

三、生物磷肥的溶磷机制

生物磷肥的溶磷作用由溶（解）磷菌完成。能够分解或溶解土壤中无效态磷素的微生物称为溶（解）磷菌。溶（解）磷菌种类繁杂，主要有巨大芽孢杆菌、短芽孢杆菌、球形芽孢杆菌、环状芽孢杆菌、浸麻芽孢杆菌、坚强芽孢杆菌、氧化硫杆菌、纤维素分解菌、节杆菌，以及许多具有溶磷作用的其他细菌、放线菌、真菌等。不同种类的溶（解）磷菌解磷作用差距很大，即使同一个种类的不同菌株，其解磷能力相差也很大。试验证明，无论是无机磷细菌还是有机磷细菌，无论是固氮菌还是硅酸盐细菌（解钾细菌），都有解磷作用，都可以分解土壤中的无效态磷素，使其转变为有效态的磷素。

关于生物磷肥中的溶（解）磷菌溶磷机制的研究，一般认为是溶（解）磷菌在生命活动中分泌的有机酸和一些酶类物质，使固定在土壤中的难溶性磷，如磷酸铁、磷酸铝以及有机磷酸物，溶解转化成植物能吸收的可溶性磷，供植物利用。或者说，有机酸既能够降低 pH，又能够与铁、铝、钙、镁等离子结合，从而使难溶性的磷酸盐溶解释放磷。研究发现细菌分泌的有机酸有苹果酸、丙酸、乳酸、乙酸、柠檬酸等；酶主要是植酸酶类物质。研究还发现一些溶（解）磷菌不分泌有机酸也具有溶磷能力，这类溶（解）磷菌活动的环境中要有铵根离子（NH_4^+）的存在，才具有溶解无机磷的能力，主要是由于铵根离子和氢离子（NH_4^+/H^+）交换或者呼吸作用产生的氢离子（H^+）所致。氢离子具有酸性，可使磷酸盐溶解，将无效磷转化为植物吸收的有效磷。1959 年中国农业科学院土壤肥料研究所对不同溶（解）磷菌的溶磷能力进行试验，结果表明，对于磷酸钙分解率，无芽孢杆菌为 20.2%，巨大芽孢杆菌为 17.8%；对于磷灰土分解率，无芽孢杆菌为 23.28%，巨大芽孢杆菌为 14.3%；对于磷矿粉分解率，无芽孢杆菌为 0.15%，巨大芽孢杆菌为 0.08%。

研究发现，溶（解）磷菌与硅酸盐细菌协同分解钾长石，比单一硅酸盐细菌分解能力成倍提高。有专家试验，在钾长石中接种单一的硅酸盐细菌培养 15d 后，释放 12% 的氧化钾；同时也接入溶（解）磷菌混合培养后，释放 27% 的氧化钾，23% 的三氧化二铝，13% 的二氧化硅。培养 30d，从云母中释放 51.7% 的氧化钾，57.8% 的三氧化二铝，50.3% 的二氧化硅。由此可见，随着时间的推移，双菌株比单一菌株分解转化营养成分的能力成倍提高。为此，近年来出现了解钾、溶磷的复合微生物菌剂。

四、生理活性物质

所谓生物活性物质是指对生物机体具有特定活性功能的物质。植物的生长发育不但需要矿质元素、有机物的供应，而且还受到一类生理活性物质——植物激素的调节与控制。生物肥料中多数有效菌能分泌赤霉素、细胞分裂、吲哚乙酸等生物活性物质，能有效刺激作物强力发根和促进作物生长发育。现将其作用机制分述如下。

1. 赤霉素作用机制 赤霉素（GA），1926 年由日本的黑泽英一发现。当水稻感染了赤霉菌后，会出现植株疯长的现象，病株往往比正常植株高 50% 以上，而且结实率大大降低，因而称之为"恶苗病"。科学家将赤霉菌培养基的滤液喷施到健康水稻幼苗上，发现幼苗虽然没有感染赤霉菌，却出现了与恶苗病同样的症状。1938 年日本薮田贞治郎和住木谕介从赤霉菌培养基的滤液中分离出这种活性物质，并鉴定了它的化学结构，命名为赤霉酸，即赤霉素。

赤霉素的主要作用是加速细胞的伸长生长。赤霉素具有酶的诱导、性别控制、破除休眠、单性结实和诱导某些长日植物开花等作用。赤霉素的作用方式是解除被阻抑的基因，释放出合成 RNA 的 DNA 模板，从而产生新的蛋白质（酶）。研究发现赤霉素能显著促进糊粉层中 α-淀粉酶的新合成，从而引起淀粉的水解，促进种子萌发。赤霉素能诱导长日植物在短日条件下抽薹开花，代替红光促进光敏感植物的发芽和开花所需要的春化作用。赤霉素还能引起某些植物单性果实的形成，如无籽葡萄品种，在开花时使用赤霉素处理，可促进无籽果实的发育。作物遇阴雨低温而抽穗迟缓时，用赤霉素处理能促进抽穗；或在杂交水稻制种中调节花期以使父母本花期相遇。

2. 细胞分裂素作用机制　细胞分裂素是一类促进细胞分裂、诱导芽的形成并促进生长的植物激素。1948 年，Skoog 和崔澂发现，腺嘌呤及其核苷（腺核苷）不仅能诱导组织培养中烟草切段的细胞分裂，而且能促进芽的形成。后来，Skoog 和 Miller 发现，久放的或经压力锅处理的 DNA 中有强烈促进细胞分裂的物质。经分离和鉴定，证明是 6-糠基腺嘌呤，并命名为激动素。

细胞分裂素的作用方式还不完全清楚，植物体内的细胞分裂素可促进硝酸还原酶、蛋白质和核酸的合成。其生理作用主要是引起细胞分裂，诱导芽的形成和促进芽的生长，并可使已停止分裂的髓细胞重新分裂。细胞分裂素还有防止离体叶片衰老、保绿的作用，这主要是由于它能维持蛋白质和核酸的合成。在叶片上局部施用细胞分裂素，能吸聚其他部分的物质向施用处运转和积累。

除天然的促进细胞分裂的物质外，采用化学方法人工合成的一些类似激动素的物质，通常也统称细胞分裂素。其中活性较强，最常用的是 6-苄基嘌呤。细胞分裂素可用于蔬菜保鲜，还可用于果树和蔬菜上，主要作用是促进细胞扩大，提高坐果率，延缓叶片衰老。

3. 吲哚乙酸作用机制　1928 年 F. W. 温特用试验证明胚芽鞘尖端有一种促进生长的物质，称之为生长素。1933 年 F. 克格尔从人尿和酵母中分离出吲哚乙酸，它在燕麦试验中能引起胚芽鞘弯曲。以后证明吲哚乙酸即是生长素，普遍存在于各种植物组织之中，合成的前体是色氨酸。

吲哚乙酸作用是多部位的，主要参与细胞壁的形成和核酸代谢。吲哚乙酸促进质子分泌到细胞壁，使细胞壁松弛，延长快；促进蛋白质合成，细胞生长快。在对细胞壁的作用上，吲哚乙酸活化氢离子泵，降低质膜外的 pH，还大大提高细胞壁的弹性和可塑性，从而使细胞壁变松，并提高吸水力。在细胞水平上，生长素可刺激形成层细胞分裂；刺激枝的细胞伸长、抑制根细胞生长；促进木质部、韧皮部细胞分化，促进插条发根。因此，吲哚乙酸在实际应用中，具有促进插枝生根、棉花保蕾保铃、抑制器官脱落、性别控制、顶端优势、单性结实等功效。

五、微生物肥料的抗病机制

微生物肥料施入土壤后，有益微生物能分泌抗生素类物质，可抑制根际病原菌的繁殖；同时大量活体有益微生物在植物根际大量生长繁殖，形成了植物根际的菌群优势，占据了病原菌的繁殖空间，消耗了病原菌生长所需的养分，抑制了有害菌生长，并阻断了病原菌对作物根系的侵染。有益微生物在土壤中还能产生酶（如几丁质酶），可裂解线虫卵壳或一些真菌的细胞壁，使线虫卵壳中的幼虫及一些有害真菌无法存活和繁殖；另外，有益微生物能产生铁载体，铁载体将铁络合起来，限制了有害微生物的生长。

第三节　微生物肥料的种类

目前，在生产上应用的微生物肥料主要是微生物菌剂和复合微生物肥料两大类。菌剂类产品是指一种或一种以上的目标微生物经工业化生产扩繁后直接使用或仅与利于该培养物存活的载体吸附所形成的活体制品。按产品中特定微生物种类或作用机制又可分为若干个种类，目前有固氮菌菌剂、根瘤菌菌剂、磷细菌菌剂（土壤磷活化剂）、硅酸盐细菌菌剂、光合细菌菌剂、有机物料腐熟剂、促生菌剂和复合微生物菌剂等。它在单位面积上的用量少，一般每公顷使用量不超过 30kg。

复合微生物肥料类产品是指目标微生物经工业化生产扩繁后与营养物质等复合而成的、含有该培养物活体的制品。它在单位面积上的用量较大,一般每公顷使用量超过 150kg。

一、微生物菌剂

微生物菌剂的种类很多,如果按其制品中特定的微生物种类可分为细菌肥料(如根瘤菌菌剂、固氮菌菌剂)、放线菌肥料(如5406 抗生菌剂)、真菌类肥料(如菌根真菌)等;按其作用机制又可分为根瘤菌菌剂、固氮菌菌剂、磷细菌菌剂、硅酸盐细菌菌剂等;按其制品中微生物的种类又可分为单纯的微生物菌剂和复合微生物菌剂。

常用微生物菌剂的主要种类适用范围及作用效果如表 3-1 所列。包括根瘤菌菌剂、固氮菌菌剂、磷细菌菌剂、硅酸盐细菌菌剂、促生菌剂、菌根菌剂、有机物料腐熟剂、光合细菌菌剂、复合微生物菌剂和生物修复菌剂等。

表 3-1 常用微生菌剂的主要种类、适用范围及作用效果

类别	菌种	作用	适宜性
固氮菌菌剂	自生固氮菌:固氮菌属、固氮梭菌属、鱼腥藻属等的菌种 联合固氮菌:固氮螺菌、雀稗固氮菌、拜叶林克氏菌等	提供植物氮素,产生植物激素,微生态调节,分泌有机酸;增加土壤中氮素含量	适宜作物:谷物、棉花、蔬菜等
根瘤菌菌剂	根瘤菌属(Rhizobium)、慢生根瘤菌属(Bradyrhizobium)、固氮根瘤菌属(Azorhizobium)、中慢生根瘤菌属(Mesorhizobium)、弗兰克菌属(Frankia)等的菌种	固氮;增加土壤中氮素含量	豆科和木本非豆科植物共生固氮
磷细菌菌剂	芽孢杆菌属(Bacillus sp.)、类芽孢杆菌属(Paenibacillus sp.)、假单胞菌属(Pseudomonas sp.)、产碱菌属(Alcaligenes sp.)、硫杆菌属(Thiobacillus sp.)等的菌种	将土壤中不溶磷转化为可溶磷	各种农作物

（续）

类别	菌种	作用	适宜性
硅酸盐细菌菌剂	胶质芽孢杆菌（*B. mucilaginosus*）、环状芽孢杆菌（*B. cirulans*）	分解长石和云母等硅酸盐类矿物产生有效钾	各种农作物
菌根菌剂	各种外生菌根真菌	植物根部形成菌根，增强植物吸收养分和水分的能力	育苗造林，引种，防治病害，牧草繁育
促生菌剂（PGPR）	各类有益于植物根际微生物的混合菌种	分泌植物促生物质，抗病驱虫，增加土壤养分	抗各种农作物的病害，增肥效，促生长
有机物料腐熟剂	适应各温区的特定微生物如细菌、放线菌和酵母菌等	对有机物料有强大腐熟作用，刺激作物生长发育	农作物秸秆、畜禽粪便、生活垃圾及城市污泥等堆肥或秸秆的田间原位腐熟
光合细菌菌剂	红螺菌科或称红色无硫菌科（Rhodospirillaceae）、红硫菌科（Chromatiaceae）、绿硫菌科（Chlorobiaceae）和滑行丝状绿硫菌科（Chloroflexaceae）等的种	增强土壤生物活性，促进物质转化，提高蔬菜产量与品质，降解土壤与作物农药残留	用于多种农作物的底肥或以拌种、叶面喷施、秧苗蘸根等
5406抗生菌剂	细黄链霉菌（*Streptomyces microflavus*）	产生抗生素抗病驱虫，分泌刺激素，促进植物生长，转化矿物质，抗病驱虫	各种农作物

（一）固氮菌菌剂

固氮菌菌剂能在土壤和许多作物根际同化空气中的氮气，供应作物氮素营养。固氮菌菌剂是利用固氮菌将大气中的分子态氮气转化为农作物能利用的氨，进而为其提供合成蛋白质所必需的氮素营养的肥料。

产品分类按剂型不同分为液体固氮菌菌剂、固体固氮菌菌剂和冻干固氮菌菌剂。按菌种及特性分为自生固氮菌菌剂、根际联合固氮菌菌剂、复合固氮菌菌剂。

1. 自生固氮菌　主要是用固氮菌属（*Azotobacter*）、氮单胞菌属（*Azomonas*）的菌种，也可用茎瘤固氮根瘤菌（*Azorhizobium caulinodans*）和固氮芽孢杆菌（*Paenibacillus azotofixans*）菌株制造。

2. 根际联合固氮菌　可用固氮螺旋菌属（*Azospirillum*）的种、阴沟肠杆菌（*Enterobacter cloacae*，经鉴定为非致病菌的菌株）、粪产碱菌（*Alcaligenes faecalis*，经鉴定为非致病菌的菌株）、肺炎克氏杆菌（*Klebsiella pneuoniae*，经鉴定为非致病菌的菌株）制造。

3. 可用于固氮菌菌剂生产的菌种　这些菌主要特征是在含一种有机碳源的无氮培养基中能固定分子态氮，经过鉴定、可用于固氮菌菌剂生产，并具有一定的固氮效能。

目前，固氮菌菌剂一般采用液体发酵的方法生产。产品可分为液体菌剂和固体菌剂。从发酵罐发酵后及时分装即成液体菌剂，发酵好的液体再用灭菌的草炭等载体吸附剂进行吸附即成固体菌剂。

（二）根瘤菌菌剂

根瘤菌是指能与豆科植物共生，形成根瘤，并进行生物固氮的一类革兰氏染色阴性的杆状细菌。与相应的豆科植物共生固氮的根瘤菌很多，迄今为止已有100余种，主要分布在根瘤菌属（*Rhizobium*）、慢生根瘤菌属（*Bradyrhizobium*）、中华根瘤菌属（*Sinorhizobium*）、固氮根瘤菌属（*Azorhizobium*）和中慢生根瘤菌属（*Mesorhizobium*）内。根瘤菌菌剂用于豆科作物接种，是使豆科作物结瘤、固氮的接种剂。

按形态不同，产品可分为液体根瘤菌菌剂和固体根瘤菌菌剂；根据寄主种类的不同，分为菜豆根瘤菌菌剂、大豆根瘤菌菌剂、花生根瘤菌菌剂、三叶草根瘤菌菌剂、豌豆根瘤菌菌剂、百脉根根瘤菌菌剂、紫云英根瘤菌菌剂和沙打旺根瘤菌菌剂等。用于生产根瘤菌菌剂的菌种是根瘤菌属、慢生根瘤菌属、固氮根瘤菌属、中慢生根瘤菌属等各属中不同的根瘤菌种，这些菌种必须在菌肥生产前一年，经无氮营养液盆栽接种试验鉴定，结瘤固氮性能优良，接种植株干重比对照显著增加；或是有 2 年多点田间试验获得显著增产的菌株。

另外，根瘤菌、放线菌和蓝细菌还能与非豆科植物形成根瘤，并在其中进行固氮。自然界中除了根瘤细菌和豆科植物的共生固氮作用外，还有一些木本双子叶植物的根系上也能形成根瘤，它们也能固氮，但根瘤内共生的并非是根瘤细菌而是共生固氮放线菌，即非豆科植物的共生固氮弗兰克氏菌属（*Frankia*）的种。它们同样具有固定空气中氮素的能力，其中一些固氮能力比大豆根瘤菌还高。

根瘤菌菌剂一般采用液体通气发酵法生产。固体菌剂最为常用，它是用载体吸附发酵液制成的。常用的载体是草炭，草炭虽然能提高菌剂的保质期，但微生物遗漏现象较严重，也影响菌剂的应用效果；海藻钠成本低廉，对微生物无毒害且环境友好，开发利用前景广阔。

（三）磷细菌菌剂

磷细菌菌剂既能将土壤中难溶性的磷转化为作物能利用的有效磷素营养，又能分泌激素刺激作物生长。磷细菌是可将不溶性磷化物转化为有效磷的部分细菌的总称。

根据磷细菌对磷的转化形式可分为两类：细菌产生酸使不溶性磷矿物变为可溶性的磷酸盐，称为无机磷细菌，主要是分解磷酸三钙的细菌，如氧化硫硫杆菌；某些细菌如巨大芽孢杆菌、蜡状芽孢杆菌产生乳酸、枸橼酸等酸类物质，使土壤中的难溶性磷、磷酸铁、磷酸铝及有机磷酸盐矿化，形成可被植物吸收利用的可溶性磷，称为有机磷细菌。

磷细菌菌剂的种类产品分类按剂型不同分为液体磷细菌菌剂、固体粉状磷细菌菌剂和颗粒状磷细菌菌剂。

1. 有机磷细菌菌剂　是土壤中能分解有机态磷化物（卵磷脂、核酸和植素等）的有益微生物经发酵制成的微生物菌剂。分解有机态磷化物的细菌有芽孢杆菌属（*Bacillus* sp.）中的种、类芽孢杆菌属（*Paenibacillus* sp.）中的种。

2. 无机磷细菌菌剂　能将土壤中难溶性的不能被作物直接吸

收利用的无机态磷化物溶解转化为作物可以吸收利用的有效态磷化物。分解无机态磷化物的细菌有假单胞菌属（*Pseudomonas* sp.）、产碱菌属（*Alcaligenes* sp.）、硫杆菌属（*Thiobacillus* sp.）中的种。

（四）硅酸盐细菌菌剂

硅酸盐细菌菌剂又称钾细菌菌剂，能对土壤中云母、长石等含钾的铝硅酸盐及磷灰石进行分解，释放出钾、磷与其他灰分元素，改善作物的营养条件。

生产菌种为胶质芽孢杆菌（*Bacillus mucilaginosus*）的菌株及其他经过鉴定的用于硅酸盐细菌菌剂生产的菌种。硅酸盐菌菌剂有效成分为活的硅酸盐细菌，如芽孢杆菌中的胶质芽孢杆菌和环状芽孢杆菌（*B. circulans*）等，该菌一方面由于其生长代谢产生的有机酸类物质，能够将土壤中含钾的长石、云母、磷灰石、磷矿粉等矿物的难溶性钾及磷溶解出来为作物和菌体本身利用，菌体中富含的钾在菌死亡后又被作物吸收；另一方面它所产生的激素、氨基酸、多糖等物质促进作物的生长。同时，细菌在土壤中繁殖，抑制其他病原菌的生长，增强植株的抗寒、抗旱、抗虫、防早衰、防倒伏能力，对作物生长、产量提高及品质改善有良好作用。

目前，硅酸盐细菌菌剂主要是草炭吸附的固体剂型，其生产条件、工艺要求、质量要求和施用条件与一般的微生物肥料相同，主要用于缺钾地区。

（五）植物根际促生菌剂（PGPR）

植物根际促生菌是指生存在植物根圈范围中，对植物生长有促进或对病原菌有拮抗作用的益生菌类，当接种于植物种子、根系、块根、块茎或土壤时，能够促进植物的生长。PGPR 来自于作物根际环境，制造成 PGPR 制剂施用到作物根际环境，具有良好的环境适应性，在作物根际长期稳定地定植，进行各种代谢过程，发挥多种功能。目前 PGPR 的种类主要有醋杆菌、柠檬节杆菌、巴西固氮螺菌、自生固氮菌、巨大芽孢杆菌、多黏芽孢杆菌、枯草杆菌、阴沟肠杆菌等。

PGPR 通过一种或多种促生机制直接或间接地促进植物的生长，这些促生机制包括：对植物的直接刺激作用，多种 PGPR 通过产生植物激素、ACC（1-氨基环丙烷-1-羧酸）脱氨酶、挥发性物质等促进植物生长；许多 PGPR 菌株能够促进植物根生长，改变根形态，增加根长度、根毛数、侧根数、重量及表面积，对于植物吸收养分和水分具有显著影响，增加植物对磷、铁、锌及其他微量元素的吸收，有效缓解作物的营养平衡问题；促生菌类通过各种代谢活动，促进土壤养分释放，而且在其生长繁殖过程中，持续不断地产生抗生素、抗菌蛋白、病原菌细胞壁水解酶等生物活性物质，抑制或杀死植物病原菌；PGPR 还能诱导植物系统抗性，抑制土壤病原菌，降解土壤毒素，消除重茬障碍等。

目前，国内外的活体 PGPR 生物制剂主要包括粉剂和颗粒剂两种。

（六）有机物料腐熟剂

有机物料腐熟剂是能加速各种有机物料，包括农作物秸秆、畜禽粪便、生活垃圾及城市污泥等分解、腐熟的微生物活体制剂。按不同的产品形态，可分为液体、粉剂、颗粒 3 种剂型。

有机物料腐熟剂中含有能分别适应各温区的特定微生物，如细菌、丝状真菌、放线菌和酵母菌等，且这些菌进过专门工艺发酵并复合在一起，互不拮抗，相互协同，有其独特的优势，比土著微生物适应性强，可促进有机固体废弃物转化为优质的生物有机肥料。它不仅对有机物料有强大腐熟作用，而且在发酵过程中还繁殖大量功能细菌并产生多种特效代谢产物（如激素、抗生素等），从而使有机物料经堆肥化处理后的堆肥成品肥效高，刺激作物生长发育，提高作物抗病、抗旱、抗寒能力；功能性细菌进入土壤后，表现出综合作用，可以增加土壤养分含量、改良土壤结构、提高化肥利用率。

目前，工艺成熟、质量稳定、生产上被广泛采用的腐熟剂有：

1. EM 菌（effective microorganisms） 20 世纪 80 年代初日本琉球大学比嘉照夫研制而成，主要由光合细菌、放线菌、酵母菌、乳酸菌等多种微生物组成，具有快速繁殖、发酵、除臭、杀虫、杀菌和干燥等功能。

2. VT菌　北京沃土实验室和中国农业大学研制而成，是目前国内同类微生物菌剂中复合程度较高、菌种来源及构成广泛、生产工艺先进的一项产品，主要用于有机废弃物堆肥，VT菌主要由乳酸菌、酵母菌、放线菌和丝状真菌4组微生物构成。

3. 秸秆腐熟剂　目前，研发理想的作物秸秆快速腐熟剂，已成为微生物制剂的一个热点。如北京正农的秸秆腐熟剂，选用具有分解功能的中低温菌种，主要由细菌、真菌复合而成，互不拮抗，协同作用，达到优势互补的效果，能有效分解作物秸秆中的木质素、纤维素和半纤维素等，只需在作物收割后，灌水泡田前撒于作物秸秆表面，不需要单独增加作业环节，使用方便，在秸秆腐熟过程中同时繁殖出大量有益微生物并产生大量代谢物，能够改良土壤的理化性质，刺激作物生长，并对土传病害有一定的防治作用。

（七）光合细菌菌剂

能利用光能作为能量来源的细菌，统称为光合细菌。根据光合作用是否产氧，可分为不产氧光合细菌和产氧光合细菌（蓝细菌）；又可根据光合细菌碳源利用的不同，将其分为光能自养型和光能异养型，前者是以硫化氢为光合作用供氢体的紫硫细菌和绿硫细菌，后者是以各种有机物为供氢体和主要碳源的紫色非硫细菌，在实际生产应用中大部分是不产氧型光合细菌。

1. 光合细菌作用机制　光合细菌菌剂使农作物增产增质的原因，可归纳为以下两个方面。一是光合细菌能促进土壤物质转化，改善土壤结构，提高土壤肥力，促进作物生长。光合细菌大都具有固氮能力，能提高土壤氮素水平，通过其代谢活动能有效地提高土壤中某些有机成分、硫化物和氨态氮的含量，并促进有害污染物如农药等的转化；同时能促进有益微生物的增殖，使之共同参与土壤生态的物质循环。此外，光合细菌产生的丰富的生理活性物质如脯氨酸、尿嘧啶、胞嘧啶、维生素、辅酶Q、类胡萝卜素等都能被作物直接吸收，有助于改善作物的营养，激活作物细胞的活性，促进根系发育，提高光合作用和生殖生长能力。二是光合细菌能增强作物抗病防病能力。光合细菌含有抗细菌、抗病毒的物质，这些物质能钝化病原体的致病力以及抑制病原体生长。同时光合细菌的活动能促进放线菌等有益微生物的繁殖，抑制丝状真菌等有害菌群生长，从而有效地抑制某些植病的发生与蔓延。基于光合细菌具有抗病防病作用，目前相关研究人员将其开发为瓜果等的保鲜剂。

2. 光合细菌的种类 光合细菌的种类较多，目前主要根据它所具有的光合色素体系和光合作用中是否能以硫为电子供体将其划为 4 个科：红螺菌科或称红色无硫菌科（Rhodospirillaceae）、红硫菌科（Chromatiaceae）、绿硫菌科（Chlorobiaceae）和滑行丝状绿硫菌科（Chloroflexaceae）。进一步可分为 22 个属，61 个种。与生产应用关系密切的，主要是红螺菌科的一些属、种，如荚膜红假单胞菌（*Rhodopseudomonas capsulatus*）、球形红假单胞菌（*Rps. globiformis*）、沼泽红假单胞菌（*Rps. palustris*）、深红红螺菌（*Rhodospirillum rubrum*）、黄褐红螺菌（*Rhodospirillum fulvum*）等。

3. 光合细菌菌剂的生产应用 光合细菌能在光照条件下进行光合作用，也能在厌氧条件下发酵，在微好氧条件下进行好氧生长。光合细菌的生产需要采用优良菌种，要求菌种活性高，菌液中菌体分布均匀、无下沉现象。相对其他微生物肥料生产，光合细菌的生产要简单些，在一定生长温度条件下，保持一定量的光照度是必需的。我国现在常用玻璃或透光好的塑料缸或桶进行三级或四级扩大培养。

光合细菌菌剂一般为液体菌液，用于农作物的底肥或以拌种、叶面喷施、秧苗蘸根等。实践证明，施用光合细菌菌剂的效果良好，表现在提高土壤肥力和改善作物营养，以及对作物病害控制方面。

（八）5406 抗生菌剂

5406 抗生菌剂是一种人工合成的具有抗生作用的放线菌剂，是在放线菌肥料研制之初，自陕西泾阳老苜蓿的根际土壤中分离的编号 5406 的一株链霉菌菌株,以其为主要菌种加入载体中制成的菌剂,简称 5406。它能转化土壤中的迟效养分,增加速效态的氮、磷含量,对根瘤病、立枯病、锈病、黑斑病等均有抑制病菌和减轻病害的作用。同时,能分泌激素,促进植物生根、发芽,且对作物无药害。

5406 抗生菌剂可以通过菌种三级扩制自行扩大培养繁殖,成本低、肥效高。可用作种肥,与过磷酸钙混拌以后盖在种子上,促进种子萌发和生根发芽;也可用作追肥,全国各地田间试验推广统计的资料表明,施用 5406 抗生菌剂后,均有大幅度增产效果。

(九)复合菌剂

由两种或两种以上且互不拮抗的微生物菌种制成的微生物制剂。此类菌剂一般具有种类全、搭配合理、功能性强、经济效益高等优良特点。如西安中昇化工的 JT 复合菌剂,该菌剂的组成为诺卡氏放线菌、枯草芽孢杆菌、胶质芽孢杆菌(即硅酸盐细菌)、解磷巨大芽孢杆菌(磷细菌)、蜡状芽孢杆菌、苏云金芽孢杆菌、光合细菌(沼泽红假单胞菌)、丝状真菌、酒精酵母菌等。郑州玛斯特科技发展有限公司研发推广的菌坚强,粉状固体微生物含有效活菌 190 亿个/g,液体高浓缩微生物含有效活菌 300 亿个/mL。

目前,国内微生物菌剂发展迅速,用以作复合肥、有机肥、冲施肥等的功能菌,可有效提高肥料利用率,防治细菌、真菌病害感染,见效快,收益高。

二、复合微生物肥料

复合微生物肥料(compound microbial fertilizer)是指特定微生物与营养物质复合而成,能提供、保持或改善植物营养,提高农产品产量或改善农产品品质的活体微生物制品。由于作物生长发育需要多种营养元素,单一菌种、单一功能的微生物菌剂已经不能满足现代农业发展的需求,因此现在微生物菌剂不仅仅由单一的菌种构成,而且趋向于复合微生物肥料。

（一）复合微生物肥料组成

复合微生物肥料的组成成分包括微生物菌种、有机营养物质、无机营养物质和辅料。一般自行生产有机肥和微生物菌剂，外购化肥和辅料。剂型分为颗粒型、粉剂型和液体。

1. 微生物菌种 不同类型、不同品牌的复合微生物肥料中的微生物种类、活性及数量等均存在一定差异，微生物载体也有一定区别。在复合微生物肥料生产中，常用的菌种主要有以下几种：

（1）胶质芽孢杆菌（*Bacillus micilaginosus*） 它是一种解磷解钾菌。菌体粗长杆状，有厚荚膜；芽孢大、椭圆形中生，孢囊壁厚（复红着色，深红色）、芽孢内也着浅红色，成熟孢囊不膨大；菌落在硅酸盐细菌专用培养基平板上为圆形，如半粒玻璃球；凸起，凸起度大于 $45°$；无色透明，$5\sim6d$ 后中部有混浊点，边缘透明；表面光滑，黏稠，弹性大，可拉成丝状；革兰氏阴性。在细胞裂殖时，释放出胞外酶和生物化学能，能改变土壤中被固化的磷、钾、硅等化合物的晶格结构，而被氧化还原成可溶性化合物，提供持续的矿物营养。

（2）枯草芽孢杆菌（*Bacillus subtilis*） 它是一种磷细菌，菌体杆状，很少成链，芽孢中生，孢囊不膨大，椭圆形。它的功能多样、比较复杂。枯草芽孢杆菌和胶质芽孢杆菌一起施用，能解磷、解钾，大幅度提高磷、钾的利用率，并能增根壮苗，是复合微生物肥料中常用的磷、钾再生菌组合。

（3）光合细菌（photosynthetic bacteria，PSB） 它是一类能将光能转化成生物代谢活动能量的原核微生物，是地球上最早的光合生物，它是能进行产氧和不产氧光合作用的一大类细菌的总称。

（4）产生 CO_2 的微生物菌群 利用多种微生物分解底物产生 CO_2，制成复合微生物肥料有较好效果。在塑料大棚生产地区或设施农业发达的地区，冬季棚内通风不良常造成 CO_2 浓度不足，作物光合作用减弱，产量下降，补充产生 CO_2 的微生物菌群有利于蔬菜作物生长发育及产量品质提高。

（5）固氮菌 固氮菌在好氧性、厌氧性和兼性厌氧性，化能营养型、光能营养型、异养型、自养型等各种微生物生理类群都有广泛分布。共生固氮菌、自生固氮菌、联合固氮菌等，对作物除了固氮外，还能产生多种重要的植物激素类物质。其中根瘤菌对豆科植物有较强的固氮作用，种类繁多，有一定专一性。

2. 微生物指标的要求　微生物指标是复合微生物肥料的核心，既要对其安全性严格控制，又要规定其发挥作用的合理含量指标，由于这类肥料产品施用量高于一般微生物菌剂，故每克活菌含量相对较低。但是不论使用何种微生物菌种或几种菌种生产，其菌种必须符合我国产品标准规定（NY/T 798—2004）。有效活菌数：液体剂型不低于 0.5 亿个/mL，粉剂不低于 0.2 亿个/g，颗粒剂不低于 0.2 亿个/g。复合微生物肥料的成分中，除主体微生物外，含有其他基质成分的，其基质成分应有利于微生物肥料中的菌体生存，绝不能降低或抑制菌体的存活。

3. 有机营养物质　目前，一般商品复合微生物肥料生产厂都采取自行生产有机肥料，以猪粪、牛粪、鸡粪等畜禽粪便为主要原料，发酵腐熟后制成有机肥料，经检测确认合格后入库备用。

4. 无机营养物质　无机营养物质即化学肥料，简称化肥，是用化学或物理方法人工制成的含有一种或几种农作物生长需要的营养元素的肥料。复合微生物肥料生产中，化肥是其中的重要组成成分，一般氮肥常用尿素、硫酸铵、氯化铵；磷肥常用过磷酸钙、钙镁磷肥，有时也用磷酸一铵及硼砂等；钾肥常用硫酸钾和氯化钾。

5. 辅料

（1）粗糠和木屑　粗糠和木屑作为有机肥料的辅料加入复合微生物肥料中，因此也是复合微生物肥料的辅料。在有机肥料生产中采用不同辅料添加剂对堆肥发酵有较大影响。堆肥如不加辅料添加剂，接种的菌种就不能快速均衡繁殖，造成物料升温慢，水分蒸发慢，除臭效果差。粗糠、干粪和木屑作为辅料添加剂，可促进堆肥的腐熟发酵，粗糠与木屑对堆肥发酵的效果相差不大，二者优于干粪。

（2）草炭 草炭是有机物，具有一定的营养成分，富含有机物质，是有机肥料生产和复合微生物肥料生产中常用的辅料。草炭因其酸性较强，可以调节有机肥料和复合微生物肥料的酸碱度，对于在一定时间内维持微生物肥料中特定微生物的活性、数量有十分重要的作用。另外草炭也是固体微生物肥料的载体、吸附剂。

（3）膨润土 在生产颗粒状复合微生物肥料时往往用膨润土作辅料。膨润土有黏合作用，是价格低的有机物。膨润土宜就近采购以降低运费，但各地的膨润土 pH 差异很大，在配料时注意检测和调整配方，确保生产合格产品。

（二）复合微生物肥料常见配方

1. 通用肥配方 复合微生物肥料要求 $N-P_2O_5-K_2O \geqslant 6.0\%$，通用型复合微生物颗粒剂和粉剂产品养分需达到 6.0% 以上，根据需求可作阶梯式提高。氮磷钾三要素比例合理，满足有机质、有效活菌数、pH、含水量的要求。具体配方见表 3-2。

表 3-2 复合微生物肥料配方

类 型		$N+P_2O_5+K_2O$	配料化肥	备 注
通用型		≥6.0%	10%过磷酸钙	有机碳较高
		6-6-6	尿素、硫酸铵、过磷酸钙、钙镁磷肥、磷酸一铵硫酸钾	有机肥≤40% 依据作物适当补充其他元素
专用肥	黄瓜、番茄	7-4-7-0.5（B）	硫酸钾	高氮钾低磷增硼
	绿叶菜	9-5-4	硫酸钾、过磷酸钙、钙镁磷肥	高氮低磷钾
	莴苣	7-6-5		高氮低磷钾
	西蓝花	7-4-7-1（B）	硫酸钾、过磷酸钙	高氮钾低磷增硼
	草莓	5-6-7		低氮高磷钾

2. 专用肥配方 根据作物特性及复合微生物肥料的特性，研发了一些蔬菜专用肥配方，见表 3-2，其中磷钾再生菌多选用枯草芽孢杆菌和胶质芽孢杆菌搭配。

第四节 微生物肥料的功能特点

一、微生物肥料的功能

在《微生物肥料生产菌株质量评价通用技术要求》（NY/T 1847—2010）中微生物肥料的功能总结为 6 个方面（表 3-3）：提供或活化养分；产生促进作物生长的活性物质；促进有机物料腐熟；改善农产品品质；增强作物抗逆性；改良和修复土壤。

二、微生物肥料的优势

微生物肥料有着传统化肥难以比拟的优势，能有效改良土壤肥力，提高化肥利用率，同时提高能源利用率。实践证明，微生物肥料在发展绿色农业、保护农业生态环境、推动现代农业可持续发展中发挥着相当重要的作用。

1. 改善土壤养分，提高作物产量 微生物肥料有效菌能够促进土壤中难溶性养分的溶解和释放，提高土壤养分的供应能力，如生物钾肥、磷肥等。有效菌所分泌胞外多糖物质是土壤团粒结构的黏合剂，能够增强土壤团粒结构，疏松土壤，提高土壤通透性和保水保肥能力，增加土壤有机质，活化土壤中的潜在养分，改善土壤中养分的供应状况。同时，还能分泌赤霉素、细胞分裂素、生长素等活性物质，刺激、调节、促进作物的生长发育，有利于农作物增产。多年的农业生产应用实践证实，微生物肥料可显著提高农作物产量，可使番茄、黄瓜等瓜果类蔬菜，早开花坐果 7～10d，多生产一穗果。

2. 改善作物品质，增强作物抗性 微生物肥料可将无机元素转化为有益于植物生长的有机化合物，改善土壤氧化还原条件，减低氮素脱氧和氧化过程，从而降低硝酸盐含量，提高农产品的安全性。同时，可产生生长素、进行根际固氮和分解难溶性磷钾元素等，促进植物的生长。它能有效改善农产品品质，显著提高蛋白质、糖分、维生素、氨基酸等营养成分含量，使作物果实、籽粒丰满光滑，蔬菜果品色泽亮丽，具有较高的商品价值。

大多微生物肥料中的有效菌，具有分泌抗生素类物质和多种活性酶的功能，能抑制或杀死致病菌，降低病害发生及增强作物的抗逆性，如可增强农作物的抗旱、耐寒、抗倒伏、抗病及抗盐碱能力，同时还能有效预防作物生理性病害的发生。

3. 降低生产成本、减少环境污染　微生物肥料有效菌大多能分解土壤中有机质，有机质分解过程中生成腐殖酸，腐殖酸与过量的氮肥形成腐殖酸铵，减少氮肥的流失。解钾溶磷有效菌能将固化土壤中的化学钾肥、化学磷肥分解转化为速效钾、有效磷，有效减少化学钾肥、化学磷肥固化，提高其利用率。同时，微生物肥料充分利用微生物的某种特征，活化增加土壤有效养分，可减少化肥施用量的 $10\%\sim30\%$，从而节约施肥成本，减少煤与石油的消耗，降低农田氮氧化物排放。微生物固定的氮素可直接储存在生物体内，大大降低了对生态环境的污染。一般微生物肥料采用生物技术培养，与天然有机物质有效组合成生物制品。施用微生物肥料，一般不会污染环境、破坏土壤结构，也不会造成农产品有害物质的残留，可有效保障农产品的食品安全。

4. 充分利用资源，修复有机污染　目前，我国磷钾资源严重不足，特别是钾肥大量依靠进口。如何挖掘养分资源潜力，将土壤中难溶性磷、钾转化成有效态养分供作物吸收利用，一直为国内外学者所关注。毋庸置疑，微生物肥料的应用，为挖掘利用大气中的氮、土壤中的难效态养分，创造了有利条件。

微生物肥料的应用，可降低化肥对土壤养分、结构等方面的不良影响，在一定程度上改善土壤的理化性状。同时，又能增强土壤微生物的活动能力，减少土壤养分流失，避免产生富营养化，有效培肥保护农田，推动农业生产可持续发展。

微生物肥料因其活菌量大、种类多，变异快，降解有机物的潜力相当大，几乎所有污染环境的有机物，都能被微生物分解利用，而且干净彻底、无二次污染。据此，可开辟农田土壤农药残留污染微生物修复的新途径。

表3-3　微生物肥料的功能与优势

功　能	说　明	优　势
提供或活化养分	溶磷，解钾，难溶性钙、镁或硫元素的活化	提高化肥利用率，减少肥料用量，降低生产成本及环境风险
产生促进作物生长的活性物质	产生植物生长激素如赤霉素、生长素和其他活性物质	生根壮苗，使植株生长旺盛，促进养分吸收
促进有机物料腐熟	促进有机物料发酵腐熟，使用腐熟菌剂，促进秸秆还田	用微生物学方法处理秸秆具有其他方法不可替代的优点，是利用秸秆资源的新途径，应用前景广阔
改善农产品品质	降低蔬菜类产品中硝酸盐含量，增加一些产品中糖及维生素C含量	可生产绿色食品，增强水果及果菜类的适口性，提高产品价值，提升产品市场竞争力，增加生产者的经济效益
增强作物抗逆性	植物根际形成有益菌优势种群，抑制其他有害菌的生命活动	减轻作物病虫害发生，降低病情指数，提高作物抗倒伏、抗旱、抗寒的能力，克服作物连作障碍
改良和修复土壤	降解土壤残留农药避免对下季作物产生药害；分解植物生长过程中根系排放的有害物质	农药污染是发展中国家所面临的现实且迫切需要解决的问题，使用微生物肥料可以修复农药面源污染

三、微生物肥料的局限

　　微生物肥料因其提供的养分量有一定的限度，还不可能完全替代化肥和有机肥，还必须与有机肥及化肥配合施用。而且，微生物肥料是一类活菌制品，它的效能受到菌类活性及使用方法的制约。

　　1. 有效活菌数量限定　微生物肥料产生肥料效能的核心，是利用品种特定的有效活菌，活化土壤养分、分泌活性物质，刺激作物生长或抑制病害发生等。国家微生物肥料的标准，对任何一种剂型产品的有效活菌数量都有明确的规定，不得低于某一有效活菌数量。因为有效活菌数降到一定程度时，将会失去效能作用。

2. 微生物的适宜环境 微生物肥料是一类农用活菌制剂。在生产中要注意给产品中的微生物创造有益的生存环境，主要是适宜的水分含量、酸碱度、温度、载体中残糖含量、包装材料等。在应用中同样也要注意微生物的适用条件，禁止与强碱、强酸肥料混用；另外，土壤温度、含水量过低会影响微生物活性，一般棚室温度18～30℃比较适宜适用；保存时应置于阴凉干燥处，防晒、防破裂。

3. 活菌制剂保质期问题 一般微生物菌剂产品，刚生产出来时活菌数量较高，但随着保存时间、运输条件、保存条件的变化，产品中有效活菌数量会逐渐减少。当减少到一定数量时，将难以发挥相应的肥料效应。因此，产品的保质期意义重大，按照微生物肥料的标准要求，一般液体剂型保质期不低于3个月，粉剂和颗粒剂型一般不低于6个月。

4. 作物和地区的适用性 不同的微生物菌剂，发挥效能的机制不同，对不同的土壤和作物有一定的适用性。必须依据区域土壤和作物特性，合理选择适宜的微生物肥料品种，以保证微生物肥料有效作用的发挥。因此，提倡有针对性地选育菌种，开发专用型的微生物肥料。

微生物肥料与化肥、有机肥等任何一种肥料一样，在农业生产中都不可能是万能的。只有了解微生物肥料的功效，选择适宜作物及土壤，并与其他肥料适当调配使用，才能充分发挥其功效，达到事半功倍的效果。

第五节　微生物肥料的质量鉴别

微生物肥料作为一种商品进入市场，必须接受质量监督和管理。农业部已颁布了微生物肥料产品质量标准，对微生物肥料的技术要求和检测方法提出了具体规定。目前，微生物肥料市场"鱼目混珠"，假冒伪劣产品屡禁不止，一些假冒伪劣产品仍充斥市场，严重影响了微生物肥料产业的健康发展。

一、微生物肥料的质量要求

（一）微生物肥料行业标准

目前，微生物肥料包括微生物菌剂类产品和由菌剂与营养物质复合而成的菌肥类产品两大类。目标微生物的活菌含量是微生物肥料产品的核心指标，产品应用后表现出其特定的功效。我国已建成微生物肥料质量标准体系（表3-4）。它是检验微生物肥料产品质量的主要依据。通常微生物肥料有液体、粉剂和颗粒3种剂型，其产品质量必须达到国家和农业部颁布的相应标准要求。

表3-4 我国微生物肥料行业标准

类 别	标准名称	标准号
通用标准	微生物肥料术语	NY/T 1113—2006
	农用微生物产品标识要求	NY 885—2004
菌种安全标准	微生物肥料生物安全通用技术准则	NY 1109—2006
	硅酸盐细菌菌种	NY 882—2004
产品标准	农用微生物菌剂	GB 20287—2006
	根瘤菌肥料	NY 410—2000
	固氮菌肥料	NY 411—2000
	磷细菌肥料	NY 412—2000
	硅酸盐细菌肥料	NY 413—2000
	光合细菌菌剂	NY 527—2002
	有机物料腐熟剂	NY 609—2002
	复合微生物肥料	NY/T 798—2004
	生物有机肥	NY 884—2004
方法标准	肥料中粪大肠菌群值的测定	GB/T 19524.1—2004
	肥料中蛔虫卵死亡率的测定	GB/T 19524.2—2004
技术规程	农用微生物菌剂生产技术规程	NY/T 883—2004
	微生物肥料实验用培养基技术条件	NY/T 1114—2006
	微生物肥料田间试验技术规程及肥效评价指南	NY/T 1536—2007

（续）

类　别	标准名称	标准号
技术规程	微生物肥料使用准则	NY/T 1535—2007
	根瘤菌生产菌株质量评价技术规范	NY/T 1735—2009
	微生物肥料菌种鉴定技术规范	NY/T 1736—2009
	微生物肥料生产菌株质量评价通用技术要求	NY/T 1847—2010
	微生物肥料生产菌株鉴别	NY/T 2066—2011
	微生物肥料产品检验规程	NY/T 2321—2013

1. 微生物菌剂的质量要求　《农用微生物菌剂》（GB 20287—2006）规定了农用微生物菌剂产品的技术指标（表 3-5）。其中，有机物料腐熟剂产品的技术指标见表 3-6，农用微生物菌剂产品的无害化技术指标见表 3-7。

表 3-5　农用微生物菌剂产品技术指标

项　目		剂　型		
		液体	粉剂	颗粒
有效活菌数① ［亿 CFU/g（mL）］	≥	2.0	2.0	1.0
霉菌杂菌数 ［个/g（mL）］	≤	3.0×10⁶	3.0×10⁶	3.0×10⁶
杂菌率（%）	≤	10.0	20.0	30.0
水分（%）	≤	—	35.0	20.0
细度（%）	≥		80.0	80.0
pH		5.0～8.0	5.5～8.5	5.5～8.5
保质期②（个月）	≥	3		6

注：① 复合微菌剂，每一种有效菌的数量不得少于 0.01 亿 CFU/g（mL）；以单一胶质芽孢杆菌制成的粉剂产品中有效活菌数不少于 1.2 亿 CFU/g。
　　② 此项仅在监督部门或仲裁双方认为有必要时检测。

表3-6　有机物料腐熟剂产品技术指标

项　目		剂　型		
		液体	粉剂	颗粒
有效活菌数［亿 CFU/g（mL）］	≥	1.0	0.50	0.50
纤维素酶活[①]［U/g（mL）］	≥	30.0	30.0	30.0
蛋白酶活[②]［U/g（mL）］	≥	15.0	15.0	15.0
水分（%）	≤	—	35.0	20.0
细度（%）	≥	—	70	70
pH		5.0～8.5	5.5～8.5	5.5～8.5
保质期[③]（个月）	≥	3		6

注：①以农作物秸秆类为腐熟对象测定纤维素酶活。

②以畜禽粪便类为腐熟对象测定蛋白酶活。

③此项仅在监督部门或仲裁双方认为有必要时检测。

表3-7　农用微生物菌剂产品的无害化技术指标

参　数	标准极限
粪大肠菌群数［个/g（mL）］	≤　100
蛔虫卵死亡率（%）	≥　95
砷及其化合物（以 As 计，mg/kg）	≤　75
镉及其化合物（以 Cd 计，mg/kg）	≤　10
铅及其化合物（以 Pb 计，mg/kg）	≤　100
铬及其化合物（以 Cr 计，mg/kg）	≤　150
汞及其化合物（以 Hg 计，mg/kg）	≤　5

2. 复合微生物肥料的质量要求

（1）外观（感官）　产品分为液体、粉剂和颗粒3种剂型。粉剂产品应松散；颗粒产品应无明显机械杂质，大小均匀，具有吸水性。

（2）产品技术指标　复合微生物肥料产品的质量要求，执行《复合微生物肥料》（NY/T 798—2004），见表3-8。

表 3-8　复合微生物肥料产品技术指标

项　目		剂　型		
		液体	粉剂	颗粒
有效活菌数[1]［亿 CFU/g（mL）］	≥	0.50	0.20	0.20
总养分（N+P$_2$O$_5$+K$_2$O，%）	≥	4.0	6.0	6.0
杂菌率（%）	≤	15.0	30.0	30.0
水分（%）	≤	—	35.0	20.0
pH		3.0～8.0	5.0～8.0	5.0～8.0
细度（%）	≥	—	80.0	80.0
保质期[2]（个月）	≥	3	6	

注：①含两种以上微生物的复合微生物肥料，每一种有效菌的数量不得少于 0.01 亿/g（mL）。

②此项仅在监督部门或仲裁双方认为有必要时检测。

（3）产品无害化指标　《复合微生物肥料》（NY/T 798—2004），规定了复合微生物肥料产品的无害化指标，见表 3-9。

表 3-9　复合微生物肥料产品无害化指标

参　数		标准极限
粪大肠菌群数［个/g（mL）］	≤	100
蛔虫卵死亡率（%）	≥	95
砷及其化合物（以 As 计，mg/kg）	≤	75
镉及其化合物（以 Cd 计，mg/kg）	≤	10
铅及其化合物（以 Pb 计，mg/kg）	≤	100
铬及其化合物（以 Cr 计，mg/kg）	≤	150
汞及其化合物（以 Hg 计，mg/kg）	≤	5

二、微生物肥料田间试验规程

（一）试验设计

为便于掌握微生物肥料效果，根据《微生物肥料田间试验技术规程及肥效评价指南》（NY/T 1536—2007），除有机物料腐熟剂外，不同类型微生物肥料肥效的田间试验，应按表 3-10 的要求设计。

表 3-10　微生物肥料田间试验设计及要求

项　目	产品种类	
	微生物菌剂类产品	复合微生物肥料和生物有机肥
处理设计	1. 供试肥料＋常规施肥 2. 基质＋常规施肥 3. 常规施肥 4. 空白对照	1. 供试肥料＋减量施肥 2. 基质＋减量施肥 3. 常规施肥 4. 空白对照
试验面积	1. 旱地作物（小麦、谷子等密植作物除外）小区面积 30m² 2. 水田作物、小麦、谷子等密植旱地作物小区面积 20m² 3. 设施农业种植作物小区面积 15m²，并在一个大棚内安排整个区组试验 4. 多年生果树每小区不少于 4 株，要求土壤地力差异小的地块和树龄相同、株形和产量相对一致的成年果树	
重复次数	不少于 3 次	
区组配置及小区排列	小区采用长方形，随机排列	
施用方法	按样品标注的使用说明或试验委托方提供的试验方案执行	
试验点数或试验年限	一般作物试验不少于 2 季或不少于 2 种不同地区，果树类不少于 2 年	

注：①根瘤菌菌剂产品可设减少氮肥用量的处理。
②减量施肥是根据产品特性要求，适当减少常规施肥用量。
③常规施肥指当地前三年的平均施肥量（主要指氮、磷、钾肥）、施肥品种和施肥方法。
④空白对照指无肥处理，用于确定肥料效应的绝对值。
⑤基质指不含目的微生物或目的微生物被灭活的物料。

（二）试验准备

1. 试验地选择　试验地的选择应具有代表性，要求地势平坦，土壤肥力均匀，前茬作物一致，浇排水条件良好。试验地应避开道路、堆肥场所、水沟、水塘、溢流、高大建筑物及树木遮阴等特殊地块。

2. 试验地处理

①整地，设置保护行、试验地区划；小区、重复间应保持一致。

②小区单灌单排，避免串灌串排。

③测定土壤的有机质、全氮、有效磷、速效钾、pH。

④微生物种类和含量、土壤物理性状指标等其他项目根据试验要求测定。

3. 供试肥料准备 按试验设计准备所需的试验肥料样品，供试肥料经检验合格后方可使用。

4. 供试基质准备 将供试的微生物肥料样品，经一定剂量^{60}Co照射或微波灭菌后，随机取样进行无菌检验，确认样品达到灭菌要求后，留存该样品做基质试验。

5. 供试作物选择 应选择当地主栽作物品种或推广品种。

（三）试验实施

按照试验设计方案进行田间布置，做好田间管理，各项处理的管理措施应一致；并进行试验记录、分析和计产等工作。

1. 试验记录 在试验过程中，记录供试作物名称、品种；试验地点、试验时间、方法设计、小区面积、小区排列、重复次数（采用图标的形式）；试验地地形、土壤质地、土壤类型、前茬作物种类；施肥时间、方法、数量及次数等；试验期间的降水量及灌水量；病虫害防治情况及其他农事活动等；作物的生长状况田间调查，包括出苗率、移苗成活率、长势、生育期及病虫发生情况等。

2. 收获计产 先收保护行，各小区单收、单打、单计产；分次收获的作物，应分次收获、计产，最后累加；室内考种样本应按试验要求采样，并系好标签，记录小区号、处理名称、取样日期、采样人等；做好作物品质、土壤肥力和抗逆性等记录；根据试验要求，记录供试肥料对农产品品质、土壤肥力及抗逆性等效应。

（四）效果评价

1. 产量效果评价 进行供试微生物肥料处理与其他各处理间的产量差异分析，增产差异达显著水平的试验点数达到总数的 2/3

以上者，判定该产品有增产效果。

2. 品质效果评价

（1）外观指标 包括外形、色泽、口感、香气、单果重/千粒重、大小、耐储运性能等。

（2）品质指标 叶菜类蔬菜测定硝酸盐含量、维生素含量；根（茎）类蔬菜测定淀粉、蛋白质、氨基酸、维生素等含量；瓜果类蔬菜主要测定糖分、维生素、氨基酸等。

3. 环境效应评价

（1）抗逆效果评价 抗逆性包括抑制病虫害发生（病情指数记录）、抗倒伏、抗旱、抗寒及克服连作障碍等方面。一般抗逆性指标应比对照提高 20％以上。

（2）改良效果评价 若同一地块经过两季以上的肥料施用，可测定土壤中的微生物种群与数量、有机质、速效养分、pH、土壤容重（团粒结构）等。

（3）环境安全评价 对试验作物或土壤进行农药残留、重金属等有毒有害物质的分析测定，评价试验对其是否具有降解和转化功能。

三、选购应注意的问题

如何选用微生物肥料，一般人们并不了解。现在微生物肥料品牌众多繁杂，个别产品打着"高科技"的招牌，坑农害农，从中渔利，使得广大农民朋友无所适从。有的居然把只要含有活微生物的肥料，就诡称为"微生物肥料"或"微生物菌肥"。至于肥料中是含有经正规工艺提纯复壮的"功能菌"、既无害也无益的"菌"，还是"有害菌"，根本就没有试验验证。有的把有机肥也诡称为"生物肥"或"微生物肥"；有的不按国家规定，随意在包装袋上标注活菌数，个别产品活菌数标注，居然高达每克几百亿，甚至上千个亿。因此，选购微生物肥料，应按国家标准规定的要求仔细辨认。没把握时，应请专家帮助鉴别，避免上当受骗。一般要注意以下几点：

1. 查看微生物肥料产品登记证　国家规定微生物肥料，必须经农业部指定单位检验和正规田间试验，充分证明其效益且无毒、无害后，由农业部批准登记，先发临时登记证，经 3 年实际应用检验可靠后，再发给正式登记证，正式登记证有效期 5 年。没有获得农业部登记证的微生物肥料，质量没有保障，可能存在问题，不得购买和使用。

2. 弄清产品所用菌种的规定要求　查清产品包装上标识的有效菌种的名称、有效活菌数的含量与登记证上规定的是否一致，有效菌种名称不一致，或有效活菌数达不到要求的，不能购买。

3. 选择无负面影响的名牌产品　正规厂家生产的正规产品，一般质量信誉有保障，是购买使用的优选对象。一些负面报道多的企业，虽然不一定完全是产品的问题，但应慎重选择，最好避免选用。

4. 避免购买超过有效期的肥料　有效活菌数量随保存时间、保存条件的变化逐步减少。目前，我国微生物肥料有效菌存活时间超过 1 年的不多，最好选购当年的产品。并且，最好随时购买随时使用，过期的产品肥效肯定不好，要放弃霉变或过期的产品。

5. 严格遵守存放条件和施用方法　微生物肥料中很多有效活菌不耐高低温和强光照射，不耐强酸碱，不能与某些化肥和杀菌剂混合。在存放和施用时，必须严格按产品说明书要求进行。

第六节　微生物肥料的安全施用

一、施用原则

施用的基本原则：一是有利于目的微生物生长、繁殖及其功能发挥；二是有利于目的微生物与农作物亲和；三是有利于目的微生物与土壤环境相适应。

（一）通用技术要求

1. 产品选择　应选择获得农业部登记许可的合格产品，根据作物种类、土壤条件、气候条件及耕作方式，选择适宜的微生物肥料产品。

2. 产品储存　在适宜范围内，为保证微生物正常存活，产品应储存在阴凉干燥的场所。储存的环境温度以 15～28℃ 为宜；避免阳光直射和雨淋，防止紫外线杀死肥料中的微生物。

3. 产品施用

（1）合理搭配有机肥与化肥　微生物肥料宜配合有机肥施用，也可与适量的化肥配合施用，但应避免化肥对微生物产生不利影响。应避免与强酸、强碱的肥料混合施用，避免与对目的微生物具有杀灭作用的农药同时施用。

（2）根据蔬菜种类正确施用　根据作物特性需要确定微生物肥料的施用时期、次数、数量和方法。如茄果类、瓜菜类、甘蓝类等蔬菜，可用微生物菌剂与育苗床土混匀后播种育苗，也可用微生物菌剂与农家肥或化肥混合后作底肥或追肥；西瓜、番茄、辣椒等需育苗移栽的瓜菜，可用复合微生物肥料穴施，深度 10～15cm，也可与有机肥、化肥配施，施用时避免与植株接触；芹菜、小白菜等叶菜类，可将复合肥微生物肥料与种子一起撒播，施后及时浇水。

（二）产品使用要求

1. 液体菌剂

（1）拌种　首先，将液体菌剂配成 1∶20 倍液，然后，按每 $667m^2$ 施 300mL 的用量，将种子与稀释后的菌液混拌均匀，或用稀释后的菌液喷湿种子，待种子阴干后播种。

（2）浸种　首先，将液体菌剂配成 1∶20 倍液，然后，按每 $667m^2$ 施 500mL 的用量，将种子浸入稀释后的菌液 4～12h，捞出阴干，待种子露白时播种。

（3）蘸根　需育苗移栽的蔬菜，幼苗移栽定植时，按每 $667m^2$ 施 1L 的用量，将液体菌剂配成 1∶10 倍液，将根部浸入稀释后的菌液中 10～20min。

（4）灌根　按每 $667m^2$ 施 3L 的用量，将液体菌剂配成 1∶10 倍液，将按说明的比例稀释后的菌液，浇灌于作物根部。

（5）冲施　按每 $667m^2$ 施 5L 的用量，结合灌溉系统随水冲施。

2. 固体菌剂

（1）拌种　将种子与菌剂充分混匀，使种子表面附着菌剂，阴干后播种。

（2）蘸根　在幼苗移栽前，将根部浸入稀释后的菌液中 $10\sim20min$。

（3）追施　在定植期，一般结合整地每 $667m^2$ 撒施 30kg；在膨果期，一般每 $667m^2$ 穴施或沟施 20kg。

（4）混播/混施　将菌剂与种子混合后播种；将菌剂与有机肥或细沙土混匀后施用。

3. 有机物料腐熟剂　将菌剂均匀拌入所腐熟物料中，调节物料的水分、碳氮比等，堆置发酵并适时翻堆。

4. 复合微生物肥料

（1）基肥　播种前或定植前单独或与其他肥料一起施入。

（2）种肥　将肥料施于种子附近，或与种子混播。对于复合微生物肥料，应避免与种子直接接触。

（3）追肥　在作物生长发育期间，采用条/沟施、灌根、喷施等方式补充施用。

二、常见微生物肥料的合理施用

（一）固氮菌肥

1. 根瘤菌肥料的施用　根瘤菌肥料适于中性、微碱性土壤，多用于拌种，每 $667m^2$ 用量 $15\sim25g$，加适量水混匀后于阴凉处拌种，当天拌种，当天种完；若用农药消毒种子，要在拌种前 $2\sim3$ 周拌药。也可拌肥盖种，即把菌剂兑水后喷在肥土上作盖种肥用。为提高根瘤菌的增产效果，要注意下列施用问题：

（1）选配高效共生固氮组合　在选育高效固氮菌株时，必须进行亲和性、结瘤性测定。

（2）严格把好菌肥生产质量关　保证菌剂有足够的含氮量，控制含杂量，含水量控制在 30% 以下，室温下储存，有效期 3 个月。

（3）掌握接种技术 按照每 100g 接种 667m² 用种的要求，可以达到美国根瘤菌公司提出的参考标准，即小粒种每粒接种菌 103～105个，大粒种每粒 106～108 个。种植豆科作物的老区还要加大剂量，以确保接种优势。根据各地栽培条件，适当增加钙镁磷肥、碳酸钙或硼、钼等元素肥料，最好在菌肥前后施用，有利于提高菌的成活率和种子发芽率。

（4）控制接种时的土壤水分 一般在接种后 1～3d需土壤湿度最高，在这段时间内要求土壤湿度为田间持水量的 40%～80%，以利根瘤菌侵染。

（5）加强田间管理 做好田间管理工作，并加强管理，以利豆科作物和根瘤菌生长的共生固氮作用。

2. 固氮菌肥料的施用 固氮菌肥料适于各种作物，特别是对禾本科作物和叶菜类蔬菜效果明显。

（1）对土壤酸碱度反应敏感 最适 pH 为 7.4～7.6，过酸、过碱的肥料或有杀菌作用的农药，都不宜与固氮菌肥料混施，以免发生强烈的抑制。适于中性或微碱性土壤，酸性土壤上施用固氮菌肥料时，应配合施用石灰以提高固氮效率。

（2）对土壤湿度要求较高 当土壤湿度为田间最大持水量的 25%～40%时才开始生长，60%～70%时生长最好。因此，施用固氮菌肥料时要注意土壤水分条件。

（3）固氮菌是中温性细菌 固氮菌生长发育的适宜温度为 25～30℃，低于 10℃或高于 40℃时，生长就会受到抑制。因此，固氮菌肥料要保存于阴凉处，保持一定的湿度，严防暴晒。

（4）需要特定的碳氮环境 固氮菌只有在碳水化合物丰富而又缺少化合态氮的环境中，才能充分发挥固氮作用。土壤中碳氮比低于 40～70∶1时，固氮作用迅速停止。土壤中适宜的碳氮比是固氮菌发展成优势菌种、固定氮素最重要的条件。因此，固氮菌最好在富含有机质的土壤中，或与有机肥料配合施用。

（5）与其他肥料配合施用 土壤中施用大量氮肥后，应隔 10d 左右再施固氮菌肥料，否则会降低固氮菌的固氮能力。但固氮菌剂与磷、钾及微量元素肥料配合施用，能促进固氮菌的活性，特别是在贫瘠的土壤上。

（6）固氮菌剂常规施用方法　一般用作拌种，随拌随播，随即覆土，以避免阳光直射；也可蘸根或作基肥施在蔬菜苗床上；作基肥应与有机肥配合，沟施或穴施，施后立即覆土；也可调成稀泥浆状追施于作物根部，或结合灌溉冲施。

（二）磷细菌肥料的施用

磷细菌肥料按生产剂型不同分为液体、粉剂和颗粒状磷细菌肥料。磷细菌肥料适于各种作物，要求及早集中施用。一般作种肥，也可作基肥或追肥，移栽作物时则宜采用蘸秧根的办法。具体施用量以产品说明为准。

1. 基肥　可与农家肥料混合均匀后沟施或穴施，每 667m² 用量 1.5～5.0kg，施用后立即覆土。或是在堆肥时接入解磷细菌，充分发挥其分解作用，然后将堆肥翻入土壤，这样施用的效果比单施好。

2. 追肥　将肥液于作物开花前期追施于作物根部。

3. 拌种　拌种量 1kg，加菌肥 0.5g 和水 0.4mL 调成糊状，加入种子混拌后，将种子捞出待其阴干即可播种。一般随用随拌，拌好后暂时不用的，应放置阴凉处覆盖保存。不能和农药及生理酸性肥料施用。

4. 适用土壤条件　磷细菌属好气性细菌，磷细菌肥料应施用于土壤通气良好、水分适当、温度适宜（25～37℃）、pH 为 6～8、富含有机质的土壤中，在酸瘠土壤中施用，必须配合施用大量有机肥料和石灰。

（三）硅酸盐细菌肥料的施用

硅酸盐细菌（钾细菌）肥料可用作基肥、追肥、拌种或蘸根，蘸根时 1kg 菌肥加清水 5L，蘸后立即栽植，避免阳光直射。应注意下列施用问题：

1. 与有机肥料配合施用　钾严重缺乏的土壤，单靠硅酸盐细菌肥料，往往不能满足需求。并且，硅酸盐细菌的生长繁殖需要营养，有机质贫乏不利于其快速繁殖。因此，最好与有机肥料配合施用，每 $667m^2$ 用量 $10\sim20kg$，施后覆上。这样，既有利于细菌快繁，同时有利于弥补养分供应的不足。

2. 避免紫外线照射杀灭　在储、运、用时应避免阳光直射，拌种时应在避光处进行，待稍晾干后，立即播种、覆土。

3. 可与一些农药配合施用　硅酸盐细菌肥料可与杀虫、杀真菌病害的农药同时配合施用，先拌农药，阴干后拌菌剂，但不能与杀细菌农药接触，苗期细菌病害严重的作物（如棉花），菌剂最好采用底施，以免耽误药剂拌种。

4. 避免与某些肥料混用　硅酸盐细菌生长繁殖的适宜 pH 为 $5.0\sim8.0$。因此，一般不能与强酸或强碱的肥料混用。同时，注意硅酸盐细菌肥料与钾肥之间存在着明显的拮抗作用，二者不宜直接混用。

5. 注意把握施用时机　由于硅酸盐细菌肥料施入土壤后，从繁殖到释放速效钾需经过一个过程，为保证充足的时间以提高解钾效果，必须要早施。但因为硅酸盐细菌的适宜生长温度为 $25\sim30℃$，在早春或冬前低温情况下，其活力会受到抑制而影响其前期供钾。

（四）复合微生物肥料的施用

复合菌肥只有在满足各种有益微生物生长发育的条件时，如有机质丰富、适量的磷肥，适宜的酸碱度和水分、温度等，才能充分发挥其增产作用。

复合菌肥可作基肥或追肥。施用时最好将菌液接种到有机肥料中，混匀后再用；也可将菌液接种到少量有机肥料中堆沤 1 周左右，再掺入大量有机肥料施用。但拌后要立即施用，堆放过久会造成养分损失。

（五）光合细菌肥料的使用

光合细菌肥料一般为液体菌液。用于农作物的基肥、追肥、拌种、叶面喷施、秧苗蘸根等。使用中注意：

1. 作种肥　用作种肥施用，可增加生物固氮作用，提高根际固氮效应，增强土壤肥力。

2. 叶面喷施 可改善植物营养，增强植物生理功能和抗病能力，从而起到增产和改善品质的作用。实践证明，施用光合细菌的效果良好，表现在提高土壤肥力和改善作物营养成分，以及控制作物病害方面。

3. 促腐除臭 在有机废弃物污染治理与资源化利用方面，可用于畜禽粪便的促腐除臭，开发应用前景广阔。

（六）抗生菌肥料的施用

抗生菌肥料是指用能分泌抗生素和刺激素的微生物制成的肥料。其菌种通常是放线菌，我国应用多年的 5406 抗生菌肥即属此类。5406 抗生菌肥可用作拌种、浸种、浸根、蘸根、穴施、撒施等。施用时要注意下列问题：

1. 浸种或拌种 每 $667m^2$ 用量 500g；还可用菌肥 7.5kg 加入棉籽饼粉 $2.5\sim5.0kg$、碎土 $500\sim1\,000kg$、过磷酸钙 5kg，拌匀并覆盖在种子上。

2. 控制水分 5406 抗生菌是好气性放线菌，良好的通气状况有利于其大量繁殖。施用该菌肥时，土壤水分既不能缺少又不可过多，控制水分含量是发挥 5406 抗生菌肥肥效的重要条件。

3. 控制酸碱 抗生菌适宜的土壤 pH 为 $6.5\sim8.5$，酸性土壤施用时应配合施用钙镁磷肥或石灰，以调节土壤酸度。

4. 注意混用条件 5406 抗生菌肥施用时，一般要配施有机肥料和化肥，忌与硫酸铵、硝酸铵混用。此外，抗生菌肥还可以与根瘤菌、固氮菌、磷细菌、硅酸盐细菌菌肥等混施，一肥多菌，可以相互促进，提高肥效；也可与杀虫剂或某些专门杀真菌药物混用，但不能与杀菌剂赛力散等混用。

（七）秸秆腐熟剂的施用

撒施法配合秸秆就地还田腐解，一般将水稻、小麦等秸秆加以简单切段处理直接还田，或埋于墒沟（20cm×20cm），然后每 $667m^2$ 撒施 $3\sim4kg$ 有机物料腐熟菌剂，以促进秸秆的腐解。具体做法如下：

1. 秸秆处理　机械收割后，需要把作物秸秆平铺还田，往往有一些秸秆堆在一起未被绞碎，要把未被绞碎的较长秸秆拣出来，用粉碎机粉碎后，再均匀撒回地中。

2. 湿度处理　在秸秆过干、土壤湿度低的情况下，腐熟剂难以发挥作用。要在秸秆上面撒一些水，使秸秆吃饱吃透水，使土壤保持湿润，尽量保证足够的含水量，以便利用微生物促进秸秆腐熟。

3. 腐熟剂选择　要有针对性地选用腐熟剂，要根据待腐熟秸秆的特点，选用适宜的腐熟剂，选择有信誉保障的产品；腐熟剂产品种类繁多，一定不要盲目选用，不能贪图便宜，买不合格产品。秸秆腐熟不好，将严重影响下茬作物出苗和生长发育，导致作物产量品质下降。

4. 腐熟剂施用　按每 $667m^2$ 用量 3～4kg，有条件的农户，将腐熟剂兑水配成溶液，均匀喷洒在秸秆上，使腐熟剂得到充分利用；条件差的农户，可将腐熟剂直接均匀撒在秸秆上。最好选择在无风的条件下作业，有利于把腐熟剂和秸秆混拌均匀。

近年来，秸秆腐熟剂的应用实践表明，在秸秆直接还田模式下，促腐效果并不稳定。主要原因是秸秆直接还田，腐熟剂施在田间的开放环境，秸秆腐解难以出现明显的升温过程，而且菌剂受阳光、昼夜温度、水分等因素的影响较大；而在堆肥处理过程中，腐熟剂施在可控制的条件下，一般可对堆肥发酵的有关参数进行调节，菌剂的促腐作用可充分发挥。因此，与堆肥处理相比，腐熟剂用于秸秆直接还田，作用效果变化较大。一般在水浇地中施用，促腐效果较好；而在旱地中施用促腐效果难以保证。

三、安全施用注意事项

（一）施用菌种潜在一定安全隐患

目前，据农业部微生物肥料质量监督检验测试中心反映，随着我国微生物肥料产品种类和剂型的不断增加，微生物肥料生产中所施用微生物的种类也增加很快，已经远远超出过去常用的一些种、

属。因此，微生物肥料施用的菌种潜在一定安全隐患。我国微生物
肥料管理采用登记证制度（市场准入）和年度跟踪抽查制度，并且
正向产品进入市场合法、质量监管有力迈进。

（二）加强菌肥生产的安全监督

近年来，微生物肥料所用菌种中条件病原微生物或机会性病原
出现的频率加大。针对微生物肥料的生产，必须加强对肥料菌种的
安全监督，严防有毒力的毒株应用于肥料生产。微生物肥料的核心
是制品中特定的有效的微生物活体，一些微生物虽有特定的肥料效
应，但由于是条件病原微生物或机会性病原，不能用作微生物肥料
的菌种。我国对产品质量的监管，采用跟踪抽查制度，一般一年进
行一次，防止危害人民群众安全、危及农牧业生产安全的事故发
生。检查的安全性指标包括菌种安全监督和产品的无害化指标，具
体菌种安全监督按照农业部颁布的菌种3级管理目录进行。产品的
有效性表现在提供、保持或改善植物营养和土壤物理、化学性能以
及生物活性，提高农产品产量，或改善农产品品质，或增强植物抗
逆性。

（三）加强施用菌肥的监督管理

在肥料销售和生产应用过程中，必须加强微生物肥料的质量检
验与菌种安全检查的监督管理；购买微生物肥料的用户，要加强对
产品登记制度的了解，逐一核查产品是否登记，严格核实欲购肥料
与办理登记的手续是否一致，是否存在安全问题，以确保微生物肥
料的施用安全。

微生物肥料登记的原则是安全（无毒、无害）、有效。从产品
登记来看，有临时登记和正式登记产品；从登记的管理角度，分为
临时登记、正式登记、续展登记、变更登记和其他类型登记。微生
物肥料产品的登记一般要经过两个阶段，即临时登记和正式登记。
临时登记和正式登记的产品都可以进行其登记的续展和变更。

我国的微生物肥料产品统一由农业部进行登记，受理登记授权
农业部微生物肥料质量监督检验测试中心进行。该中心进行资料的
审查、样品检测和总结上报等具体工作。各省、自治区、直辖市人

民政府农业行政主管部门协助农业部做好本行政区域内的微生物肥料初审工作。

申请产品临时登记工作包括前期准备、初审、临时登记受理过程、样品检测、农业部审批等环节。临时登记证有效期为 1 年，在其有效期满前 2 个月，申请者应申请肥料产品登记证续展登记，可续展 2 次。申请者在临时登记证有效期满前 6 个月，应向农业部微生物肥料质量监督检验测试中心申请产品正式登记。正式登记证有效期为 5 年，在有效期前 6 个月向农业部微生物肥料质量监督检验测试中心提出正式登记证续展登记申请。变更登记在临时登记或正式登记阶段都有可能发生，主要有 3 种变更登记，分别是产品的使用范围变更、产品的商品名和商标名称变更、企业名称的变更。

申请者提供的登记资料要求有：证明性的文本资料（如工商注册和法人地位证件、商标注册证明等）、技术性资料（如生产企业的基本情况、产品及生产工艺的概述、产品标准、无知识产权争议的声明、分析方法、标签样式、肥效试验、毒性等）、初审资料（企业质量保证和质量控制条件考核和初审意见表）和肥料样品。

鉴于微生物肥料对提供健康食品和农业可持续发展的重要作用，国家应在政策上给予倾斜支持，尤其是在税收等方面给予减免，以推动微生物肥料发展与应用。

第四章
农家肥的安全高效施用

农家肥是指来源于植物或动物，经发酵、腐熟后，施于土壤以提供植物养分为其主要功效的含碳物料。我国主要是指利用畜禽粪便、秸秆、农副产品和食品加工的固体废物、有机垃圾以及污泥经微生物发酵、除臭和腐熟后加工而成的肥料。它是在农村就地取材、就地积制、就地施用的自然肥料的总称，包括人畜粪便、堆肥、厩肥、饼肥、沼气肥、秸秆肥等，习惯称为农家肥。

第一节　农家肥的主要优缺点

一、农家肥的主要优点

（一）含养分全面，肥效稳而持久

它富含 N、P、K 等大量营养元素和 Ca、Mg、S、Fe、Mn、B、Zn、Mo 等中微量元素，在土壤有益微生物和胶体作用下，缓慢释放养分，肥效较稳、作用持久。同时，产生腐殖质、胡敏酸、氨基酸、黄腐酸等生长刺激物质，刺激种子萌发和根系发育，促进作物生长发育。

（二）富含有机质，培肥改良土壤

农家肥施用后形成腐殖质，是一种很好的胶黏剂，能促进团粒结构形成，改善土壤的理化性能，提高土壤通透性，调节土壤水、肥、气、热，提高土壤肥力，增强土壤保水、保肥、供肥性能。

（三）作用较独特，改善土壤环境

农家肥含多种有益微生物，施入土壤后在根际形成优势有益菌群，抑制有害病原菌繁衍，能增强作物抗逆、抗病性。同时，它能

提高土壤交换性和缓冲性，改善土壤环境，消除土壤污染，提高作物品质。

二、农家肥的主要缺点

（一）腐熟不好可引起疫病或病虫害传播

未经无害化处理的农家肥，含有大量的病原体，在土壤中存活时间较长，容易引起疾病传播。如人粪尿和畜禽粪便，常带有较多的各种人畜传染的病毒病菌、寄生虫卵，各种作物病虫害传染体以及杂草籽等，诱发病虫草害。施用未经无害化处理的农家肥，给农产品带来的污染会比化肥更严重、更难防。据调查，花椰菜、黄瓜、扁豆及茄果类蔬菜受大肠杆菌污染较重，马铃薯、藕、笋、萝卜、葱、白菜受寄生虫卵污染较重。

（二）处理不当可引起污染和土壤盐渍化

城市污泥、生活垃圾堆肥，具有较高重金属和盐分含量的有机废弃物，以及饲喂了含有重金属、食盐和添加剂饲料的规模养殖场畜禽的粪便等制作的农家肥，如果未经无害化处理长期大量施用，容易引起土壤重金属污染、盐分累积和蔬菜重金属含量超标。畜禽服用抗生素类药物，由于药物具有生物效应，药物以原形或代谢物的形式随粪尿等排出，制成农家肥使用后，对蔬菜和环境造成潜在危害。

（三）施用不当可造成蔬菜生长发育不良

施用未经处理的有机废弃物、未充分腐熟的堆肥，可对种子发芽和苗期生长产生毒害作用。畜禽粪便等营养成分含量较高的农家肥，一次性施用量过大，会直接影响植株生长，甚至毁苗，造成肥害；同时，会使土壤氮素硝化作用增强，土壤硝态氮积累，进而使植株硝酸盐含量增加，引起蔬菜硝酸盐超标。C/N 较高的秸秆堆肥等农家肥，如腐熟处理不当，施入菜田容易引起微生物活动与作物争氮，影响蔬菜生长发育。

从食物链角度来看，肥料质量安全是确保食品安全和环境安全的前提和基础。虽然农家肥是一种环保型肥料，但在施用前必须进行无害化处理，才能保证对人畜无毒无害和环境安全。绿色食品蔬菜生产，只有严把农家肥无害化处理关，才能实现安全高效的施肥目标。首先，要做好农家肥无害化处理。其次，要禁止未腐熟的生粪下地。进而，要加强农家肥质量检验，禁止带有污染的农家肥使用。

第二节　农家肥无害化处理

农家肥的无害化处理，既是发展绿色食品蔬菜的需要，也是农业可持续发展的需要。农家肥无害化处理主要有物理方法、化学方法和生物方法 3 种。应坚持因地制宜、无害、无毒、无污染的原则，采用合理的处理方法，切不可引起新的毒害和污染。暴晒和高温处理等物理方法，虽然简便易行，但养分损失大，一般避免使用。化学方法主要是用化学物质除害，往往带来新的有毒物质，在绿色食品蔬菜生产中一般不采用。目前，农家肥无害化处理一般采用生物方法。

常规堆肥主要采用调节 C/N 的方法，在堆肥原料中加入适量的人畜粪尿或氮素化肥，达到堆腐秸秆成肥的目的。这些方法堆腐周期长，养分损失大，堆肥质量差。因此，在绿色食品蔬菜生产中最适宜的是生物方法。因无害化处理过程使用的微生物不同，堆腐的方法较多，主要介绍几种先进实用的方法。

一、301 菌剂堆腐法

301 菌剂既能迅速催化分解各种作物秸秆、杂草，杀除病菌、害虫、草籽，在短时间内充分腐熟成秸秆肥，又能溶解土壤中被固定的磷、钾元素，改善土壤理化性状，增强土壤通透性和保水保肥性能，培肥改良土壤，防止土壤次生盐渍化，还能分解残留农药和毒素。在堆肥过程中，301 菌剂微生物能合成大量的菌体蛋白质，从而大幅度提高堆肥质量，增产效果显著。同时，它具有生长周期短、繁殖快、易培养的特点，先进适用，简便易行。

301菌剂堆肥适用范围广，平原、丘陵，各种类型的土壤以及不同作物、果树等均可使用，且不受季节限制。堆腐周期短，夏天需4周，冬天需6周。堆腐秸秆应选择地势平坦、靠近水源的场间地头。冬季天冷，应选择背风向阳处堆制。

堆腐1 000kg的秸秆，需棉籽壳剂型301菌剂5kg或301复合菌剂1kg，尿素5kg，也可用10％人粪尿或牛马粪代替，除过长的玉米秸秆需铡成30cm左右的段外，一般秸秆均可直接堆腐。

堆腐的技术要点可概括为六个字：喝足、吃饱、盖严。

喝足：水分充足是纤维素水解的关键。堆腐时必须充分湿透秸秆。由于干秸秆极难浇透，可先在地上挖宽1.5～2m、深0.3～0.5m、长度不限的沟，既可边堆秸秆边浇水，又可将秸秆摊开，浇湿后再堆，还可麦收后秸秆不合垛，散放在准备堆积的地方，利用自然降雨湿透后再堆。除过长的玉米秸秆等需铡成30cm左右的段外，一般秸秆均可直接堆沤。封堆后应勤检查，若水分不足，应在堆顶打洞补水。

吃饱：堆腐时，一定要按干秸秆重量0.5％的棉籽壳剂型或0.1％复合菌剂型撒足301菌剂，按0.5％撒足尿素，也可用10％人粪尿或牛马粪代替尿素。由下至上分3层堆积，第一、二层各厚50～60cm，第三层厚30～40cm，分别在各层上部撒301菌剂和尿素，用量比由下至上为4：4：2。

盖严：为了保水、保肥、保温，必须在堆积结束后，立即就地用3～4cm厚的泥封堆，使堆顶呈盘状，肥堆两边与地表呈70°～80°的夹角。若冬天堆肥，既可在堆顶盖塑料膜增温，又可在堆内加少量驴马粪，以利提温启动发酵。

301菌剂堆肥，可使堆温迅速升高，并且可持续保持50～75℃的堆温30d左右，一般可杀死秸秆中致病的细菌、真菌和虫卵、草籽，达到无害化的净肥效果。301菌剂堆肥，体积比堆腐前缩小60％，重量减少30％，肥料养分含量超过牛马粪，是土杂肥的2～3倍。根据试验研究，同传统堆肥相比，连续两年每667m² 施250kg 301菌剂堆肥，有机质含量提高2.67～3.96倍，有效氮含量提高 2.96～3.70 倍，有效磷含量提高 1.5～2.2 倍，速效钾含量提高 3.67～5.64 倍。并且，对西瓜重茬病等病害有一定的防治效果，可以减少防治蔬菜病虫害用药次数。同时，在冬季还有提高蔬菜棚室地温的作用。

二、催腐剂堆腐法

秸秆腐解取决于微生物的活跃程度及其作用效果。微生物繁殖的快慢决定着秸秆的腐解速度，而微生物的繁殖快慢受营养物质丰缺的制约。有效营养物质丰富，微生物繁殖速度快，反之繁殖速度慢。催腐剂是根据微生物的营养机制，选用适宜有益微生物营养需求的化学物质，按一定比例配成的制剂。因其有加速秸秆腐解的作用，被称之为催腐剂。

山东省文登市土壤肥料工作站在 20 世纪 90 年代发明了一种堆肥催腐剂，其由氯化亚铁、磷酸镁、硝酸钾、氰氨化钙、亚硫酸氢钠组成，其含量分别是 60%～80%、6%～10%、2%～4%、10%～22%、2%～4%。可加速堆肥的腐化速度，堆肥养分分解完全，堆肥质量高。该催腐剂组合简单，性能稳定，成本低，适用于堆制农家肥的无害化处理。利用该催腐剂堆腐秸秆，方法简便易行，只要掌握好"水足、药匀、封严"六字要领，就能成功。

水足：按秸秆水 1∶1.7～2 的比例先将秸秆施足水，以确保发酵期间微生物所需的水分。这是关系成败的关键之一。

药匀：按秸秆量 0.12% 的用量施足催腐剂，一般每 667m² 用秸秆 250kg 堆肥，应加催腐剂 300g，先用 25kg 水将其溶解制成溶液，然后用喷雾器均匀喷拌于已施足水的秸秆。

封严：催腐剂喷拌均匀后，将秸秆垛成宽 1.5～2m、高 1m 的堆，轻轻拍实，但不要踩实，然后用厚度 2cm 的泥抹好封严，防止水分蒸发，养分流失。冬季应加盖塑料膜保温。

用该催腐剂堆腐秸秆，第三天堆温即可上升到 50℃ 以上，最高堆温可达 70℃。50℃ 以上的高温期达 15d，比常规的碳铵堆肥多 8d。在夏季，20d 左右秸秆即全部腐解成优质堆肥。比碳酸氢铵堆肥缩短 10d 以上。由于堆温高维持时间长，不仅能杀灭秸秆中的致病真菌、虫卵和杂草种子，而且能加速秸秆腐解，提高堆肥质量。

催腐剂促进了高温型微生物的繁殖与发展，加速了秸秆的腐解，促进了养分的转化，使秸秆中所含缓效养分大部分被转化为速效养分。试验研究表明，催腐剂可使堆肥有机质含量比碳酸氢铵堆肥提高 54.9%，比无机氮提高 10.3%，比有效磷提高 76.9%，比速效钾提高 68.3%，而且能定向培养钾细菌、放线菌等有益微生物，增加堆肥中活性有益微生物数量，使堆肥中的氨化细菌比碳酸氢铵堆肥增加 265 倍，比钾细菌增加 2 131 倍，比磷细菌增加 11.3%，比放线菌增加 5.2%，使堆肥成为高效活性生物有机肥。

三、EM 菌堆腐法

EM 菌是一种好氧和厌氧有效微生物群，主要由光合细菌、放线菌、酵母菌和乳酸菌等组成，具有除臭、杀虫、杀菌、净化环境、促进植物生长等多种功能，在农业环保领域用途广泛。它具有除臭、杀虫、杀菌、净化环境和促进植物生长等多种功能。用它处理人粪尿和畜禽粪便后作堆肥，可达到无害化的效果。

堆腐的技术要领：备液、引物、堆制。

1. 备液　按 EM 菌原液 50mL、清水 100mL、含乙醇 30%～50% 的烧酒 100mL、蜜糖或红糖 20～40g、米酪 100mL 的配方，配制成备用液。

2. 引物　将人畜粪便风干至含水量 30%～40%；取稻草、玉米秸、麦秸、青草等，切成长 1.5cm 的碎片，加少量麦麸搅拌均匀，制作膨松物，作为堆肥发酵的"引物"。

3. 堆制　首先，将发酵的膨松物引物与粪便按 10∶100 重量比均匀混合，并在水泥地上制成约长 6m、宽 1.5m、厚 20～30cm 的肥堆。其次，在肥堆上薄薄地撒上一层麦麸或米糠等物；每 100kg 堆肥原料再洒上 100～150mL EM 菌备用液。按同样的方法，上面再制作第二层，每一堆肥制作 3～5 层。最后，盖上塑料薄膜发酵。当堆温升到 45～50℃ 时，需翻堆降温，再进行发酵，以免破坏有效物质。一般需翻堆 3～4 次。

发酵成功的标志：堆肥表层长出白色菌丝，有一种特殊的芳香味，没有臭味，表明发酵成功腐熟。如果有恶臭味，表明堆肥制作失败。一般腐熟夏季需 7～15d，春秋季 15～25d，冬季会更长。

常见问题与处理方法：当原料或水分不合适时，堆肥容易出现问题或失败，需要根据各地的具体条件，反复试验摸索，才能成功。一是堆制不升温，主要是水分过大或过小，应调节水分；二是升温后温度即刻下降，原料中有机氮含量过低，应补充富含氮的有机物料；三是粪便臭味渐浓，主要是原料细度粗放，导致水分调节不匀，应改善原料细碎程度；四是发酵氨味渐浓，主要是物料水分偏大，发酵时间偏长，应及时干燥处理。

堆肥保质期：一般 1～3 个月。应根据需要施肥的时间，妥善安排堆腐。

四、发酵堆腐法

在没有 EM 菌原液时，可采用发酵堆腐法，用自制发酵粉代替 EM 菌。

发酵粉的制备：按米糠 14.5%、油饼 14.0%、豆粕 13.0%、糖类 8.0%、水 50.0%、酵母粉 0.5%的配方备料。先将糖类溶解于水，再加入米糠、油饼和豆粕，充分搅拌均匀堆放，在 60℃以上的温度下发酵 30～50d。然后，用黑炭粉或沸石粉按重量 1∶1 的比例，进行掺和稀释，搅拌均匀即成。

堆肥制作：先将粪便风干至含水量 30%～40%。将粪便与切碎的秸秆等膨松物按重量 100∶10 的比例均匀混合，每 100kg 混合原料中加入 1kg 发酵粉，充分混合均匀。然后，在堆肥舍中堆积成高 1.5～2.0m 的肥堆，进行发酵腐熟。

在发酵期间，根据堆温的变化判定堆肥的发酵腐熟程度。当气温 15℃时，堆积后第三天堆肥表面以下 30cm 处的温度可达 70℃。堆积 10d 后可进行第一次翻堆。翻堆时堆肥表面以下 30cm 处的温度为 80℃，几乎无臭味。再每过 10d 后，进行第二次、第三次翻堆。第二次翻堆时，堆肥表面以下 30cm 处的温度为 60℃；第三次翻堆时，堆肥表面以下 30cm 处的温度为 40℃。第三次翻堆后温度为 30℃、水分含量达 30％左右时不再翻堆，等待后熟。后熟一般 3～5d，最多 10d 堆肥即成。这种高温堆腐可杀灭病原菌、虫卵和草籽，去除臭味，达到无害化的处理效果。同时，使肥料腐熟，提高肥效。

五、酵素菌堆腐法

酵素菌速腐剂是目前国内应用效果较好的好氧微生物发酵剂。酵素菌堆腐法属好氧发酵堆肥，在通气条件下，利用微生物降解有机物料制作堆肥，由于好氧堆肥一般在 50～60℃，高达 80～90℃，故也称高温堆肥。

堆腐的技术要领：配料、制堆和翻堆。

1. 配料　主要是选择稻草、麦秸、玉米秸、麸皮和干鸡粪等作为原料，原料配方是秸秆：麸皮：钙镁磷肥：酵素菌剂：红糖：干鸡粪（重量比例）为 50：6：1：0.8：0.1：20；玉米秸堆腐前需要粉碎，一般粉碎成 5cm 左右的碎段为宜。

2. 制堆　采用条垛式堆法，一般宽 2.5m，高 1.5～2.0m，长度不限。先在水泥地面上或铺塑料布的地面上平铺厚 30～40cm 的秸秆。然后，往秸秆上均匀喷水，以喷透为度，可以小喷一遍，再将秸秆略作翻动再喷，使水分含量达到 45％～60％。用手握紧原料能有水滴挤出，表示水分适度。根据麦秸重量确定干鸡粪量，将干鸡粪等均匀铺撒在平铺的秸秆上；再按照秸秆重量确定麸皮和菌剂量，将麸皮和菌剂混匀后，均匀撒在平铺的秸秆上面。调节 C/N，以 25～30：1 为宜。经过多层堆积后，达到 1m 左右高度，再进行翻搅，使这些原料搅拌均匀后，再堆积起来，高度 1.5～2.0m，用麻袋或草苫盖好，注意不能压实，保持透气良好，避免阳光直射和水分蒸发。

3. 翻堆　一般秸秆堆肥每隔 7d 翻堆一次，需翻堆 4 次。翻堆的主要目的是通气和降温。每天观察堆肥的温度、湿度，一次发酵适宜的堆温为 60～65℃，湿度为 50％～60％；当堆温 >65℃时，需翻堆或加水降温。一次发酵终止指标：无恶臭，堆容量减少25％～30％，含水量减少 10％，C/N 降至 25～20∶1。二次发酵适宜的堆温<40℃，湿度为<40％。二次发酵终止指标：堆肥充分腐熟，含水率<35％，C/N<20∶1，堆肥粒度<10mm。

注意事项：堆制过程中应注意温度、湿度、颜色和气味 4 个要素环节。温度以 60～65℃ 为最好，当堆温升至 70℃后应翻堆降温或水分不足时喷水降温，将堆温度控制在 70℃以下。春秋湿度在 40％左右，手握成团，不出水放开即散；夏季湿度保持在 45％ 左右，如用手握成团时，无水流出放开即散且散开速度比前者慢些。由于温度高，水分极易散发，故应注意经常保持足够的水分，避免出现"烧白"现象，造成肥分损失，堆制失败。颜色为深褐色，略带有芳香味为好。堆制过程中，出现白色斑点网状菌落，属正常现象，不要误认为是"烧白"现象，"烧白"主要出现在原料缺水的情况下。

棚室番茄施用酵素菌堆肥试验表明，酵素菌可明显改善番茄的生长发育状况，表现为叶色深绿，基部茎秆增粗 13.3％，花果数增加 4.8％，单果重均增 11.4％，增产 9.6％，抗逆性明显增强，克服了连作和大量施用化肥引起的病害加重、土壤盐渍化、肥力下降等难题。

六、堆腐主要调控措施

堆肥原料多种多样，影响堆腐质量的因素较多，主要调控措施有：

（一）含水量调节

好氧堆肥物料的含水量保持在 45％～65％ 为宜。含水量过大，物料间隙含氧不能满足微生物对氧的需求，需及时散堆进行干燥处理；含水量过小，可溶有机质流动性变差，阻止养分对微生物的供应，需及时补充水分。

（二）通气调节

好氧堆肥的通气时机，应根据堆温测量控制。初期可以减少翻堆次数,以有利于堆温升高,当堆温升到70℃左右时,应及时翻堆通气,使堆温不至于超过70℃。因为当堆温超过70℃时,微生物呈孢子状态,活性几乎为零。

(三) pH 调节

在堆肥过程中,物料的pH会随着发酵阶段的不同而变化,但其自身有调节的能力。pH5～8,对堆肥发酵不会产生不良影响。偏离此范围,要对物料进行调节,如掺入成品堆肥。堆肥结束时,pH几乎都在8.5左右。

(四) C/N 调节

在堆腐过程中,微生物需要5份碳和1份氮作为正常代谢的营养,同时需要20份的碳作为能量转化的碳源。因此,一般C/N控制在25～30:1为宜,不合适时,要掺入其他相应的物料调节。

七、工厂化无害化处理

在规模化的大型畜禽养殖场,因粪便较多,可采用工厂化无害化处理。

1. 工艺流程 粪便集中→脱水→消毒→除臭→配方搅拌→造粒→烘干→过筛→包装→入库。

2. 主要方法 先把粪便进行集中脱水,当水分含量达到20%～30%时,把脱水的粪便移入专门的蒸汽消毒房内,在80～100℃下,经20～30min消毒,杀死全部的虫卵、杂草种子及病菌等有害物。消毒房内装有除臭塔,臭气通过塔内排出。将脱臭和消毒的粪便配以必要的天然矿物,如磷矿粉、白云石、云母粉等进行造粒,再烘干,即可制成有机肥料。通过无害化处理,可以达到降解有机物污染和生物污染的目的。

第三节 农家肥的腐熟鉴别

在蔬菜生产过程中,菜农有自行堆制农家肥的习惯,由于缺乏科学腐熟的方法和标准,加之市场上农家肥的质量良莠不齐,经常发生使用未充分腐熟农家肥的现象，影响蔬菜正常的生长发育进程，如抑制发芽、烧根、僵苗、黄化、生长衰弱甚至死株。除此之外，还容易传染疾病，引发病虫害。

一、农家肥腐熟的特征

有机物料腐熟的程度，可根据其颜色、气味、秸秆硬度、堆肥浸出液、堆肥体积、碳氮比及腐质化系数来判断。腐熟的农家肥为褐色或黑褐色，无臭味，甚至略带芳香气味；有机质失去弹性，用手握肥时柔软、易碎，浸出液呈淡黄色，堆体缩小 $1/2 \sim 2/3$，pH 近中性 $6.5 \sim 8.5$；C/N 降至 20：1 以下，腐殖化系数在 30% 左右；蛔虫卵死亡率 $95\% \sim 100\%$；大肠菌值 $0.1 \sim 0.2$；储存时成分稳定，在含水量 30%、35℃ 条件下，密封时不会自动升温。

二、腐熟的鉴别方法

通过腐熟鉴别，可控制未腐熟农家肥的施用。同时，能有效控制病菌、虫卵和杂草种子等有害物质污染。为便于菜农鉴别农家肥的腐熟情况，本着"操作简便、反应直观、适应面广、技术可靠"的原则，主要介绍几种比较简单、实用的鉴别方法。

（一）肉眼鉴别法

腐熟的农家肥是在有益微生物作用下充分发酵制成的，外观呈褐色或黑褐色，色泽比较单一；而其他农家肥是通过物理方法将畜禽粪便中的水分降低而制成的，因生产制作工艺不同，产品颜色各异，如精制的农家肥为粪便原色，农家肥露天堆制，一般颜色变化较大，颜色发浅、发黄。

（二）闻味鉴别法

腐熟的农家肥不会有臭味，甚至略带芳香味。仔细闻一下肥的味道，如果有臭味、氨味、粪便味或淤泥味，说明未经腐熟。在施用未腐熟农家肥的棚室中，经常会闻到臭味。对未充分腐熟的农家肥，还可采用水浸闻味法鉴别。将农家肥放在盛有水的杯子内，未充分腐熟农家肥一旦返潮，便散发出较浓的臭味。

（三）塑料袋鉴别法

选用宽 20cm、长 30cm 左右的塑料袋，将 300g 左右以畜禽粪尿为主的堆肥产品加水湿润，以用手握紧出水为宜。然后，装入塑料袋中，将袋中空气赶出后密封，放置在 25℃ 左右的棚室内 3～4d，观察塑料袋膨胀变化情况。因未腐熟的农家肥会发酵产生气体，如果放入堆肥的塑料袋膨胀，则为未腐熟，如果不膨胀，就可断定堆肥产品已腐熟。

（四）发芽试验鉴别法

堆肥原料和未腐熟堆肥的萃取液会抑制植物种子的发芽生长。随着堆肥腐熟度的提高，这种抑制将不断减轻。因此，堆肥腐熟度可用堆肥产品的种子发芽系数来评价。

$$种子发芽系数 = \frac{浸提液发芽数 \times 根长}{对照发芽数 \times 根长} \times 100\%$$

鉴于堆肥产品最终用于作物生产，种子发芽系数受堆肥产品各方面性质的影响，是一个综合性的评价指标。因而，它是鉴别腐熟度最为可靠的一种生物方法。并且，它不受堆肥物料的影响，操作易行、简便实用。

取鲜重 10g 的堆肥装入 200mL 的三角瓶中，加 60℃ 的温水100mL 浸泡 3h 后，用双层纱布过滤，取滤液 10mL 注入铺有两层滤纸的培养皿，同时放入 10mL 清水于另一个培养皿中作为对照，再分别排放 100 粒白菜、萝卜、黄瓜或番茄的种子。把培养皿盖上盖子，保持室温或 20℃，3～6d 后观察发芽率。调查发芽率并测定根长，以水培养的作为对照，计算种子发芽系数。一般种子发芽系数达到 90% 以上时，则认为堆肥已完全腐熟。这种方法对鉴定含有木质纤维材料的堆肥产品尤其适用。

（五）蚯蚓鉴别法

准备几条蚯蚓以及杯子、黑布。杯子里放入弄碎的产品，然后把蚯蚓放进去，用黑布盖住杯子，如蚯蚓潜入产品内部，表示腐熟，如爬在堆积物上面不肯潜入堆中，表明产品未充分腐熟，内有苯酚或氨气残留。

　　未腐熟的农家肥易产生大量含有挥发性酚类和氨气等的物质。蚯蚓有生息于腐熟的、养分含量高的堆肥之中的生活习性，但对未腐熟堆肥产生的酚类、氨气等有很强的忌避倾向。因此，可用观察蚯蚓行为反应的方法，来判别农家肥的腐熟程度。

　　选用不透明的塑料杯若干，遮光用黑色布数块；体长 50mm 以上的淡红色蚯蚓数条。将农家肥制品加水混匀至用手握紧出水，含水量在 60%～70%，放到塑料杯的 1/3 左右。把蚯蚓放入杯中，即刻及 1d 后观察蚯蚓的行动、颜色变化。容器用黑布覆盖，或放在遮光室内，室温以 20～25℃为宜。如果蚯蚓被放入后，立即想逃离，1d 后死亡，说明未腐熟；蚯蚓被放入后，马上有不适感，1d 后颜色发生变化，行动变缓，为半腐熟；蚯蚓被放入后即潜入肥中，1d 后也无变化，呈健康状态，说明已完全腐熟。

　　特别注意：采用此法时的水分和光等条件需要引起注意。因为将蚯蚓放入过潮湿的堆肥时，蚯蚓往往误以为是降雨，或者在亮处，有时它们也会外逃。另外，蚯蚓喜爱中性、弱酸性土壤。因此，鉴别腐熟度时，要用试纸先测定一下 pH。

第四节　农家肥的质量检测

一、农家肥的质量要求

　　动物粪便和污泥是主要可能含有重金属等污染物的有机肥料。这些重金属不能被生物降解，长期施用其肥料在土壤中累积重金属，将通过食物链危害人体和动物健康。一些欧洲国家已制定了堆肥重金属的限量标准，见表 4-1。目前，我国尚无单独制定农家肥中重金属的限量标准。

表 4-1　欧洲国家对堆肥中重金属的限量标准

国家	Cd (mg/kg)	Pb (mg/kg)	Hg (mg/kg)	Zn (mg/kg)	Cu (mg/kg)	Cr (mg/kg)	Ni (mg/kg)	As (mg/kg)
奥地利	4	500	4	1 000	400	150	100	—
比利时	5	600	5	1 000	100	150	50	—

（续）

国家	Cd (mg/kg)	Pb (mg/kg)	Hg (mg/kg)	Zn (mg/kg)	Cu (mg/kg)	Cr (mg/kg)	Ni (mg/kg)	As (mg/kg)
瑞士	3	150	3	500	150	150	50	—
丹麦	1.2	120	1.2				45	25
法国	8	800	8	—			200	—
德国	1.5	150	1.0	400	100	100	50	—
意大利	1.5	140	1.5	500	300	100	50	—
荷兰	2	140	1.5	500	300	200	50	25
西班牙	40	1 200	25	4 000	1 750	750	400	—

我国制定了农业标准商品《有机肥料》（NY 525—2012），为确保农家肥的安全施用，农家肥中重金属含量、蛔虫卵死亡率和大肠杆菌值指标，须符合《城镇垃圾农用控制标准》（GB 8172—87）的要求（表 4 - 2）。经有机肥料质量检测，如果不符合 GB 8172—87 中的要求，在蔬菜生产中要避免购买和施用。

表 4 - 2 城镇垃圾农用控制标准值

编号	项 目		标准限值[1]
1	杂物[2] （%）	≤	3
2	粒度（mm）	≤	12
3	蛔虫卵死亡率（%）		95～100
4	大肠菌值		10^{-2}～10^{-1}
5	总镉（以 Cd 计，mg/kg）	≤	3
6	总汞（以 Hg 计，mg/kg）	≤	5
7	总铅（以 Pb 计，mg/kg）	≤	100
8	总铬（以 Cr 计，mg/kg）	≤	300
9	总砷（以 As 计，mg/kg）	≤	30
10	有机质（以 C 计，%）	≥	10
11	总氮（以 N 计，%）	≥	0.5

（续）

编号	项　目		标准限值
12	总磷（以 P_2O_5 计，%）	≥	0.3
13	总钾（以 K_2O 计，%）	≥	1.0
14	pH		6.5～8.5
15	水分（%）		25～35

注：①表中除 2、3、4 项外，其余各项均以干物重计算。
　　②杂物指塑料、玻璃、金属、橡胶等。

二、商品有机肥污染调查

北京市土壤肥料工作站采用湿灰化法（GB 15063—2001）进行消解，用硝酸在低温下消化试样，待内容物呈褐色糊状液体时，冷却后加硝酸-高氯酸继续消煮至无色；Cd 和 Pb 用石墨炉原子分光光度法测定，Cr 用火焰原子分光光度法测定，Hg 和 As 用原子荧光分光光度法测定。检测调查了登记的 140 个商品有机肥，其中，以畜禽粪便发酵熟化生产的有 58 个，以垃圾为原料的有 34 个，以污泥为原料的有 20 个，以工农业有机废弃物、风化煤等其他原料生产的有 28 个。经对有机肥样品质量检测，依据《城镇垃圾农用控制标准》（GB 8172—87），Hg 和 Cd 重金属污染比较严重。其中，有 18 个样品 Hg 超标，城市污泥和畜禽粪便为原料的有机肥各占 9 个和 6 个，最高含量超标达 3.2 倍；Cd 超标样品 5 个，全部来自于畜禽粪便为原料的有机肥，最高含量超标达 1.38 倍。

近年来，我国城市污水处理厂污泥产生量急剧增加。由于城市污泥含有丰富的 N、P、K、有机质和微量元素，成为生产商品有机肥的资源，但它含有大量重金属和病原菌以及有机污染物，在国外被当作危险品处理，欧洲仅有 1% 的污泥用于堆肥，美国也只有 4%～5%。并且，主要用于草坪、花卉和绿化等非进入食物链的植物施肥。

根据对全国 14 个省份规模化养殖场畜禽粪便的抽样调查，参照德国腐熟堆肥的标准，在鸡粪、猪粪、牛粪和羊粪中，Cd 的超标率分别达 66.0%、51.7%、38.1%和 20.0%，Ni 的超标率分别达 57.4%、24.1%、21.4%和 20.0%。在猪粪和鸡粪中，Cu 的超标率分别达 69.0%和 23.4%，Zn 的超标率分别达到 58.6%和 31.9%，Cr 的超标率分别达到 10.3%和 21.3%，存在严重的重金属污染隐患。

目前，我国已有 17 种抗生素、抗氧化剂和激素类药物及 11 种抗菌剂作为兽药用于饲喂畜禽。最常用的兽药有抗生素类、驱肠虫药类、生长促进剂类、抗原虫药类、灭锥虫药类、镇静剂类和 β-肾上腺素类七类。通过对我国 7 个省份的抽样调查，32 个猪粪样品中，土霉素、四环素、金霉素平均含量分别为 9 109mg/kg、5 122mg/kg、3 157mg/kg；23 个鸡粪样品中，土霉素、四环素、金霉素平均含量分别为 5 197mg/kg、2 163mg kg、1 139mg/kg。说明以畜禽粪便为原料生产的有机肥，潜藏抗生素类等有害物质污染农产品的风险。

目前，我国的有机肥国家标准和行业标准，没有体现原料的来源指标。不同原料有机肥的加工工艺不同，所含重金属、有机污染物及卫生指标不同，其使用的范围也不同，并不是所有的有机肥都能用于蔬菜的种植。例如，城市污泥只能用于草坪施肥；工业废水废渣或生活垃圾生产的有机肥，其适用范围存在一定局限。在购买或施用前，还非常有必要进行质量鉴别和检测，关键是鉴别杂质和检测污染物。

三、简易快速鉴别

(一)感官鉴别

对于含有杂质的有机肥，可以用简易的感官方法即可鉴别。取有机肥用大拇指和食指来回碾压，如果有硌手的感觉，则里面有沙粒或其他杂质。还可取一只玻璃杯，把有机肥放在里面，用少量水浸润潮湿，但不要用水泡，放在温暖的地方，优质有机肥会长出白色菌丝团，掰开有机肥颗粒会看到里面也有白色菌丝。

（二）简易试验鉴别

取一只玻璃杯或透明杯，放入 30～50g 有机肥，加清水100mL，用玻璃棒或筷子搅拌 1min，放在光线明亮处静置 10min。然后，通过观测杯中的沉淀来区分有机肥的杂质含量。一般沉淀在杯底的浅灰色区是泥沙粒，中间褐色区为有机物料，最上层是腐熟原料的碎屑。杯底沉淀越多，说明杂质越多，肥料质量越差。通过观察水溶液来区分有机肥的腐熟度和肥效。一般水溶液颜色越浅，肥效越差；浅色、浅黄色肥效低；呈褐色肥较高。静置 1h 内，水溶液完全变褐色，说明有机肥可能腐熟过头，速效无后效、缺乏后劲；静置 1d 后，水溶液变化不大、颜色较浅，说明肥效差；1d 后完全变成褐色，说明有机肥质量好，肥效速缓兼备。

（三）市售产品鉴别

目前，市场上销售的有机肥种类繁多、鱼目混杂。阿维菌素有机肥广受好评，然而，市场阿维菌素有机肥品牌林立，哪些效果好，哪些效果不好，不好分辨。以阿维菌素有机肥为例，介绍一些市售产品鉴别的常识。在购买时：一是看肥料有无有机腐熟认证。没有有机腐熟认证的，不能用于蔬菜生产；二是尝试一下是否牙碜。如果有明显的硌牙现象，说明肥料含膨润土等杂质较多，如果有粮食的味道，说明此产品较为正规；三是捏试肥料的感觉，阿维菌素是用粮食提取生产的产品，用手捏就像淀粉一样滑滑的，若感觉较为粗糙，说明存在一定掺假问题；四是看肥料的细密度，阿维菌素有机肥真品颗粒大小均匀，手感滑润，颜色为土黄色，如发现其颜色是白色的，有可能掺了膨润土等杂质；五是看肥料包装"三证"是否齐全，生产许可证、质检合格证、肥料登记证三证不齐全，其产品质量难以保证。另外，注意看包装是否规范，是否是授权生产。一般授权生产的有机肥，厂家自身尚未取得生产许可，质量难以保证尽量避开购买。一般不进口有机肥，尽量不购买外文包装的有机肥。

四、分析检测

(一)pH 测定

采用酸度计法：称取试样 5g 于 100mL 烧杯中，加入 50mL 水，经煮沸去除二氧化碳后，搅动 15min，静置 30min，用酸度计测量。

(二)有机质含量测定

采用重铬酸钾容量法：称取 0.3～0.5g 试样于消煮管中，加入一定量重铬酸钾-硫酸溶液，经水浴加热消化，使有机肥料中的有机碳氧化，多余的重铬酸钾用硫酸亚铁溶液滴定，同时作空白处理。根据氧化前后硫酸亚铁溶液滴定用量，计算有机碳含量，再转换成有机质含量。

(三)蛔虫卵死亡率的检测

参照《肥料中蛔虫死亡率的测定》(GB/T 19524.2—2004)。

1. 样品处理　称取 5.0～10.0g 肥料样品(如果样品颗粒较大应先进行研磨)，放于容量为 50mL 的离心管中，注入 NaOH 溶液 25～30mL，另加玻璃珠约 10 粒，用橡皮塞塞紧管口，放置在振荡器上，静置 30min 后，以 200～300r/min 频率振荡 10～15min。振荡完毕，取下离心管的橡皮塞，用玻璃棒将离心管中的样品充分搅匀，再次用橡皮塞塞紧管口，静置 15～30min 后，振荡 10～15min。

2. 离心沉淀　从振荡器上取下离心管，拔掉橡皮塞，用滴管吸取蒸馏水，将附着在橡皮塞上和管口内壁的样品冲入管中，以 2 000～2 500r/min 的转速离心 3～5min 后，弃去上清液。然后加适量蒸馏水，并用玻璃棒将沉淀物搅起，按上述方法重复洗涤 3 次。

3. 离心漂浮　往离心管中加入少量饱和 NaNO$_3$ 溶液，用玻璃棒将沉淀物搅拌成糊状后，再徐徐添加饱和 NaNO$_3$ 溶液，随加随搅拌，直加到离管口约 1cm 为止，用饱和 NaNO$_3$ 溶液冲洗玻璃棒，洗液并入离心管中，以 2 000～2 500r/min 的转速离心 3～5min。用金属丝圈不断将离心管表层液膜移于盛有半杯蒸馏水的烧杯中，约 30 次后，适当增加一些饱和 $NaNO_3$ 溶液于离心管中，再次搅拌、离心及移置液膜，如此反复操作 3～4 次，直到液膜涂片观察不到蛔虫卵为止。

4. 抽滤镜检 将烧杯中混合悬液通过覆以微孔火棉胶滤膜的高尔特曼氏漏斗抽滤。若混合悬液的混浊度大，可更换滤膜。

抽滤完毕，用弯头镊子将滤膜从漏斗的滤台上小心取下，置于载玻片上，滴加两三滴甘油溶液，于低倍显微镜下对整张滤膜进行观察和蛔虫卵计数。当观察有蛔虫卵时，将含有蛔虫卵的滤膜进行培养。

5. 培养 在培养皿的底部平铺一层厚约 1cm 的脱脂棉，脱脂棉上铺一张直径与培养皿相适的普通滤纸。为防止霉菌和原生动物的繁殖，可加入甲醛溶液或甲醛生理盐水，以浸透滤纸和脱脂棉为宜。

将含蛔虫卵的滤膜平铺在滤纸上，培养皿加盖后置于恒温培养箱（28～30℃）中培养，培养过程中经常滴加蒸馏水或甲醛溶液，使滤膜保持潮湿状态。

6. 镜检 培养 10～15d，自培养皿中取出滤膜置于载玻片上，滴加甘油溶液，使其透明后，在低倍镜下查找蛔虫卵，然后在高倍镜下根据形态，鉴定卵的死活，并加以计数。镜检时若感觉视野的亮度和膜的透明度不够，可在载玻片上滴一滴蒸馏水，用盖玻片从滤膜上刮下少许含卵滤渣，与水混合均匀，盖上盖玻片进行镜检。

7. 判定 凡含有幼虫的，都认为是活卵，未孵化或单细胞的都判为死卵。

8. 结果计算

$$K = \frac{N_1 - N_2}{N_1} \times 100\%$$

式中：K——蛔虫卵死亡率（%）；

N_1——镜检总卵数；

N_2——培养后镜检活卵数。

（四）大肠菌值的检测

参照《肥料中粪大肠菌群的测定》（GB/T 19524.1—2004），

采用革兰氏染色法。

1. 样品稀释　在无菌操作下称取样品 10.0g 或吸取样品 10mL，加入到带玻璃珠的 90mL 无菌水中，置于摇床上以 200r/min 的速度充分振荡 30min，即成 10^{-1} 稀释液。

用无菌移液管吸取 5.0mL 上述稀释液加入到 45mL 无菌水中，混匀成 10^{-2} 稀释液。这样依次稀释，分别得到 10^{-3}、10^{-4} 等浓度稀释液（每个稀释度须更换无菌移液管）。

2. 乳糖发酵试验　选取 3 个连续适宜稀释液，分别吸取不同稀释液 1.0mL 加入到乳糖胆盐发酵管内，每一稀释度接种 3 支发酵管，置 44.5℃±0.5℃ 恒温水浴或隔水式培养箱内，培养 24h±2h。如果所有乳糖胆盐发酵管都不产酸不产气，则为粪大肠菌群阴性；如果有产酸产气或只产酸的发酵管，则进行分离培养和证实试验。

3. 分离培养　从产酸产气或只产酸的发酵管中，分别挑取发酵液在伊红美蓝琼脂平板上划线，置于 36℃±1℃ 条件下培养 18～24h。

4. 证实试验　从上述分离平板上挑取可疑菌落，进行革兰氏染色。染色反应阳性者为粪大肠菌群阴性；如果是革兰氏阴性无芽孢杆菌则挑取同样菌落接种在乳糖发酵管中，置于 44.5℃±0.5℃ 条件下培养 24h±2h。观察产气情况，不产气为粪大肠菌群阴性，产气为粪大肠菌群阳性。

5. 结果　证实试验为粪大肠菌群阳性的，根据粪大肠菌群阳性发酵管数，查 MPN 检索表，得出每克（毫升）肥料样品中的粪大肠菌群数。

（五）重金属元素含量的检测

根据《肥料汞、砷、镉、铅、铬含量的测定》（NY/T 1978—2010）中的规定，肥料中汞和砷含量的检测，采用原子荧光光谱法；肥料中镉、铅和铬含量的检测，采用原子吸收分光光度法。

1. 试样分析的前处理

（1）汞含量检测的试样溶液制备　称取试样 1g（精确至

0.000 1g）于 100mL 烧杯中，加入 20mL 王水，盖上表面皿，含腐殖酸水溶肥料及含大量有机物质的肥料建议先浸泡过夜，于 150～200℃可调电热板上消化 30min，取下冷却，过滤，滤液直接收集于 50mL 容量瓶中。滤干后用少量水冲洗 3 次以上，合并于滤液中，加入 3mL 盐酸溶液，用水定容，混匀待测。

（2）砷含量检测的试样溶液制备　称取试样 1g（精确至 0.000 1g）于 100mL 烧杯中，加入 20mL 王水，盖上表面皿，含腐殖酸水溶肥料及含大量有机物质的肥料建议先浸泡过夜，于 150～200℃可调电热板上消化。烧杯内容物近干时，用滴管滴加盐酸数滴，驱赶剩余硝酸，反复数次，直至再次滴加盐酸时无棕黄色烟雾出现为止。用少量水冲洗表面皿及烧杯内壁并继续煮沸 5min，取下冷却，过滤，滤液直接收集于 50mL 容量瓶中。滤干后用少量水冲洗 3 次以上，合并于滤液中，加入 10.0mL 硫脲溶液和 3mL 盐酸溶液，用水定容，混匀，放置至少 30min 后测试。

（3）镉、铅、铬含量检测的试样溶液制备　称取试样 2g（精确到 0.000 1g），置于 100mL 烧杯中，用少量水润湿，加入 20mL 王水，盖上表面皿，含腐殖酸水溶肥料及含大量有机物质的肥料建议先浸泡过夜，在 150～200℃电热板上微沸 30min 后，移开表面皿继续加热，蒸至近干，取下。冷却后加 2mL 盐酸，加热溶解，取下冷却，过滤，滤液直接收集于 50mL 容量瓶中，滤干后用少量水冲洗 3 次以上，合并于滤液中，定容，混匀。

2. 元素含量的检测

（1）汞含量的检测　吸取汞标准溶液 0、0.20mL、0.40mL、0.60mL、0.80mL、1.00mL 于 6 个 50mL 容量瓶中，加入 3mL 盐酸溶液，用水定容，混匀。此标准系列溶液汞的质量浓度为 0、0.40ng/mL、0.80ng/mL、1.20ng/mL、1.60ng/mL、2.00ng/mL。根据原子荧光光度计使用说明书的要求，选择仪器的工作条件。仪器参考条件：光电倍增管负高压 270V，汞空心阴极灯电流 30mA，原子化器温度 200℃，高度 8mm，氢气流速 400mL/min，屏蔽气

1 000mL/min，测量方式为荧光强度或浓度直读，读数方式为峰面积，积分时间12s。以盐酸溶液和硼氢化钾溶液为载流，汞含量为0的标准溶液为参比，测定各标准溶液的荧光强度。以各标准溶液汞的质量浓度为横坐标，相应的荧光强度为纵坐标，绘制工作曲线。

试样溶液直接（或适当稀释后）在与测定标准系列溶液相同的条件下，测定试样溶液的荧光强度，在工作曲线上查出相应汞的质量浓度。同时，设空白对照，测算汞的含量。

（2）砷含量的检测 吸取砷标准溶液0、0.50mL、1.00mL、1.50mL、2.00mL、2.50mL于6个50mL容量瓶中，加入10mL硫脲溶液和3mL盐酸溶液，用水定容，混匀。此标准系列溶液砷的质量浓度为：0、10.00ng/mL、20.00ng/mL、30.00ng/mL、40.00ng/mL、50.00ng/mL。根据原子荧光光度计使用说明书的要求，选择仪器的工作条件。仪器参考条件：光电倍增管负高压270V，砷空心阴极灯电流45mA，原子化器温度200℃，高度9mm，氢气流速400mL/min，屏蔽气1 000mL/min，测量方式为荧光强度或浓度直读，读数方式为峰面积，积分时间12s。以盐酸溶液和硼氢化钾溶液为载流，砷含量为0的标准溶液为参比，测定各标准溶液的荧光强度。以各标准溶液中砷的质量浓度为横坐标，相应的荧光强度为纵坐标，绘制工作曲线。

试样溶液直接（或适当稀释后）在与测定标准系列溶液相同的条件下，测定试样溶液的荧光强度，在工作曲线上查出相应砷的质量浓度。同时，设空白对照，测算砷的含量。

（3）镉含量的检测 分别吸取镉标准溶液0、1.00mL、2.00mL、4.00mL、8.00mL、16.00mL、20.00mL于7个100mL容量瓶中，加入4mL盐酸，用水定容，混匀。此标准系列溶液镉的质量浓度分别为0、0.10μg/mL、0.20μg/mL、0.40μg/mL、0.80μg/mL、1.60μg/mL、2.00μg/mL。在选定最佳工作条件下，于波长228.8nm处，使用空气-乙炔火焰，以镉含量为0的标准溶液为参比溶液调零，测定各标准溶液的吸光值。以各标准溶液镉的质量浓度为横坐标，相应的吸光值为纵坐标，绘制工作曲线。

试样溶液直接（或适当稀释后）在与测定标准系列溶液相同的条件下，测定其吸光值，在工作曲线上查出相应镉的质量浓度。同时，设空白对照，测算镉的含量。

（4）铅含量的检测　分别吸取铅标准溶液 0、1.00mL、2.00mL、4.00mL、6.00mL、8.00mL、10.00mL 于 7 个 100mL 容量瓶中，加入 4mL 盐酸，用水定容，混匀。此标准系列溶液铅的质量浓度分别为 0、0.50μg/mL、1.00μg/mL、200μg/mL、3.00μg/mL、4.00μg/mL、5.00μg/mL。在选定最佳工作条件下，于波长 283.3nm 处，使用空气-乙炔火焰，以铅含量为 0 的标准溶液为参比溶液调零，测定各标准溶液的吸光值。以各标准溶液铅的质量浓度为横坐标，相应的吸光值为纵坐标，绘制工作曲线。

试样溶液直接（或适当稀释后）在与测定标准系列溶液相同的条件下测定其吸光值，在工作曲线上查出相应铅的质量浓度。同时，设空白对照，测算铅的含量。

（5）铬含量的检测　分别吸取铬标准溶液 0、1.00mL、2.00mL、4.00mL、6.00mL、8.00mL、10.00mL 于 7 个 100mL 容量瓶中，加入 4mL 盐酸和 20mL 焦硫酸钾溶液，用水定容，混匀。此标准系列溶液铬的质量浓度分别为 0、0.50μg/mL、1.00μg/mL、2.00μg/mL、3.00μg/mL、4.00μg/mL、5.00μg/mL。在选定最佳工作条件下，于波长 357.9nm 处，使用富燃性空气-乙炔火焰，以铬含量为 0 的标准溶液为参比溶液调零，测定各标准溶液的吸光值。以各标准溶液铬的质量浓度为横坐标，相应的吸光值为纵坐标，绘制工作曲线。

吸取一定量试样溶液于 25mL 容量瓶内，加入 1mL 盐酸和 5mL 焦硫酸钾溶液，用水定容，混匀。在与测定标准系列溶液相同的条件下测定其吸光值，在工作曲线上查出铬相应的质量浓度。同时，设空白对照，测算铬的含量。

第五节　农家肥的合理施用

肥料是蔬菜生长发育的主要营养源。国内外发展有机农业和我国的绿色食品蔬菜生产，都将施用农家肥作为理想肥料。农家肥的确有化肥不具备的优点。然而，蔬菜是一种容易富集硝酸盐、重金属等污染物的作物，在生产过程中，盲目追求产量，过量或滥用肥料是造成蔬菜产品和环境污染的主要原因之一。农家肥具有"双刃性"，合理利用会成为宝贵的农业生产资源，而不合理利用则会成为潜在的污染源。因此，为确保蔬菜质量安全和环境安全，必须从合理施用农家肥的源头抓起。

一、施用农家肥的主要原则

（一）严禁施用未腐熟的农家肥

一些菜农将未经腐熟的鸡、猪、牛栏粪直接在棚室蔬菜上施用，引起氨气大量挥发，对棚室蔬菜造成氨害或烧根；同时，容易引起土壤酸化、盐渍化；潜在引起病虫草害发生和疾病传播等问题。菜田施用农家肥，在施用前必须进行腐熟度的鉴别，严禁盲目施用未腐熟的农家肥。

（二）严禁施潜在污染的农家肥

农家肥生产是我国日益兴起的朝阳产业。农家肥的原料来源纷杂，并不是各种原料的农家肥都能用于蔬菜施肥。因此，蔬菜施用农家肥要看原料来源。一些用城市污泥、生活垃圾和工业废水废渣等为原料生产的农家肥，一般重金属、有机污染物等含量较高，只能用于树木、草坪、花卉等非进入食物链植物的施肥，不宜用于蔬菜施肥。在实际生产中，应避免购买和施用原料来源不明的农家肥。选用商品农家肥，必须是通过国家有关部门登记认证及生产许可的，质量指标应达到国家相关标准的要求。

（三）严禁菜田过量施用农家肥

菜田农家肥的最大施用量，以满足蔬菜养分需要为准，并非越多越好。近年来，大量试验表明，适量施用农家肥能有效地控制蔬菜硝酸盐超标；过量施用农家肥易引起蔬菜硝酸盐超标。蔬菜硝酸盐含量超标，将通过食物链危害人体健康。因为硝酸盐在微生物作用下极易还原成亚硝酸盐。亚硝酸盐是一种有毒物质，它可直接引起人体中毒缺氧，严重者甚至致人死亡。它还能与人体消化道中的次级胺结合，形成强致癌物亚硝酸胺，严重威胁人体健康。一般每667m² 菜田优质农家肥的施用量应控制在 3 000～5 000kg，不宜超过 6 000kg。以鸡粪为主作基肥时，甜瓜、西瓜、番茄、豆类等少肥型蔬菜一般施用不宜超过 7 500kg/hm²，黄瓜、茄子、辣椒等多肥型蔬菜一般不宜超过 15 000kg/hm²。

（四）农家肥与化肥合理搭配施用

不同种类蔬菜需肥特性和规律不同，对各种养分的需求比例存在较大差异。虽然农家肥含养分全面，但它尚难以合理供应和调节蔬菜必需的各种养分。同时，因其肥效缓慢，更难以在不同的生育期均衡满足养分的需求。化肥虽然养分比较单一，但肥效较快。农家肥与化肥合理搭配施用，养分相互补充，肥效缓急相济，有利于养分平衡供应，取得良好的肥效。另外，C/N 较高的农家肥与氮肥配施，可解决土壤微生物与蔬菜争氮的问题；农家肥与磷肥配施，有利于提高磷的肥效。这样，既可培肥地力，改良土壤，提高蔬菜产量，又有利于改善蔬菜营养品质、感观品质和储藏品质，还可显著降低蔬菜和环境污染，取得理想的肥料效果。

（五）不同肥效的农家肥合理搭配施用

不同原料的农家肥的肥效不同。如羊粪养分含量较高，分解速度较快，肥效较快，为使肥效平稳，需在羊粪中加入猪粪或牛粪混合施用；人粪尿是速效性农家肥，可适当配施磷、钾肥和秸秆堆肥。不同肥效的农家肥应合理搭配施用。长效性的农家肥养分释放缓慢，应结合耕地作基肥施用，有利于土肥相融；速效性农家肥可在蔬菜不同生长发育期追施，应开沟条施或穴施，施后及时覆土，切不可撒于地表。

二、农家肥施用量的测算

一般菜农并不清楚农家肥养分的利用率，也把握不好棚室蔬菜农家肥的施用量。往往凭经验确定用量，盲目性较强。大量试验证明，一般农家肥氮素当季的利用率为 $10\%\sim30\%$，通常氮素当季利用率按平均 20% 计算；磷比氮的当季利用率略高，一般为 $30\%\sim40\%$；农家肥中钾素以速效态为主，一般当季的利用率为 $50\%\sim70\%$。下面，介绍两种常见的农家肥施用量测算方法。

（一）目标产量测算法

一般施用畜禽粪肥采用目标产量测算法。根据联合国粮农组织推荐，有机氮与无机氮之比为 $1:0.4\sim1$ 时产量最高。按照这个原则分别确定农家肥与化肥的施用量。首先，测算蔬菜目标产量所需氮、磷、钾的养分量。其次，要测定菜田土壤中氮、磷、钾养分的供给量。最后，用每 $667m^2$ 棚室面积所需的养分量减去土壤养分供给量，计算出应施用养分量。施用养分量确定后，根据应施用纯氮量测算农家肥的施用量。

$$农家肥施用量=\frac{应施有机氮量}{农家肥含氮量\times当季利用率}$$

例如，棚室番茄、黄瓜等蔬菜作物施鸡粪用量的测算，如果通过测算需施纯氮 $40kg$ 左右，按照有机氮与无机氮 $1:1$ 的比例，即需有机氮 $20kg$、无机氮 $20kg$。所施鸡粪中氮含量为 2.82%，当季利用率为 20%，则需施鸡粪 $3\ 546kg$。

（二）土壤有机质平衡测算法

一般施用商品农家肥采用土壤有机质平衡测算法。例如，棚室菜田土壤有机质含量为 2.0%，每 $667m^2$ 耕层土壤的重量为 $150\ 000kg$，一般每年土壤有机质的矿化率为 5%。因此，土壤有机质的矿化量为 $150000\times2.0\%\times5\%=150$（$kg$）。也就是说，每 $667m^2$ 棚室菜田，每年至少要补充土壤有机质 $150kg$。

施用农家肥是补充土壤有机质的主要方法。然而，施用农家肥在土壤中矿化释放养分，一般农家肥当年的矿化率为 75% 左右，肥料中的有机质仅有 25％左右转化为土壤有机质。因此，要维持棚室菜田土壤有机质的平衡，每年需施用农家肥补充的有机质至少应为 150/25％＝600（kg）。如果施用农家肥中有机质的含量为 30％，那么，每年农家肥的施用量应不低于 600/30％＝2000（kg）。这样，才能维持土壤有机质的平衡。

在土壤有机质含量低于 3％的棚室菜田，若要培肥土壤，增强菜田土壤肥力，每年农家肥的施用量，应高于土壤有机质的矿化量，循序渐进地逐年增加农家肥的施用量。

三、农家肥的施用方法

（一）深施底肥

一般在深翻耕地前，将腐熟的农家肥均匀撒在地表，结合耕地翻至地下，有利于土肥相融，促进土壤团粒结构的形成，有效培肥土壤。

（二）巧施追肥

1. 条施追肥　对于种植行距较大、根系较集中的豆类、根茎类蔬菜，可采用开沟条施追肥。在种植行一侧顺垄开沟，注意开沟时不要弄断根系，将肥料撒到沟内，覆土并及时浇水。

2. 穴施追肥　对于种植行株距较大、密度小的西葫芦、南瓜、花椰菜等蔬菜，采用开穴的穴施追肥。在蔬菜植株周边 5cm 处开 1 个小穴将农家肥施入，覆土后及时浇水。

3. 表施追肥　对于种植行距小、密度大、根系浅的菠菜、油菜、芹菜等蔬菜，可采用表施追肥。当蔬菜长到 2～3 片叶时，将腐熟的农家肥均匀撒到菜地，及时浇水。

第五章
常见单质化肥的
安全高效施用

　　化肥是化学肥料的简称，是根据农作物生长发育所必需或对植物生长发育有益的元素，以矿物、空气、水为原料，经化学及机械加工等工艺制成的肥料。目前，我国已是世界上最大的化肥生产国和消费国。化肥的应用，对于促进作物增产，利用有限的耕地，保障日益增长的农产品需求，发挥了不可磨灭的作用。然而，随着化肥施用量的不断增加，环境污染问题凸显。如何科学施用化肥，趋利避害，达到双赢效果，将成为安全高效施肥研究的重要课题。

　　化肥按植物所需用量分为大量营养元素肥料、中量营养元素肥料和微量营养元素肥料；按养分种类的多少可划分为单质化肥、复合肥料或复混肥料，其中单质化肥按营养元素成分可分为氮肥、磷肥、钾肥、钙肥、镁肥、硫肥、铁肥、锰肥、锌肥、铜肥、硼肥、钼肥等；按化肥中养分的有效性或供应速率可划分为速效肥料、缓效肥料、长效肥料和控释肥料；按化肥的形态可划分为固体肥、液体肥和气体肥料。本章主要介绍单质化肥，在后面的章节中将介绍复混肥料。

第一节　化肥的特点

一、化肥的突出贡献

　　据联合国粮农组织资料，发展中国家粮食总量的增加，单位面积增产的贡献占近 75%，其中化肥对增产的贡献约占 50%。1975

年肥料养分投入总量达 1 063 万 t，化肥的比重占 33.6%；到 1995 年肥料养分投入总量达 5 300 万 t，化肥的比重占到了 67.8%。随着化肥用量的增加，作物得到显著增产，见表 5-1。

表 5-1　我国化肥用量及作物产量

年份	化肥用量（万 t）	粮食产量（万 t）	蔬菜产量（万 t）
1985	1 775.8	37 911	—
1990	2 590.3	44 624	—
1995	3 593.9	46 661.8	25 726.7
2000	4 146.4	46 217.5	40 513.5
2005	4 766.2	48 402.2	56 451.49
2010	5 561.7	54 647.7	65 099.4
2011	5 704.2	57 102.8	67 929.7
2012	5 838.8	58 958.0	70 883.1

注：该数据来自《河北农村统计年鉴 2013》。

二、化肥的基本特征

作物所必需的营养元素包括碳、氢、氧、氮、磷、钾、钙、镁、硫、铁、锰、锌、铜、硼、钼、氯和镍 17 种元素。碳、氢、氧主要靠空气和水供应，其余养分主要来自土壤和肥料。化肥的基本特性如下：

1. 养分单一但含量高　化肥中养分较单一、含量相对较高，单质化肥仅含有一种作物生长发育所必需的营养元素。

2. 养分能被直接吸收　化肥多数是水溶性或弱酸溶性化合物。对作物来说，化肥主要含有速效性的营养成分，能直接被作物根系或叶面吸收。

3. 改变土壤营养环境　化肥施入土壤后，在一定程度上调控土壤中某或几种营养元素的浓度，同时，影响土壤的某些理化性质，如 pH 等。化肥施入土壤，可改变土壤原有养分的形态，引起原有养分有效性的变化。

4. 需科学储存和施用 化肥若处理不当，会引起养分损失、有效性降低，造成作物减产、品质恶化，甚至对生态环境产生不良影响。

三、化肥的主要优点

1. 施用量小、节省用工 同有机肥相比，化肥养分含量高。尿素含氮 46%，硝酸铵含氮 34%，普通过磷酸钙含磷 14%～18%。而纯马粪含氮只有 0.4%～0.5%，含磷 0.2%～0.35%。1kg 硫酸铵相当于人粪尿 30～40kg；1kg 普通过磷酸钙相当于厩肥 60～80kg；1kg 硫酸钾相当于草木灰 10kg 左右。因此，单位面积化肥的施用量小，便于运输、节省用工。

2. 养分速效、肥效较快 化肥都是水溶性或弱酸溶性的，施入土壤后能迅速被作物吸收利用，肥效快而且显著。生长矮小的作物，施用铵态氮肥后，会很快茂盛起来。

3. 多种功效、容易保存 有些化肥不仅提供作物养分，而且具有提高作物抗逆和防病杀虫作用。例如，石灰氮可作棉花的脱叶剂，防治血吸虫病；液氨和氨水可杀除大田的蝼蛄等害虫。并且，化肥较农家肥体积小，养分稳定，它们容易保存，且保存期长，不易变质。

4. 原料丰富、易产业化 化肥以天然的矿物资源为原料，如石油、天然气、煤炭、磷矿石等。这些原料丰富，可以大规模开采，产业化生产，不受季节限制，产量大、成本低。

四、化肥的主要缺点

1. 养分不够全面 化肥的养分不如有机肥齐全。一般化肥不含有机质，成分比较单一，只含一种或两三种养分。即使复混肥料可增加多种养分，也难以像有机肥那样养分全面。

2. 施用有局限性 化肥对土壤、作物存在局限性。也就是说，化肥具有一定的适用范围，必须针对不同的作物和土壤，有选择性地施用，才能收到满意的效果。例如，氯化铵不能用于烟草、甜菜、甘蔗等忌氯作物上，石灰氮不宜用于碱性土壤上。

3. 用法不当易危害　化肥浓度高，溶解度大，如果施用方法不当，容易造成危害。倘若施用量过大，直接接触种子或根系，则易烧籽烧苗；如若施用时间不当，还会造成贪青、倒伏。

第二节　常见化肥的质量要求

正规的化肥产品有一定质量标准。只有了解化肥标准的质量要求，才能正确鉴别化肥的质量。

一、主要氮肥的质量要求

（一）碳酸氢铵

《农业用碳酸氢铵》（GB 3559—2001）中规定农业用碳酸氢铵为白色或浅色结晶，其技术指标要求见表5-2。

表5-2　农业用碳酸氢铵的技术指标

项　目	湿碳酸氢铵			干碳酸氢铵
	优等品	一等品	合格品	
氮含量（N,%）≥	17.2	17.1	16.8	17.5
水分（H₂O,%）≤	3.0	3.5	5.0	0.5

注：优等品和一等品必须含添加剂。

（二）尿素

《尿素》（GB 2440—2001）中规定农业用尿素为白色或浅色颗粒状，其技术指标应符合表5-3的要求。

表5-3　农业用尿素的技术指标

项　目		优等品	一等品	合格品
总氮（以干基计，%）	≥	46.4	46.2	46.0
缩二脲（%）	≤	0.9	1.0	1.5
水分（H₂O, %）	≤	0.4	0.5	1.0
亚甲基二脲（以HCHO计,%）	≤	0.6	0.6	0.6

（续）

项　目		优等品	一等品	合格品
粒　度 （%）	d 0.85～2.80mm　≥			
	d 1.18～3.35mm　≥	93	90	90
	d 2.00～4.75mm　≥			
	d 4.00～8.00mm　≥			

注：若尿素生产工艺不加甲醛，可不做亚甲基二脲含量的测定。指标中粒度项只需符合四档中任何一档即可，包装标识中应标明。

（三）硫酸铵

《硫酸铵》（GB 535—1995）中规定硫酸铵优等品外观要求为白色结晶、无可见机械杂质，一等品和合格品外观要求无可见机械杂质即可，其技术指标应符合表 5-4 的要求。

表 5-4　硫酸铵的技术指标

项　目		优等品	一等品	合格品
总氮（N）（以干基计，%）	≥	21.0	21.0	20.5
水分（H_2O，%）	≤	0.2	0.3	1.0
游离酸（以 H_2SO_4 计，%）	≤	0.03	0.05	0.20

二、主要磷肥的质量要求

（一）过磷酸钙

农业用疏松状和粒状过磷酸钙，包括加入有机质的过磷酸钙产品，应符合《过磷酸钙》（GB 20413—2006）的质量要求。

1. 疏松状过磷酸钙　疏松状过磷酸钙外观呈有色疏松状物，无机械杂质，其技术指标应符合表 5-5 的要求。

表 5-5　疏松状过磷酸钙的技术指标

项　目		优等品	一等品	合格品	
				Ⅰ	Ⅱ
有效磷（以 P_2O_5 计，%）	≥	18.0	16.0	14.0	12.0

（续）

项　　目		优等品	一等品	合格品	
				I	II
游离酸（以 P_2O_5 计,%）	≤	5.5	5.5	5.5	5.5
水分（%）	≤	12.0	14.0	15.0	15.0

2. 粒状过磷酸钙　粒状过磷酸钙外观呈有色颗粒，无机械杂质，其技术指标应符合表5-6的要求。

表5-6　粒状过磷酸钙的技术指标

项　　目		优等品	一等品	合格品	
				I	II
有效磷（以 P_2O_5 计,%）	≥	18.0	16.0	14.0	12.0
游离酸（以 P_2O_5 计,%）	≤	5.5	5.5	5.5	5.5
水分（%）	≤	10.0			
粒度（1.00～4.75mm 或 3.35～5.60mm,%）	≥	80			

（二）重过磷酸钙

重过磷酸钙中的磷主要组成与过磷酸钙相同，也是一水磷酸一钙和少量游离酸。但是，重过磷酸钙不含石膏或含量很少，溶解性明显优于过磷酸钙。重过磷酸钙的有效磷比过磷酸钙高2～3倍。因此，重过磷酸钙也称三料过磷酸钙。用粉状和粒状重过磷酸钙，包括加入有机质的重过磷酸钙产品，应符合《重过磷酸钙》（GB 21634—2008）的质量要求。

1. 粉状重过磷酸钙　粉状重过磷酸钙外观呈有色粉状物，无机械杂质，其技术指标应符合表5-7的要求。

表5-7　粉状重过磷酸钙的技术指标

项　　目		优等品	一等品	合格品
总磷（以 P_2O_5 计,%）	≥	44.0	42.0	40.0
有效磷（以 P_2O_5 计,%）	≥	42.0	40.0	38.0

（续）

项 目		优等品	一等品	合格品
水溶性磷（以 P_2O_5 计,%）	≥	36.0	34.0	32.0
游离酸（以 P_2O_5 计,%）	≤		7.0	
游离水（%）	≤		8.0	

2. 粒状重过磷酸钙 粒状重过磷酸钙外观呈有色颗粒，无机械杂质，其技术指标应符合表5-8的要求。

表 5-8 粒状重过磷酸钙的技术指标

项 目		优等品	一等品	合格品
总磷（以 P_2O_5 计,%）	≥	46.0	44.0	42.0
有效磷（以 P_2O_5 计,%）	≥	44.0	42.0	40.0
水溶性磷（以 P_2O_5 计,%）	≥	36.0	34.0	32.0
游离酸（以 P_2O_5 计,%）	≤		5.0	
游离水（%）	≤		4.0	
粒度（2.00～4.75mm,%）	≥		90	

三、主要钾肥的质量要求

（一）硫酸钾

《农业用硫酸钾》（GB 20406—2006）中规定农业用硫酸钾外观为粉末结晶或颗粒，其技术指标应符合表5-9的要求。

表 5-9 农业用硫酸钾的技术指标

项 目		粉末结晶状			颗粒状		
		优等品	一等品	合格品	优等品	一等品	合格品
氯化钾（K_2O,%）	≥	50.0	50.0	45.0	50.0	50.0	40.0
氯离子（Cl^-,%）	≤	1.0	1.5	2.0	1.0	1.5	2.0
水分（H_2O,%）	≤	0.5	1.5	3.0	0.5	1.5	3.0
游离酸（以 H_2SO_4 计,%）	≤	1.0	1.5	2.0	1.0	1.5	2.0
粒度（1.00～4.75mm 或 3.35～5.60mm,%）		—	—	—	90	90	90

(4)(3)

（二）氯化钾

《氯化钾》（GB 6549—2011）中规定农业用氯化钾外观为白色、灰白色、浅褐色粉末状或颗粒状，其技术指标应符合表 5-10 的要求。

表 5-10　农业用氯化钾的技术指标

项　目		优等品	一等品	合格品
氯化钾（K_2O,%）	≥	60.0	57.0	55.0
水分（H_2O,%）	≤	2.0	4.0	6.0

第三节　常见化肥的快速鉴别

在化肥热卖畅销的情况下，往往有假冒伪劣品混入市场。由于农民缺乏化肥真伪的鉴别能力，在购买化肥时，经常出现上当受骗的现象。下面介绍一些简便易行、快速鉴别化肥真伪的方法，供借鉴。

一、直观法

直观法主要是从化肥的包装、外观、气味等物理性质来鉴别化肥的真伪。

（一）看包装

在化肥包装袋上，应注明产品名称、肥料成分、养分含量、产品等级、产品净重、商标标识、标准代号、厂名厂址、生产许可证号码、肥料登记证号，每批出厂的产品均应附有质量证明书。如果上述标志缺失，包装粗糙，标识不清，包装较差，破损率高，则假化肥或劣质化肥的概率很高。另外，有时不用汉字而用拼音表示，以冒充进口化肥，要引起注意。同时，注意包装有无拆封或重封现象，以防用旧袋装伪劣肥料或掺假。

（二）看外观

化肥多数为固体，只有氨水、液体氨是液体。氮肥几乎全部为白色结晶体，有些略带黄褐色或浅蓝色；钾肥一般为白色、淡黄色或粉红色结晶体;磷肥一般多为灰白色或灰色粉末或颗粒。例如,尿素为白色或淡黄色,呈颗粒状、针状或棱柱状晶体;硫酸铵为白色晶体;碳酸氢铵呈白色或其他杂色,粉末状或颗粒状结晶;氯化铵为白色或淡黄色结晶;氨水为无色或深色液体;石灰氮呈灰黑色粉末;过磷酸钙为灰白色或浅肤色粉末;重过磷酸钙为深灰色、灰白色颗粒或粉末状;硫酸钾为白色晶体;氯化钾为白色或淡红色粉末或颗粒。伪劣化肥往往由结晶体变成粉末状,颗粒大小不均、粗糙,湿度大、易结块。可通过观察化肥形态来辨别,如果化肥呈现融化瘫软状态,可能是由于过水或淋湿;化肥呈现坚硬大块,或色泽变黑、发黄,则表示存放过久,有失效的可能。

(三) 闻气味

通过肥料的特殊气味来简单判断,有些肥料有刺鼻的氨味或强烈的酸味。如有强烈刺鼻氨味的液体是氨水,有明显刺鼻氨味的细粒是碳酸氢铵,有酸味的细粉是重过磷酸钙,硫酸铵略有酸味,过磷酸钙也有酸味,石灰氮有特殊腥味。如果过磷酸钙有很刺鼻的怪酸味,则说明游离硫酸含量过高。这种劣质化肥有很大毒性,极易损伤或烧死作物。一般假冒伪劣的肥料,气味不明显。

二、水溶法

如果从外观不易辨认肥料的品种,还可根据肥料的溶解度加以区别。取半杯清洁的凉开水,取一小勺化肥,慢慢加入水中,充分搅拌后静置一段时间观察其溶解状况,据此可分为易溶、部分溶解和难溶解三类。全部溶解的是氮肥或钾肥,溶于水但有残渣的是过磷酸钙,溶于水无残渣或残渣很少的是重过磷酸钙,溶于水但有较大氨味的是碳酸氢铵,不溶于水但有气泡产生并有电石氯味的是石灰氮,不溶解的或大部分不溶解的多为钙镁磷肥、磷矿粉、硅肥等。

三、干烧法

将少量化肥样品放在炭火上燃烧或干净的铁皮上加热灼烧,从火焰颜色、烟味、熔融、残留物等情况来鉴别肥料。根据干烧方式不同，分为炭火燃烧法和铁皮灼烧法。

（一）炭火燃烧法

取 1g 左右的化肥样品，直接放在炭火上燃烧。直接分解产生大量白烟、有强烈的氨味、无残留物的为碳酸氢铵；直接分解或升华发生大量白烟、有强烈的氨味和酸味、无残留物的是氯化铵；能迅速熔化、冒白烟、投入炭火中能燃烧或取一玻璃片接触白烟时，能见玻璃片上附有一层白色结晶物的为尿素；发生剧烈燃烧并伴有嘶嘶声，发强光、冒白烟有氨味的是硝酸铵；在红木炭上无变化，发出噼啪声，撒在火上火焰呈紫色的是硫酸钾、氯化钾等钾肥；在烧红的木炭上无变化的为过磷酸钙、重过磷酸钙；撒在烧红的木炭上有助燃作用的为硝酸钾。

（二）铁皮灼烧法

选择一块 15cm×15cm 左右的铁皮，放在炉火上烧红，取 5g 左右的化肥，倒在烧红的铁皮上灼烧。可熔融成液体或半液体，大量冒白烟、有氨味和刺鼻的二氧化硫味，残留物冒黄泡的为硫酸铵；不熔化、直接升华，不冒烟，有氨味的是碳酸氢铵；冒白烟后能迅速熔化，有氨味的为尿素；冒白烟后又发出点点星火的为硝酸铵；不熔化、直接升华，冒浓白烟，有氨味和盐酸味的为氯化铵；大量冒白烟，有氨臭，无残渣的为磷酸氢铵；灼烧时肥料没有明显变化，但有爆裂声，干炸跳动的为钾肥，其中跳动剧烈而在水中溶解很慢的为硫酸钾，反之为氯化钾。过磷酸钙和重过磷酸钙没有氨味，特别是过磷酸钙颗粒形状无变化。

在做灼烧试验时，要特别注意安全。硝酸盐受热有爆炸危险，在用铁板灼烧时，铁板温度控制在 500～600℃，为防止硝态氮爆炸伤人，用样量一定要小，一次切勿超过 1g，绿豆大小足够。同时，别离灼烧物太近，以免烫伤。

四、化学法

（一）显色法

显色法是运用化肥与某些化学物质发生反应时显色的方法来鉴

别化肥的真假。例如,用胡萝卜皮或苋菜煮沸后取清液,将少量碳酸氢铵放入清液中显色。如果胡萝卜皮液由紫色变为浅绿色,或苋菜液由红色变为黄绿色为真化肥。取过磷酸钙加入少量水中,如果有部分溶解,可初步断定为过磷酸钙;再用上述胡萝卜皮液或苋菜液加以检验,如果胡萝卜皮液由紫色变为鲜红色,或苋菜液由红色变为深红色,说明过磷酸钙质量好。

1. 尿素 取化肥样品少量于试管中,加热至熔化成液体,再继续加热至液体出现混浊为止,试管稍冷后,加入1%氢氧化钠2mL,待熔融物溶解后,加入0.5%硫酸铜溶液2滴,溶液即呈紫红色,说明有尿素。

2. 铵根离子 取铵态氮肥少量于试管中,加少量水溶解,加入10%氢氧化钠20滴,加热,闻其味或把湿润的红色石蕊试纸放于管口上方,如有刺鼻的氨味或试纸由红变蓝,证明有铵根离子。

3. 硝酸根离子 取硝态氮肥少量于试管中,加少量水溶解,取肥料溶液3~5滴于白色点滴板的孔穴中,再加入二苯胺试剂2~4滴,如有蓝紫色产生,证明有硝酸根离子。

(二)比浊法

比浊法就是利用化肥经化学反应后生成沉淀的现象鉴别化肥真伪的方法。

1. 碳酸氢根离子 取碳酸氢铵少量,加少量水溶解,加入10%硫酸铵溶液,在室温下无沉淀产生,经加热煮沸后若有白色沉淀析出,证明有碳酸氢根离子。

2. 钾离子 取钾肥少许于试管中,加少量水溶解,加入10滴37%~40%甲醛,再加入2~4滴3%四苯硼钠试剂,如有白色混浊或沉淀产生,证明有钾离子。

3. 磷酸根离子 取磷肥少量于试管中,加水10mL溶解,加热1min后过滤,取滤液2~3mL于试管中,加浓硝酸20滴,再加钼酸铵试剂20滴后加热。如果产生黄色沉淀,证明肥料中有磷酸根离子。

4. 氯离子 取少量化肥样品放入试管中,加水5mL,待其完全溶解后，加入 1％硝酸银溶液 5 滴，如产生白色絮状沉淀证明其中有氯离子。

5. 硫酸根离子　取少量肥料于试管中，加水 5mL，待其完全溶解后，用滴管加入 2.5％氯化钡溶液 5 滴，产生白色沉淀，当加入稀盐酸时沉淀不溶解，证明含有硫酸根离子。

在鉴别氯化钾或硫酸钾时，如果加入 5％氯化钡溶液，产生白色沉淀的是硫酸钾；如果加入 1％硝酸银，产生白色絮状物的为氯化钾。

综合运用上述鉴别方法，可快速对化肥真伪做出初步定性判断。然而，有些化肥虽是真的，但含量很低。国家标准要求有效磷的最低含量应达 12％，如过磷酸钙有效磷的含量低于 8％，属劣质化肥、肥效很差。如果遇到这种情况，应采集 500g 左右的样品，送到当地土肥站等部门进行定量检测。

第四节　长期施用化肥出现的
问题及化肥施用误区

一、经常施化肥会产生危害

（一）经常施用化肥，影响蔬菜质量

长期施用化肥的蔬菜，特别是氮肥过量生产的"氮肥蔬菜"，会使蔬菜中的硝酸盐含量成倍增加，直接威胁食品安全。单靠化肥生产出来的蔬菜，看起来茎叶鲜嫩，不知情者以为质量上乘，其实这种蔬菜硝酸盐含量超标，在储存过程中容易发霉变质，有毒物质的含量增加。据调查，在冬春储藏过程中，施用过氮肥的白菜比施农家肥的白菜腐烂损失率高 20％以上。

（二）连年施用化肥，破坏肥力性能

一般棚室蔬菜从播种到采摘一周施肥一次。这样连年过量施用，不仅浪费养分，还会污染环境。尤其连年多次施用硫酸铵、硫酸钾、氯化钾等，会增加土壤中的硫酸根离子和氯离子含量，而这两种离子对土壤来说都是有害的，不但有害于蔬菜生长，而且会使

土壤产生次生盐渍化，破坏土壤结构，使土壤板结，失去柔性和弹性，降低通透性，导致土壤肥力下降，使蔬菜长势差，产量降低。由于长期过量施用化肥，山东省寿光市已出现较多不能生产蔬菜的大棚，被称为"死棚"。

（三）过量施用化肥，易引起缺素症

菜田连年大量施用硫酸铵、氯化铵、氯化钾、过磷酸钙等酸性化肥，会使土壤中残留大量的酸类物质，使中性土壤酸化，既破坏土壤微生物区系，又破坏蔬菜根系的营养环境。蔬菜地长期过量施用化肥，不仅会对蔬菜造成危害，还会妨碍蔬菜对其他营养元素的吸收，引起缺素症。例如，过量施用含氮化肥会引起蔬菜的缺钙症，硝态氮过多会引起缺钼，钾过多会降低钙、镁、硼的有效性，磷过多会降低钙、锌、钼的有效性等。

（四）长期施用化肥，导致环境污染

目前，我国化肥用量及其增长速度令人吃惊，用占全球不足 9% 的土地消耗了占世界总量 32% 的化肥。国际公认化肥施用量的安全上限是 $225kg/hm^2$，但我国化肥的年均施用量已达 $434.3kg/hm^2$，超过世界年均用量的 2.6 倍，为安全上限的 1.9 倍。然而，肥料养分利用率 N 是 30%，P 是 20%，K 是 35%，与发达国家的 70% 相比尚有一定差距，未被吸收利用的部分进入了土壤、水体和大气，已导致 1 600 多万 hm^2 耕地严重污染。如太湖富营养化的 40%～60% 的氮、磷来自施用的化肥。

二、菜田施用化肥误区

棚室蔬菜施用化肥方法不当，不仅会导致土壤板结，引起蔬菜肥害，而且还会使蔬菜硝酸盐、亚硝酸盐含量超标，危害人体健康。棚室蔬菜施用化肥时，存在施用误区，这既会降低施肥效果，又会产生负面效应，因此，棚室蔬菜一定要慎用化肥。

（一）施尿素后浇水

尿素所含氮成分为酰胺，酰胺态氮在土壤微生物分泌的脲酶的作用下，转化为碳酸铵或碳酸氢铵，才能被蔬菜根系吸收利用。如

施用尿素后马上浇水，极易引起酰胺态氮淋失。因此，无论用尿素作基肥还是追肥，都应根据棚温间隔5～7d，使其全部转化后再浇水，以减少养分损失。同时，注意深施覆土和控制用量，一般每667m² 施用量不超过10kg。

（二）棚室误施碳酸氢铵

棚室追施碳酸氢铵后，极易挥发大量氨气，不利于蔬菜生长，甚至造成铵害。即使在5℃的土温下，也能转化分解成氨气释放。因此，碳酸氢铵作为速效肥料追施时，必须注意深施，避免表撒误施。一般在离蔬菜根茎8～10cm处开10cm深沟，撒施覆土，可提高利用率10%～30%。如遇干旱天气，应施后浇水。

（三）撒施磷素化肥

磷容易被土壤固定失去肥效。磷在土壤中移动性很小，撒施特别容易被表土固定，使磷素肥效大大降低。磷肥适宜作基肥或在蔬菜前期集中追施于根区。一般在移栽行开8cm深沟，集中施入磷肥后覆土4～5cm，然后在浅沟内移栽蔬菜，缩短磷肥与作物根的距离，来弥补磷移动性小的弱点。

（四）过量施用磷酸二铵

蔬菜需大量氮、钾，但需磷较少。例如，茄子需氮、磷、钾的配比为3：1：4，黄瓜为3：1：10，番茄为6：1：12等。磷酸二铵含氮18%、磷46%，不含钾。菜农习惯于大量施用磷酸二铵。如果每667m² 施用量超过40kg，不仅导致磷养分浪费，而且会严重影响蔬菜生长发育，使植株早衰、生长不良，产量降低、品质变差。一般每667m² 施用量不超过20kg，瓜果类蔬菜可适当多施。

（五）后期追施钾肥

蔬菜一般在开花前后需钾较多，以后逐渐减少，后期施用钾肥会造成钾的利用率明显降低，浪费肥料。

三、蔬菜施用化肥五忌

化肥种类很多，功效各不相同。有的化肥可提高蔬菜产量、改善品质，而有的会影响蔬菜的品质和产量，还有的虽然能提高蔬菜产量，但却会污染蔬菜，引起食用中毒。因此，蔬菜施用化肥不当，会产生毒副作用，既浪费肥料又危及食用安全。实践证明，蔬菜施用化肥存在五忌。

（一）忌施硝态氮肥

硝酸铵及其他硝态氮肥一般禁止施用于蔬菜。因为硝态氮肥施入菜田后，硝态氮易被蔬菜吸收，使蔬菜硝酸盐含量倍增。食用蔬菜后硝酸盐进入人体，易被还原为亚硝酸盐。亚硝酸盐是一种致癌物质，对人体危害极大。

（二）忌叶菜喷氮肥

一般氮肥不宜用于叶菜类蔬菜叶面喷施。叶菜喷施尿素、硫酸铵等氮肥，虽然能使叶肥菜嫩、色泽鲜艳，但因铵离子与空气接触后，易转化为酸根离子被叶片吸收，叶菜类蔬菜生育期短，很易使硝酸盐累积，危及食用安全。

（三）忌施含氯化肥

氯化铵、氯化钾等含氯化肥，不宜施用于番茄、马铃薯、甘薯等蔬菜。氯肥会对蔬菜根系产生毒害，严重时会造成蔬菜死亡。而且，氯离子能降低蔬菜淀粉含量，使品质下降，产量降低；另外，氯离子残留于土壤中，易使土壤脱钙板结。

（四）忌常施硫酸铵

硫酸铵是生理酸性肥料，若经常连续多次施用，菜田土壤积累大量的硫酸根离子，会使酸性土壤变得更酸，引起石灰性土壤酸化板结，导致蔬菜生长发育不良，产量降低。

（五）忌随水撒施

从肥料的特性来看，氮肥易挥发淋失，磷肥、钾肥易固定。随水撒施化肥处在表土，肥料利用率很低。菜农为满足蔬菜养分需求，往往提高肥料的撒施量。然而无论何种肥料，若一次用量过大，就会出现根系养分"倒吸"，引起蔬菜烧根烧苗等肥害。

第五节　常见化肥的合理施用

一、蔬菜合理施用化肥的原则

在作物所需养分中，相对含量最缺少的那种养分被称为最小养分，它决定着作物产量的高低。如果无视这种养分，即使增施其他养分，也不能使作物增产，直到这种养分得到补充，作物才能继续增产。因此，偏施某种化肥，甚至缺少某一养分，都可能引起营养失衡。如施氮肥过多，植株营养生长旺盛，易贪青疯长、病虫害加剧；如缺施钾肥，茎秆细弱，易倒伏和发生病害，瓜果口味变差等。基于蔬菜的营养平衡，合理施用化肥，应遵循下列原则：

（一）因土施肥

基于测土平衡施肥，根据土壤养分供给力，合理搭配氮、磷、钾化肥，施用的养分比例协调，才能利于蔬菜增产和品质改善。因此，高肥力菜田，富含有机质的土壤，蔬菜易积累硝酸盐，应禁施或少施氮肥。低肥力菜田，蔬菜积累的硝酸盐较轻，可施氮肥和有机肥以培肥地力。一般菜田，采取测土平衡施肥，既有利于优质高产，又使蔬菜不易累积硝酸盐，还有利于培肥地力。

（二）因菜施肥

不同蔬菜因遗传特性所决定，对土壤养分吸收存在较大差异。应依据不同蔬菜的需肥特点施肥。例如，白菜类及绿叶菜类蔬菜容易积累硝酸盐，不能使用硝态氮肥；茄果类、果菜类和根菜类蔬菜，对硝酸盐积累较少，可适当施用，但应至少在收获前15d，停止施用氮肥。萝卜、洋葱等根茎类作物对钾、镁的要求较多，番茄、青椒、西葫芦等瓜果类蔬菜对钾、钙要求较高等，需要多施一些相应的钾肥、镁肥和钙肥。

（三）因肥施肥

根据不同化肥品种的特性，采用不同的施肥方法。如有的化肥适宜作基肥、种肥、根外追肥等，有的则不宜。因此，应根据化肥的特点，采用相应的施肥方法，注意蔬菜施用化肥的误区和禁忌。

（四）因季施肥

不同季节温度的变化，对氮肥会产生较大的肥效影响。夏秋季气温高，不利于积累硝酸盐，可适量施氮肥。冬春季气温低，光照弱，硝酸盐还原酶活性下降，容易积累硝酸盐，应不施或少施氮肥。

（五）配合施肥

菜田施用有机肥，形成有机胶体，对养分离子有很强的吸附交换能力。当施用化肥时，可缓解控制养分离子浓度过高，大大减少肥害。同时，有机肥料养分齐全，肥效缓、稳、长；化肥养分单一，肥效快、猛、短。两者配合施用，缓急相济，互相补充，有利于养分供应平衡、改善蔬菜品质。因此，蔬菜施肥应以有机肥为主，有机肥与化肥配合施用。

（六）限量施肥

蔬菜硝酸盐的累积，随氮肥施用量的增加而增加。菜田施用化肥，按照限量和规定浓度施用，会大大降低肥害。每 667m² 施氮量应控制在 30kg 以内，其中 70％～80％应作基肥深施，20％～30％用作苗肥深施。并且，一般菜田一次每 667m² 施硫酸钾、碳酸氢铵不宜超过 25kg，硫酸铵不宜超过 20kg，尿素不宜超过 10kg，过磷酸钙作基肥不宜超过 50kg。

二、蔬菜化肥施用量简便计算

蔬菜种类繁多，需肥量差异很大，应用测土平衡施肥困难。为保证蔬菜质量和产量优化，掌握化肥的合理用量非常必要。现针对菜农实际施用化肥，介绍一种简单实用的施用量计算方法。

（一）计算公式

计算施肥量的基础公式：$Y = \dfrac{1-b}{a}X$

式中：Y——应施养分量；

X——目标产量的元素吸收量；

a——化肥利用率；

b——土壤供给率。

（二）主要参数

1. X 参数 X 参数由目标产量与单位产量元素吸收量相乘求得。为方便计算，首先求得每吨蔬菜的元素吸收量（kg/t），见表5-11。

表5-11　主要蔬菜的元素吸收量

种类	N（kg/t）	P_2O_5（kg/t）	K_2O（kg/t）
番茄	2.7	0.7	5.1
茄子	3.3	0.8	5.1
辣椒	5.8	1.1	7.4
黄瓜	2.4	0.9	4.0
萝卜	2.5	0.9	3.1
胡萝卜	7.5	3.8	17.0
菠菜	5.3	2.2	10.9
大白菜	3.1	1.1	3.4
甘蓝	3.9	1.2	4.8
洋葱	2.0	0.8	2.2

如果温室番茄目标产量每667m² 为5t，则从表5-11可查出每吨番茄的元素吸收量：N=2.7kg，P_2O_5=0.7kg，K_2O=5.1kg。那么，每667m² 番茄元素的吸收量为：X_N=2.7×5=13.5（kg），$X_{P_2O_5}$=0.7×5=3.5（kg），X_{K_2O}=5.1×5=25.5（kg）。

2. $(1-b)/a$ 参数 这个参数称为吸肥倍率。它既包括土壤供给率又包括化肥利用率，而这两个因素又同作物种类有关，不同作物对肥料的吸收利用能力不同，见表5-12。

表 5 - 12　不同蔬菜的吸收能力

吸收量	标准蔬菜	吸收力强的蔬菜	吸收力弱的蔬菜
高	黄瓜、茄子、芜菁	番茄、南瓜、甘薯	西瓜、大白菜、芹菜
中	花椰菜、笋	马铃薯、萝卜、胡萝卜	
低	菠菜、莴苣	豌豆、菜豆	

由于各种蔬菜的吸收能力不同，在不同土壤条件下的吸肥倍率也不同，见表 5 - 13。

表 5 - 13　不同土壤条件下各种蔬菜的吸肥倍率

土壤	N			P_2O_5			K_2O		
	强	标准	弱	强	标准	弱	强	标准	弱
沙土	1.5	1.8	2.0	1.0	1.5	2.0	1.0	1.2	1.5
沙壤土	1.2	1.5	1.8	2.0	2.0	3.5	0.5	0.8	1.0
壤土	1.0	1.2	1.5	2.2	2.4	3.5	0.5	0.8	0.8
黏壤土	0.8	1.0	1.2	2.2	2.4	3.5	0.5	0.5	0.8

（三）施有机肥的养分量

了解 X 参数和 $(1-b)/a$ 参数后，还需知道施有机肥的养分量。施有机肥以鸡粪、牛粪、猪粪为主的菜区，这些粪肥腐熟后，平均每吨约含 3.5kg N、2.0kg P_2O_5 和 5.0kg K_2O。在计算化肥用量时，必须减去施有机肥的养分量。

（四）校正系数

由于栽培方式不同，养分利用率存在一定差异。还需考虑一个校正系数，早春温室、大棚栽培系数为 1.2，夏季露地系数为 0.8。实际的化肥用量，应用计算出的用量再乘以校正系数。

（五）应用举例

例如，某农户种植春大棚黄瓜，土质为沙壤土，目标产量每 $667m^2$ 为 8t，基肥施粪肥每 $667m^2$ 为 2t。那么，需要每 $667m^2$ 施尿素、磷酸二铵和硫酸钾各多少千克？

第一步，根据表 5 - 11 求算目标产量每 $667m^2$ 为 8t 的养分元素吸收量。

$$X_N = 8 \times 2.4 = 19.2 \text{ (kg)}$$

$$X_{P_2O_5} = 8 \times 0.9 = 7.2 \text{ (kg)}$$

$$X_{K_2O} = 8 \times 4.0 = 32.0 \text{ (kg)}$$

第二步，根据表 5-13 查取在沙壤土上种植黄瓜的吸肥倍率。

根据表 5-12，黄瓜为标准蔬菜，对 N 的吸肥倍率为 1.5，对 P_2O_5 的吸肥倍率为 2.0，对 K_2O 的吸肥倍率为 0.8。

第三步，根据基础公式

$$Y = \frac{1-b}{a} X$$

求算每 667m² 应施养分元素量。

$$Y_N = 1.5 \times 19.2 = 28.8 \text{ (kg)}$$

$$Y_{P_2O_5} = 2.0 \times 7.2 = 14.4 \text{ (kg)}$$

$$Y_{K_2O} = 0.8 \times 32.0 = 25.6 \text{ (kg)}$$

第四步，减去所施有机肥的养分含量。

$$Y_N = 28.8 - 2 \times 3.5 = 21.8 \text{ (kg)}$$

$$Y_{P_2O_5} = 14.4 - 2 \times 2.0 = 10.4 \text{ (kg)}$$

$$Y_{K_2O} = 25.6 - 2 \times 5.0 = 15.6 \text{ (kg)}$$

第五步，根据化肥所含养分量折算施肥量。

前面已计算出应施养分元素量，还必须除以化肥中营养元素含量，才能得到化肥用量，该农户施用的磷酸二铵中含有氮和磷两种养分，应先用磷计算施磷酸二铵量，然后再计算尿素和硫酸钾的施用量。其中，磷酸二铵含 P_2O_5 46%，含 N 15%；尿素含 N 46%；硫酸钾含 K_2O 50%。

施磷酸二铵量＝10.4/46%＝22.6（kg），那么，磷酸二铵的施氮量＝22.6×15%＝3.4（kg）；施尿素量应减去磷酸二铵的施氮量，施尿素量＝（21.8－3.4）/46%＝40.0（kg）；施硫酸钾量＝15.6/50%＝31.2（kg）。

最后，用计算结果乘以校正系数求算实际施肥量。

早春棚室校正系数为 1.2，则该农户每 667m² 应施磷酸二铵＝22.6×1.2＝27.1（kg），尿素＝40×1.2＝48（kg），硫酸钾＝

$31.2 \times 1.2 = 37.4$ （kg）。

三、化肥的施用方法

1. 基肥的施用方法　基肥是指在蔬菜播种或定植前施入的肥料。施用量应占总施肥量的 70% 以上。应以有机肥为主，混拌适量的化肥。化肥作基肥施用时，应注意以下几点：

（1）防止发生肥害　氮肥作基肥施用过量，局部养分浓度过高会产生肥害。氮肥应 30% 作基肥，70% 作追肥，且用酰胺态氮肥（尿素），少用硝态氮肥和铵态氮肥。因为硝态氮肥易淋失；铵态氮肥过量易发生肥料障碍，出现烧苗现象。

（2）磷肥全作基肥　同氮、钾相比，蔬菜需磷最少，且需磷期主要是在生育初期。如果苗期磷肥不足，即使追施大量磷肥，也难以弥补，必然会减产。

（3）钾肥不宜过多　钾肥应 20% 作基肥，80% 作追肥。因为钾肥易被蔬菜吸收，但钾肥一次用量过大，容易引起生理缺钙、缺镁等缺素症。

（4）施用方法得当　将作基肥的鸡粪、生物肥、尿素、磷肥、钾肥等混匀后，1/2 全面撒施，按 30cm 深翻耙平。然后，按要求行距开定植沟，将剩余 1/2 的基肥施入沟内，使肥土混匀，在沟内浇水造墒，水渗下后合垄、覆土、整畦。

2. 追肥的施用方法　追肥是指蔬菜播种或定植后补充追加的肥料。应根据不同蔬菜、不同生育期，适时限量分次追施，既满足蔬菜各个生长时期的需要，又有利于蔬菜品质的改善。一般蔬菜追肥以液体配方肥为主，追施单质化肥较少。

（1）短季绿叶菜追施法　直播的短季绿叶菜，一般在基肥充足的条件下，全生育期可不必追肥。如果视苗情出现失绿缺肥，可适量追肥。但是最后一次追肥，必须在采收蔬菜前的 10d 以上进行。

（2）长季菜追施法　蔬菜果实等产品形成初期为追肥重点，注意不同蔬菜种类要求的氮、磷、钾养分平衡。采收前，禁止追施氮肥。各类蔬菜追肥的重点时期见表 5-14。

表 5-14   不同种类蔬菜追肥的重点时期

蔬菜种类	追肥的重点时期
根茎类、葱蒜类、洋葱和薯芋类	根或茎膨大期
白菜类、甘蓝类、芥菜类等长季绿叶菜	结球或花球初期
瓜类、茄果类、豆类	第一朵雌花结果膨大期

（3）冲施　将化肥用水溶化后，种植密度大的短季绿叶菜全园冲施；种植密度小的长季菜可条施、穴施或环施。注意不要把肥料施在叶面上。

（4）干施　长季菜在追肥重点时期，在菜畦的株行间，将化肥穴施覆土。注意每次追施的肥穴要错开，与其他农活配套，一般菜田先中耕、除草，再施肥，翌日浇水。

3. 根外追肥的方法　根外追肥是指在蔬菜叶面上喷洒肥料溶液，使蔬菜通过叶片吸收养分。主要适于容易被土壤固定或淋失的肥料。根外追肥的肥料溶液，因蔬菜种类及施用条件的不同而有所差异，一般为千分之几至百分之几。根外追肥最好在傍晚或早晨露水干后 9:00 前进行。因为这时叶片气孔开张，有利于植株吸收。

四、化肥与农家肥混施要领

化肥与农家肥配合施用，可缓急相济、取长补短、相得益彰，但如果配伍不合理，会相互损害，甚至造成肥害。

1. 适宜混施的化肥和农家肥

（1）过磷酸钙或钙镁磷肥与厩肥、堆肥混施　过磷酸钙或钙镁磷肥与厩肥、堆肥混合堆沤后施用，不但减少磷肥与泥土的接触面，避免磷酸根离子被土壤固定，而且有机物料腐解成的各种有机酸，能促使被土壤固定的磷活化释放，供作物吸收利用，肥效可提高 1/3 左右。

（2）碳酸氢铵和尿素与厩肥、堆肥混施　在厩肥、堆肥中加入 0.5%～1.0% 的碳酸氢铵或尿素，有利于微生物的繁殖生长，可促进有机肥的腐熟和各种养分的释放，利于作物吸收利用。

（3）过磷酸钙或钙镁磷肥与人粪尿混施　一般腐熟的人粪尿中碳酸铵含量过高，单施人粪尿氮素容易挥发损失，与过磷酸钙或钙镁磷肥混施，可形成性能稳定的磷酸二氢铵，既减少人粪尿的氮素损失，又促进了磷素吸收，可起到以磷控氮，增强肥效的作用。

（4）硫酸亚铁与人粪尿混施　在人粪尿中加入0.5％的硫酸亚铁，可使人粪尿中易挥发的碳酸铵转化成性能稳定的硫酸铵，起到保氮除臭、避免氮挥发损失的作用。

2. 不宜混施的化肥和农家肥

（1）硝态氮肥不能与农家肥混施　如果与农家肥混施，农家肥中反硝化细菌会使硝态氮形成亚硝酸盐，导致蔬菜亚硝酸盐污染，并产生氧化亚氮排放，引起氮素损失。

（2）氮素化肥不能与草木灰混施　若铵态氮、硝态氮等氮肥与草木灰混施，会发生化学反应，产生氨挥发，引起氮素损失，降低肥效。

（3）过磷酸钙不能与草木灰混施　草木灰含钙较多，若与过磷酸钙混施，会形成难溶性的磷酸钙，磷素被固定失去活性，难以被作物吸收利用，会大大降低肥效。

（4）草木灰不能与农家肥混施　通常草木灰被当作钾肥。由于它呈碱性，若与厩肥、堆肥和人粪尿等农家肥混施，会引起氮素的氨挥发损失，从而降低肥效。

五、常见肥料的合理施用

（一）氮肥

1. 氮素营养特点　氮素在作物体内是合成蛋白质、核酸、多种酶以及叶绿素的主要成分。蛋白质中平均氮含量为16％～18％。作物缺乏氮素将难以维持生命。同其他植物营养元素相比，氮素易被作物吸收，对作物的影响更为敏感，适宜的氮素含量，可延缓作物衰老，延长蔬菜的保鲜期。

（1）缺氮症状　作物氮缺素症最明显的外观特征是叶色淡绿，甚至发黄、早衰，其次是植株矮小，叶片薄小，果穗变小，籽粒不饱满。一般蔬菜缺氮时，下部叶片先黄化，逐渐向上部叶片扩展，可作为判别缺氮的显著特征之一。

（2）过量表现　过量的氮素将与糖类形成蛋白质，使作物叶片柔软多汁，易感病，对作物生长发育不利。外观上易出现茎秆细弱、叶片肥大，易倒伏；块根、块茎作物地上部旺长、地下部小而少；甜瓜等果品含糖量下降，不耐储存。

2. 氮肥的合理施用　我国常用的氮肥有碳酸氢铵、尿素、硝酸铵、氯化铵、硫酸铵、氨水和液体氨等。设施蔬菜施氮肥是增产最为有效的措施之一。然而，如果施用不当，将会产生肥害，降低蔬菜品质，甚至引起环境污染。合理施用氮肥的要领是"深施、早施、限量和避免叶施"。

（1）深施　氮肥深施可减少其与空气、阳光的直接接触，以免挥发损失和污染蔬菜。一般氮肥须施在 10～15cm 土层中，对直根系发达的茄果类、薯芋类和根菜类蔬菜，可将氮肥深施在 15cm 以下的根层。

（2）早施　叶菜类蔬菜和生育期短的蔬菜，宜及早施用氮肥，一般在苗期施用为好，蔬菜生长中后期不能过多施用氮肥。一般蔬菜采收前 15d 停止追施氮肥，对不易吸收硝酸盐的蔬菜，应在采收前 30d 停止施用氮肥。

（3）限量　一般蔬菜硝酸盐的累积量，随氮肥施用量的增加而提高。因此，应控制氮肥的施用量和施用次数。一般菜田每 667m^2 施氮肥限纯氮量不超过 20kg；肥力较高的菜田应限施纯氮 10kg 以下或不施氮肥。需施氮肥的菜田，应将 70%～80% 的氮肥作基肥深施，其余 20%～30% 用于苗期深施。

（4）避免叶施　叶菜类蔬菜不宜叶面喷施氮肥。因为氮肥的铵离子与空气接触易转化成硝酸根离子被叶片吸收。叶菜类蔬菜生育期短，叶片因而很容易累积硝酸盐。因此，叶菜类蔬菜要避免叶面喷施氮肥，尤其收获前 28d 内，更不能叶面喷施，以防污染蔬菜。

（二）磷肥

1. 磷营养特点　磷素是组成生物体核酸、核蛋白、磷脂、植素、磷酸腺苷和酶的重要组分，是其他元素无法替代的元素之一。磷素能促进作物体内的物质合成和代谢，提高作物产量、改善品质。

（1）缺磷症状　作物潜在缺磷难以从外观上诊断。只有当缺磷严重时，才能在田间看出缺磷症状。主要表现为：番茄早期叶背呈红紫色，叶肉组织初呈斑点状，后扩展到整个叶片，叶脉逐渐变为红紫色，叶簇最后呈紫色，植株矮小，茎细长，叶片很小，老叶黄化、有紫褐斑，在果实成熟时脱落，结果延迟，后期呈现卷叶；黄瓜叶色暗绿，随叶龄增加更加暗淡，逐渐变褐干枯，植株矮小细弱，叶脉间变褐坏死，雌花数量减少，果实畸形、暗铜绿色；茄子叶呈深紫色，茎秆细长，纤维发达，花芽延迟，结实延迟；大白菜生长不旺，植株矮小，叶小暗绿，根茎细弱；结球甘蓝叶色暗绿带紫，外叶明显，叶小而硬，叶缘枯死；芹菜叶色暗紫，叶柄细小，植株停留在叶簇生长期；洋葱多在后期生长缓慢，老叶干枯或叶尖枯死，有时叶片有黄绿、褐绿相间的花斑；萝卜叶背呈红紫色，根系发育不良，植株矮小，叶小皱缩；胡萝卜叶色暗绿带紫，老叶死亡，叶柄向上生长。

（2）过量表现　磷肥施用过量，不像氮肥那样敏感，但作物吸收过量的磷，会使作物呼吸过旺，生殖生长提前，容易引起早衰，过早成熟，籽粒小，产量低。同时，因为过量的磷酸根离子会与锌、钼和硅等微量元素发生反应，形成难容的磷酸盐，大大降低这些微量元素的活性，诱发土壤缺锌、缺钼和缺硅等微量元素缺乏症。

2. 磷肥的合理施用　常用的磷肥主要有过磷酸钙、重过磷酸钙和钙镁磷肥等。合理施用磷肥，可促进瓜类、茄果类蔬菜花芽分化和开花结实，提高结果率；增加浆果、甜菜及西瓜等果实的糖分含量及薯类作物薯块中的淀粉含量。作物早期缺磷，后期再补施磷肥，难以收到良好肥效。鉴于蔬菜需磷量小且集中在前期的特点，通常菜田合理施用磷肥的要领是"全施基肥，酌情追肥"。

（1）基肥　作基肥时，应将肥料集中施于根系附近，沟施或穴施，施于10～15cm根系密集的土层。预先和猪、牛粪、厩肥等农家肥混合堆沤1～2个月后施用，可提高肥效。将钙镁磷肥和氯化钾、硫酸钾等酸性肥料混合施用，可提高肥效。但不宜与铵态氮肥混合，否则会引起氨挥发损失。

（2）种肥　磷肥作种肥时，可与腐熟的粪肥混合拌种，也可单独拌种施用，单独拌种时应先用10％草木灰中和酸性，拌种后立即播种。注意不能与种子直接接触，一般每 667m² 用量 10～25kg。实际上，种肥是基肥的一种方式。

（3）根外追肥　蔬菜生育后期，根系吸肥能力减弱，可采用根外追施。施用前先将过磷酸钙溶解，用水稀释 10 倍，充分搅拌。澄清后取上清液，稀释成浓度为 1‰～3‰ 的溶液进行喷施，喷施量为每 667m² 50～100kg。一般要在早晨无露水时或傍晚前后进行喷施。母液底层沉淀物可作基肥或倒入有机肥中混用。

（三）钾肥

1. 钾营养特点　钾素最重要的营养功能是它可活化作物体内 60 多种酶，产生独特改善品质的作用。例如，它可促进淀粉和糖分的合成，使瓜果果实的糖酸比更适宜，促使薯类、纤维类、糖类等作物的淀粉和糖分含量提高，改善品质。并且，钾具有多种生理功能，钾能增强作物的抗病性和抗旱、抗寒、抗倒、抗盐等抗逆的能力。

（1）缺钾症状　作物缺钾一般在生长的中后期才能逐渐表现出来，首先从老叶开始向上扩展，如果新叶也表现缺钾症状，表明缺钾的程度已相当严重。不同作物缺钾的主要症状表现为：油菜缺钾早期叶片变黄、卷曲，出现褐色斑块或灼烧状斑块，蕾薹期以后叶片皱缩增厚，叶缘焦枯，角果小，阴角多；黄瓜缺钾果实变小，花蒂部分稍弯，呈黄绿相间色；茄子缺钾时，植株瘦小，从老叶开始发黄，叶肉渐渐变白而焦枯；大白菜缺钾，下部叶片变黄，出现浅黄褐色斑块，逐渐枯焦，提早抽薹、开花。

（2）过量表现　过量施钾不仅浪费养分资源，而且会造成作物对钙等阳离子的吸收量下降，引起叶菜腐心病等。

2. 钾肥的合理施用　目前，我国钾肥来源主要靠进口。常用的钾肥主要是氯化钾和硫酸钾，均为水溶性钾肥。另外，一般草木灰也可作为钾肥施用。由于北方土壤钾含量丰富，需根据土壤钾丰缺来确定是否施钾。作物早期缺钾，后期难以补偿。严重缺钾的土壤，基肥应施足钾肥。因此，合理施用钾肥的要领是"适量、早施、深施和补施"。

（1）适量　通常菜田土壤有效钾含量 100mg/kg 为临界值。当土壤速效钾含量超过 150mg/kg 时，可不施钾肥；土壤速效钾含量低于 100mg/kg，应每 667m² 施 K₂O 含量 5kg 的钾肥；土壤速效钾含量在 100～150mg/kg 之间应少施。

（2）早施　大多数蔬菜钾素营养的临界期，一般出现在生长发育的早期，前期吸钾猛烈，后期显著减少，甚至在成熟期部分钾从根部溢出。茄果类蔬菜在花蕾期、萝卜在肉质根膨大期为最大需钾时期。通常钾肥作基肥、种肥的比例较大，若将钾肥用作追肥，应以早施为宜。

（3）深施　钾肥集中深施可减少因表层土壤干湿交替频繁所引起的固定，提高钾肥的利用率，有利于作物对钾的吸收。钾肥应集中深施，对生长期短的蔬菜和明显缺钾的土壤，尤为重要。

（4）补施　茄果类等长季蔬菜在后期可能出现缺钾，但根系吸收能力变弱，应及时补施叶面肥。当未施用钾肥或施用钾肥量不够，出现缺钾症状时，要用磷酸二氢钾或氯化钾等 0.5%～1.0% 溶液及时喷施。

第六章
生物有机肥的
安全高效施用

　　长期以来，我国化肥施用量大幅度增长，在保证粮食安全方面发挥了重要作用。但由于化肥的过量施用引起肥料利用率低、生态环境恶化等一系列的问题。因此，为了减少化肥施用量，提高肥料利用率和缓解化肥对环境的污染，迫切需要研制一种新型肥料来替代部分化学肥料。

　　生物有机肥料是指特定功能微生物与主要以动植物残体（如畜禽粪便、农作物秸秆等）为来源并经无害化处理、腐熟的有机物料复合而成的一类兼具微生物肥料和有机肥效应的新型肥料。它是多种有益微生物菌群与有机肥结合形成的新型、高效、安全的微生物-有机复合肥料。它综合了有机肥和复合微生物肥料的优点，能够有效地提高肥料利用率，调节植物代谢，增强根系活力和养分吸收能力。

第一节　生物有机肥的特点

一、生物有机肥的主要优点

　　生物有机肥是把有益微生物与农作物生长发育所必需的营养元素组合而成的一种新型复合微生物肥。它是现代农业肥料的重大突破。

　　1. 富含各种营养成分　生物有机肥营养全面，含有大量的有机质（通常≥10%）、丰富的大量元素（氮、磷、钾）、中量元素

（钙、镁、硫）和微量元素（铁、锰、铜、锌、硼、钼）。

2. 改善微生态环境　生物有机肥含有大量的固氮、解磷、解钾、抑制植物根际病原菌的有益微生物菌群，如酵母菌、乳酸菌、纤维素分解菌、固氮菌、磷细菌、硅酸盐细菌等，可以改善土壤微生态环境。

3. 施用比较安全　生物有机肥的原料经连续 4～5d 高温发酵后，其中的大部分病原微生物和害虫被杀死，因而施用具有安全性。它的卫生标准高于一般有机肥。

4. 生产过程高效　微生物发酵制成的生物有机肥无恶臭，而且发酵过程中产生的热量可以蒸发原料中的大量水分，降低生物有机肥的生产成本。

二、生物有机肥的主要缺点

1. 生物有机肥原料复杂，易引起二次污染　生物有机肥原料复杂，可能存在一定数量的重金属、农药、饲料添加剂、抗生素等有害物质，这些有害物质在无害化过程中不能完全去除。当其施入土壤后，有害物质也随之带入土壤和环境中，会对环境产生负面影响。

2. 生物有机肥生产工艺有待改善　由于生物有机肥必须经过发酵、分解、粉碎、造粒过程，还必须加入或保留适量的有益微生物。生物有机肥的生产工艺具有较高的技术含量。

3. 缺乏相应的肥效评价体系　目前，我国对生物有机肥的肥料效应尚缺乏系统的评价体系。已有研究报道表明，生物肥料能够增加作物产量、改善农产品品质、提供和活化土壤养分、减少化学肥料投入、拮抗土传病害等多功能。但是，没有全国性的生物有机肥试验网，无法全面评价和认识不同生物肥料（菌株不同）在不同地区、土壤类型、作物种类的肥效，难以得出生物有机肥在不同状况下的应用效果和机制。

4. 我国生物有机肥存活效果较差　生物有机肥中活菌数、菌株存活时间是衡量其产品质量的重要技术指标。我国生物有机肥产品中菌株存活时间短、活性差，适应环境能力和生存定殖能力较低，产品效果不稳定及成本高等问题，导致生物有机肥大量生产和大范围的应用受到限制。目前我国《生物有机肥标准》（NY 884—2004）要求肥料中有效活菌数 6 个月内保持在 $2.0 \times 10^7 CFU/g$，远低于发达国家现行的技术指标。我国保持生物有机肥微生物活性的核心技术还比较落后，因此，亟待加强保持生物有机肥旺盛活动的关键技术的研发。

第二节　生物有机肥的组成与种类

一、生物有机肥的组成

生物有机肥主要由三大部分组成。

1. 微生物　生物有机肥所用微生物，主要有细菌、真菌、放线菌。

2. 有机成分　生物有机肥所用微生物和养分，需要一定的载体，如富含腐殖酸的草炭，经腐熟发酵处理的禽畜粪类有机质，菜饼、酒糟、秸秆等农副产物及废弃物，褐煤以及污泥等。

3. 无机成分　为发挥生物有机肥的养分调控能力，需要添加一定比例的氮、磷、钾以及中微量元素。

二、生物有机肥的种类

目前，农业生产中有多种多样的生物有机肥料。生物有机肥的原料广泛，种类繁多，每种有机肥各有其特点，在生产实践中充分了解其性质特点，在应用中才能取得良好的效果。按不同的分类方法可分成以下几种类型：

1. 按所用微生物种类划分　分为细菌类生物有机肥、放线菌类生物有机肥、真菌类生物有机肥三类；按成品内含有微生物种类的多少，分为单一生物有机肥和复合（或复混）生物有机肥。

2. 按微生物作用机制划分　分为根瘤菌类生物有机肥、固氮菌类生物有机肥、磷细菌类生物有机肥、硅酸盐细菌类生物有机肥。

3. 按所用微生物功能划分

（1）单一功能生物有机肥 包括固氮菌肥料、磷细菌肥料、硅酸盐细菌肥料等。目前，在美国、澳大利亚等发达国家，80％的豆科植物都接种根瘤菌剂；尽管我国豆科植物接种根瘤菌面积不足种植面积的 1％，但已表现出提质增产的肥料效应，增产幅度在 10％或更高。

（2）多功能生物有机肥 包括复合菌肥料，如 EM 生物有机肥是接种多功能菌种的一种多功能生物有机肥料，由 80 多种活性微生物组成，以畜禽粪便为主料。

4. 按肥料生产的剂型划分 按剂型分为粉状或颗粒的固体生物有机肥和液态生物有机肥。其中，固体生物有机肥是以固体材料作为基质生产的生物有机肥；液态生物有机肥是以液体材料作为基质生产的生物有机肥料。

5. 按选用的有机载体划分 根据产品中添加有机质的载体分类，如鸡粪型生物有机肥、稻草生物有机肥、秸秆生物有机肥、酒糟生物有机肥、牛粪型生物有机肥、蔗渣灰生物有机肥、蝇蛆生物有机肥、葛根菌糠生物有机肥等。在生产实践上还有多种这样的生物有机肥料，有人将生物有机肥中加入无机肥料，制成有机无机生物有机肥。

第三节 生物有机肥适用的主要功能菌

目前，单一菌种、单一功能的生物有机肥，已不能满足现代农业发展的要求。复合菌种将成为生物有机肥的发展趋势。在生物有机肥生产过程中，加入的功能菌一般为芽孢杆菌、假单胞菌、链霉菌、固氮菌、磷细菌、光合细菌等。

一、芽孢杆菌

芽孢杆菌是一大类广泛分布于自然界，细胞呈直杆状，鞭毛周生，多数能运动，能形成内生芽孢，革兰氏阳性，好氧或兼性厌氧的化能异养细菌。2004 年出版的第二版《伯杰氏细菌系统学手册：原核生物分类纲要》将芽孢杆菌类细菌分为 35 个属，共计 409 种。芽孢杆菌能产生多种抗生素、酶类等活性物质，广泛应用于饲料加工、医药、农药、食品等各个行业，如工业上耐高温的 α-淀粉酶主要由地衣芽孢杆菌（*Bacillus licheniformis*）发酵产生，洗涤添加剂碱性纤维素酶主要由嗜碱芽孢杆菌（*Bacillus alcalophilus*）产生，苏云金芽孢杆菌（*Bacillus thuringiensis*）的伴孢晶体是农业上常用的杀虫剂。另外，芽孢杆菌在医学上也展现出良好的应用前景。其中应用广泛且比较重要的是地衣芽孢杆菌、侧胞芽孢杆菌（*Brevibacillus laterosporus*）和枯草芽孢杆菌（*Bacillus subtilis*）等。

二、假单胞菌

假单胞菌属是薄壁菌门假单胞菌科的模式属，具有分布广泛、繁殖快、环境适应性强等特点。其中，荧光假单胞菌（*Pseudomonas fluorescens*）属于植物根围促生细菌（PGPR）类，能对多种植物病原菌产生抑制作用，因而研究很广泛。

三、链霉菌

放线菌是一类具有分枝状菌丝体、高 G+C 含量的革兰氏阳性细菌，广泛存在于不同的自然生态环境中，种类繁多，大多数菌种可产生多种生物活性物质，如抗生素是一类具有广泛实际用途和巨大经济价值的微生物资源。链霉菌是放线菌中一个重要的属。目前广泛应用的一种放线菌活体制剂 Mycostop，可防治一些常见的土传病原菌，如腐霉菌、镰刀菌、疫霉菌和丝核菌等引起的土传植物病害。它还用于抑制温室中观赏植物和蔬菜上一些常见的病害。阎淑珍等将分离到的一株链霉菌 R-2 配制成微生物肥料，进行田间试验，结果表明，该肥料对棉花黄萎病和油菜菌核病的抑制率分别为 72% 和 97.2%。我国自 20 世纪 50 年代开始使用细黄链霉菌乳糖变种（5406 菌），在小麦、蔬菜、烟草、人参等多种作物上使用的结果表明其能促进作物生长，提高产量并具有一定抗病、驱虫作用。峥嵘研究了细黄链霉菌 5406 对小麦生长的影响，发现 5406 可使小麦地上部分干重增加 2.64%，根干重增加 21.20%，幼苗根系活力提高 11.56%。上海市农业科学院土壤肥料植物保护研究所菌肥组的研究表明，细黄链霉菌 5406 与硅酸盐细菌、棕色固氮菌混合培养时，这 3 种菌的菌数均较单独培养时有较大提高，说明细黄链霉菌 5406 对生物有机肥中其他几种功能菌的生长有促进作用，且可提高肥料质量。胡江春等应用细黄链霉菌 MB-97 克服重茬大豆连作的障碍，经过试验，MB-97 对大豆根际致害微生物紫青霉菌的抑制率达 80%，对土传真菌病害如镰刀菌的抑制率达 50% 以上；MB-97 还可调节优化大豆根际土壤微生物群落，使大豆平均增产 15.2%，据此，表明 MB-97 是一株优良的植物根际促生菌。另外，多种放线菌还有优良的固氮功能，具有固氮能力强，固氮持续时间长等特点。联合国粮农组织在马拉维、赞比亚等国推广豆科树木的根瘤菌接种剂和非豆科树木如木麻黄的弗氏固氮放线菌接种剂，接种效果良好。

目前，已有应用细黄链霉菌制成的生物有机肥，其产品中有机质≥40%（腐殖酸≥30%、保水剂≥5%），枯草芽孢杆菌、侧孢芽孢杆菌、巨大芽孢杆菌、细黄链霉菌≥2 亿个/g，具有强力生根、高抗重茬和抑制线虫等功效。每 667m² 施 200g 后，种植黄瓜的地表出现大量白色的有益菌丝，高抗重茬病；冬季暖棚番茄根系发达，白根多，发苗整齐，幼苗健壮，发病率极低。

四、其他菌种

固氮菌、溶（解）磷菌、光合细菌等也是生物有机肥中重要的功能菌。固氮菌是一类通过固氮酶的催化将氮气还原为氨的细菌，是土壤生态系统氮素循环的关键因素，为作物的生长提供必不可少的氮源。接种了固氮菌的堆肥中全氮增加了 11%。固氮菌可使红海榄幼苗的苗高增加 27.3%，地下生物量增加 28.8%，地上生物量增加 19.4% 。溶（解）磷菌具有将植物难利用的磷转化为可利用形态磷的能力，包括细菌、真菌和放线菌等。杨慧等分离到一株草生欧文氏菌变种 P21，对磷酸三钙、羟基磷灰石、磷酸铁、磷酸锌均有较好的溶解作用，其中对磷酸三钙、羟基磷灰石的每升液体培养基溶磷量分别达 1 206.2mg 和 529.67mg 。固氮菌和溶（解）磷菌联合对红海榄施用后使其苗高、地下生物量、总生物量、根全氮含量和根全磷含量分别提高了 43.3%、44.8%、29.9%、29.3%、27% 和 16.8% 。光合细菌是一类利用太阳能生长繁殖的微生物，以 H_2S 或有机物为供氢体还原 CO_2，并具有固氮功能。田间试验表明，施用含光合细菌的有机肥能提高番茄、萝卜、茴香和芹菜等蔬菜的产量，还可提高农产品的品质。

第四节　生物有机肥的生产工艺

目前，我国生物有机肥在农业部获得产品登记证的企业达 120 多家，年产量 200 多万 t，已具备一定的生产规模。这些企业的生产起点较高，年设计生产能力多是 2 万～3 万 t 的中型企业或是 3 万～5 万 t 的大型企业，也有部分 5 万 t 以上的超大型企业。由于各个厂家的生产条件、技术水平及生产工艺的差别，生产的产品质量不尽相同，其产业化规模尚远远不能满足生态农业和绿色食品的需要。

一、肥效要素

（一）微生物菌

不同微生物菌及代谢产物是影响生物有机肥肥效的重要因素。微生物菌通过直接和间接作用（如固氮、解磷、解钾和根际促生作用）影响到生物有机肥的肥效。

（二）有机质

生物有机肥中有机质的种类和 C/N 是影响生物有机肥肥效的重要因素。如粗脂肪、粗蛋白含量高则土壤有益微生物增加，病原菌减少；有机物中含 C 量高则有助于土壤真菌的增多，含 N 量高则有助于土壤细菌的增多，C/N 协调则放线菌增多；有机物中含硫氨基酸含量高则对病原菌抑制效果明显；几丁质类动物废渣含量高将使土壤木霉或青霉等有益微生物的增多；有益微生物菌的增多、病原菌的减少，间接提高了生物有机肥的肥效。

（三）原料来源

不同生物有机肥的组成，其养分含量和有效性不同。如含动物性废渣、禽粪、饼粕高的生物有机肥，肥效高于含畜粪、秸秆高的生物有机肥。

（四）钙的含量

含钙高的生物有机肥较含钙低的生物有机肥具有明显的抗腐作用，进而肥效较高。

（五）腐熟度

未完全腐熟的生物有机肥对土壤微生物的影响大，特别是对微生物量、区系、密度、拮抗菌等的影响大，进而导致肥效明显；完全腐熟的生物有机肥对土壤微生物的影响小，肥效较差。

二、生产技术

（一）原料

生物有机肥生产的原料主要有禽粪（鸡、鹌鹑、鸽子、鸭、鹅等）、畜粪（猪、羊、牛等）、其他动物粪（兔、蚕、海鸟、蚯蚓、虫等）、秸秆、饼粕、草炭、风化煤、农产品加工废弃物（食用菌渣、糠醛渣、骨粉等）。

（二）生产工艺

生物有机肥产品质量的好坏影响到施用的效果，而产品质量的关键指标是产品的有效活菌数。生物有机肥的活菌数量决定于产品生产工艺选择。生物有机肥的生产一般经过发酵、除臭、造粒、烘干、过筛和包装。造粒方式和烘干工艺中温度与时间选择是影响产品中活菌数量的关键。

1. 发酵工艺　发酵一般采用好氧发酵技术，利用微生物的代谢活动来分解物料中的有机物质，使物料达到稳定和无害化。在发酵生产工艺上，多数企业采用槽式堆置发酵法。其他发酵方法，如平地堆置发酵法、密封式发酵法、塔式发酵法等在生产中也有应用。在发酵、腐熟过程中物料的水分、C/N、温度等的调节及腐熟剂的使用是生产工艺的关键。

2. 除臭工艺 传统的方法是利用一些物理和化学的方法加以防治，但成本高，效果不佳。有学者分离出一些放线菌接种于家禽粪便中，起到了除臭效果，之后又开发出了硝化细菌和硫化细菌，使鸡粪中的 NH_3 和 DMS（二甲基硫化物）得到了较好的控制。我国自行研制的微生物发酵剂和固体发酵设备的应用，将迅速推动我国生物有机肥产业化。

3. 造粒方式 造粒方式的选择是生物有机肥生产工艺的关键。根据生产工艺要求，目前生物有机肥常用的造粒方式主要有圆盘造粒和挤压造粒两种。

（1）圆盘造粒 产品呈圆粒形，产品质量较好，产品可混性好，有利于产品投放市场。但一次性投资较大，对物料要求高，颗粒质地松，不利于储运和机械化施用。

（2）挤压造粒 产品呈长柱形，生产工序简单，对物料要求不高，颗粒硬度大，适合储运和机械化作业，但产品颗形不好看，带粉率高，产品质量难以保证，生产能力偏低，成本高。生物有机肥生产工艺以圆盘造粒后低温烘干工艺为佳。

4. 烘干工艺 为了降低功能性微生物死亡率，烘干温度不宜过高，烘干时间不能过长。一般应选择烘干温度 85～90℃ 为宜，烘干时间在 15～20min 较好。

三、技术要点

（一）配料要求

配料方法因原料来源、发酵方法、微生物种类和设备的不同而各有差异。一般配料的原则：总物料有机质的含量在 30% 以上，最好在 50%～70%；碳氮比为 30～35：1，腐熟后达到15～20：1；

pH6～7.5；水分含量控制在 50%左右为宜，但是，在一些加菌发酵方法中可调节到 30%～70%。

（二）腐熟发酵

有机物料发酵腐熟的方法及其效果与所采用的发酵工艺和设备紧密相关。一般包括平地堆置发酵法、发酵槽发酵法和塔式发酵箱发酵法。

1. 平地堆置发酵法　在发酵棚中将调配好的原料堆成宽 2m、高 1.5m 的长垄，10d 左右翻堆 1 次，45～60d 腐熟。

2. 发酵槽发酵法　发酵槽为水泥、砖砌造，一般每槽内空长 5～10m、宽 6m、高 2m，若干个发酵槽排列组合，置于封闭或半封闭的发酵房中。每槽底部埋设 1.5mm 通风管，物料填入后用高压送风机定时强制通风，以保持槽内通气良好，促进好气微生物迅速繁殖。使用铲装车或专用工具定期翻堆，每 3d 翻堆 1 次。经过 25～30d 发酵，温度由最高时的 70～80℃逐步下降至稳定，即已腐熟。

3. 塔式发酵箱发酵法　发酵箱为矩形塔，内部是分层结构，上下通风透气，体积可大可小。多个塔可组合成塔群。有机物料被提升到塔的顶层，通过自动翻板定时翻动，同时落向下层。5～7d 后下落到底层，即发酵腐熟，由皮带运输机自动出料。

（三）促腐菌的应用

在有机物料发酵腐熟过程中，接种发酵微生物可以促进有机物料腐解，保存养分。实际发酵应用的微生物，往往由丝状真菌、细菌和放线菌等组成一个复合菌群，一般通过从自然界中分离、纯化，得到多种多样的发酵微生物复合菌群。

（四）调控技术

影响发酵的主要环境因素有温度、水分、C/N 和 pH。在工厂化发酵中，通过人为调控，为好氧微生物的活动创造适宜环境，促进发酵的快速进行。

1. 发酵温度调节　温度是反映好气发酵中微生物活动程度的一个重要指标。高温的产生标志发酵过程运转良好。

2. 水分调节　水分是微生物活动不可缺少的重要因素。在好气发酵工艺中，配料适宜的含水量为 35%～50%。物料含水过高过低都影响好气微生物活动，发酵前应进行水分调节。

3. C/N 调控　配料 C/N 是微生物活动的重要营养条件。通常微生物繁殖要求的适宜 C/N 为 20～30∶1。猪粪 C/N 平均为 14∶1，鸡粪为 8∶1。单纯粪肥不利于发酵，需要掺和高 C/N 的物料进行调节。掺和物料的适宜加入量，稻草为 14%～15%，木屑为 3%～5%，菇渣为 12%～14%，泥炭为 5%～10%。谷壳、棉籽壳和玉米秸秆等都是良好的掺和物，一般加入量为 15%～20%。

4. 酸碱度调节　配料酸碱度对微生物活动和氮元素的保存有重要影响。好氧发酵有大量铵态氮生成，使 pH 升高，发酵全过程均处于碱性环境，这与以秸秆或绿肥为原料的堆肥发酵产生酸性环境所不同的。高 pH 环境的不利影响主要是增加氮素损失。工厂化快速发酵应注意抑制 pH 的过高增长，可通过加入适量化学物质作为保护剂，调节物料酸碱度。

第五节　生物有机肥的功能与作用

一、提高土壤养分的有效性

生物有机肥中微生物与有机质相互作用，互为补益。一方面在一定的 C/N、湿度和 pH 条件下，通过微生物的生命活动，有机物发生生物化学降解，形成一种类似腐殖酸的物质，将土壤中的难溶性养分变为速效成分，加速有机肥中养分的释放，克服有机肥肥效慢的缺点，如磷细菌、硅酸盐细菌将难溶性磷、钾转化为作物可以吸收利用的有效磷、速效钾养分。植物根际促生菌（PGPR）可以溶解难溶性磷，提高土壤中磷的有效性。一些氧化硫功能菌使单质硫变成 SO_4^{2-}，同时降低土壤 pH，从而促进双低油菜叶面积增大和幼苗对矿质元素铁、硫、锰的吸收，另外菌丝对土壤中活动性差、移动缓慢的元素，如锌、铜、钙等有较强的吸收作用，从而促进植物对这些元素的利用。另一方面，长期施用化肥，造成土壤板结，破坏了整个微生物链，影响土壤微生物的繁殖和活动。生物有机肥有机质含量高，为微生物提供丰富的能源和良好的生存环境，能促进微生物活动，疏松土壤，培肥地力，而且微生物与植物分泌物、矿物胶体和有机胶体相结合，可以改善土壤结构，形成良性循环，因此，使用生物有机肥对改善土壤的理化生物性状有着十分重要的作用。

二、产生植物促生物质

（一）植物激素类

迄今为止许多研究已证明，植物在生长发育过程中，根际或共生微生物可产生植物激素影响植物生长。国外一些研究都报道了微生物产生 IAA（生长素），真菌同化 L-色氨酸以后产生的共同产物 IAA 促进 RNA 和蛋白质的合成，增加原生质体数量，使原生质体的数量随细胞体积的增大而增多。

（二）维生素类

维生素在生物体内是许多酶的辅酶或辅基，起着十分重要的作用。早在 20 世纪 50 年代，前苏联就报道了微生物能产生维生素，并促进植物的生长发育，如烟酸、泛酸、生物素、维生素 B_{12} 等可促进蔬菜的正常生长，维生素 D_3 可促进黄瓜和番茄苗不定根的形成。

（三）核酸类

微生物在生长过程中还会分泌一些核酸类物质，可促进根系对磷、钾的吸收，同时增强植物的光合作用。

（四）水杨酸类

水杨酸被认为是一种激素，可诱导植物开花与产热，诱导植物产生系统获得性抗性；此外，可以抑制乙烯的生物合成，促进种子萌发，逆转脱落酸（ABA）诱导的气孔关闭、叶片脱落及生长抑制，促进马铃薯块茎的形成。

三、培肥土壤

土壤肥力的形成与提高是在一定的光、温、水、气、热条件下，通过土壤中的有机物、无机物与微生物相互作用的结果。施用生物有机肥对环境不构成危害，连续施用多年可为农作物生产创造一个良好的土壤理化性状和生态条件。长期施用化肥、农药等化学制剂，不仅造成土壤板结，还破坏了整个生物链，影响土壤微生物的繁殖和活动。生物有机肥是一种生物性的土壤改良剂，它可改善地力，使土壤恢复正常的生态平衡，可增加土壤有机质含量，形成团粒结构，提高土壤透气、保水、保肥性能，从而有利于作物根系的生长。

四、增强根系活力

生物有机肥能增强作物根系活力。研究表明，施用生物有机肥，可以增强小白菜生长前期的根系活力，使根毛白而细嫩；可以促进根系对各种矿质营养的吸收，其中丝瓜和生菜的根活力分别增强 67.4% 和 81.2%；能增加芥蓝根部的微生物量，提高芥蓝的根系活力；能改善设施栽培黄瓜根际微生物生态环境的理化及生物性状，促进根系生长；能够促进番茄根系生长，扩大根系的吸收面积，提高根系活力；因此，施用生物有机肥后，土壤微生物含量增加，土壤过氧化酶、转化酶等活性显著提高，加速了土壤有机质的分解和矿质养分的转化，从而有利于农作物根系对养分的吸收。

五、增强土壤酶活性

土壤中微生物的活动是土壤酶形成和积累的根本原因。土壤微生物含量增加，土壤过氧化酶、转化酶等活性显著提高，由于酶促效应增强，加速了土壤有机质的分解和矿物养分的转化，从而有利于农作物根系对养分的吸收。如 VA 菌根真菌对根际土壤有改善作用，接种菌根真菌与不接种相比，土壤磷酸酶活性提高 25.1%～30.0%，同时，生物有机肥还可刺激作物根系生长，提高植株体内硝酸还原酶、过氧化物酶、过氧化氢酶及超氧化物歧化酶等的含量，促进土壤有机质的分解转化和速效养分的释放。

六、促进作物增产

大量试验结果表明，生物有机肥能促进作物生长发育，增加作物产量。蔬菜施用生物有机肥，黄瓜增产 6.0%，辣椒增产 16.2%，茄子增产 15.9%～20.2%；长期施用 EM 生物有机肥，可显著提高小麦产量，EM 生物有机肥比普通堆肥处理增产 8.4%～8.9%，比化肥增产 17.2%～32.4%。生物有机肥可显著增加玉米产量，较对照最高可增产 80.3%，效果极其显著。

七、增强作物抗性

生物有机肥所含的微生物，有些能对病菌有抑制作用。据不完全统计，已发现包括假单胞菌和芽孢杆菌等 20 多个属的根围细菌具有防病促生潜能；PGPR 可有效地用于防治小麦全蚀病、马铃薯软腐病、作物枯萎病、葫芦科作物苗期猝倒病等顽固性土传病害，可诱导黄瓜抗枯萎病、抗细菌性叶斑病、抗猝倒病。通过研究生物有机肥对连作土壤青枯病发生率和土壤微生物群落的影响发现，在对照土壤青枯病发生率为 10% 的情况下，施用腐熟生物有机肥防治效果达 55%，同时真菌数量、真菌与细菌比值提高，奇数脂肪酸组成比例发生明显变化；同时，生物有机肥中所含的腐殖酸，不仅能提供各种养分，还对养分有增效的功能。另外，它还是一种生理活化剂，能促进作物的呼吸作用，从而使作物生长健壮，抗逆性提高。

八、改善蔬菜品质

生物有机肥无毒、无害，使用安全，能有效提高化肥利用率，分解降低农药残留，改善蔬菜品质。一方面，生物有机肥降低了因化肥施用过量而引起的农产品对人体的危害；另一方面，生物有机肥本身含有的无机、有机养分可直接为作物提供营养，有利于作物的吸收和品质的提高。试验研究表明，豇豆施用菌肥处理比单施化肥的果实维生素含量增加 3.4mg/g，糖分增加 0.43%；光合细菌处理的番茄，其根系发育好，收获的果实总重量增加 10%～34%，且果实的维生素 C、B 族维生素以及类胡萝卜素含量均增加 8%～10%。生物有机肥可显著提高豆类和瓜类植株叶片叶绿素含量，明显提高各种蔬菜食用部位可溶性糖含量。菠菜施用生有机肥，长势旺盛，叶色鲜绿，叶片宽大、有光泽，耐储运；利用菠萝叶渣生产生物有机肥，可提高蔬菜产量，缩短种植周期，提高蔬菜品质。辣椒、包菜上施用"稳得高"生物有机肥，可促进作物维生素 C 和 β-胡萝卜素含量，降低硝酸盐含量。茄子上施用生物有机肥，可增加可溶性糖含量，降低硝酸盐含量，同时提高维生素 C 含量。施用生物有机肥可有效地降低苋菜与芹菜可食部分的硝酸盐含量与芹菜的粗纤维含量。

九、保护生态环境

我国的化肥施用量逐年上升，特别是氮肥施用量已达纯氮 $300kg/hm^2$，甚至更高，这些施入土壤中的化学元素除供给作物正常生长外，硝态氮通过反硝化作用逸失于大气或通过雨水冲刷流失于水中，磷沉积于土壤或流失于水中，导致水体的富营养化，小部分以有害于人类健康的物质存在于农作物中，如硝酸盐类。另外，由于化肥的生产需要消耗大量的能源，造成经济上的损失，同时排放出大量的 CO_2、SO_2 等气体，严重影响到空气质量，造成全球气候变暖。加上劣质化肥的施用，还易导致土壤、农产品的重金属污染，直接影响人类和动植物的生存。而生物有机肥在很大程度上避免了化肥所带来的不利因素，从而为改善环境，实施农业的持续发展战略做出贡献。另外，生物有机肥的应用越来越多地解决了有机固体废弃物对环境的污染。这些有机固体废弃物只要进行适当的技术处理，加入有益的微生物，就能制造出高质量的生物有机肥，使自然资源得到很好的循环利用。近来研究发现，施用生物有机肥对环境不构成危害，并能减少农田环境污染。多年连续施用，可为农作物生产创造一个良好的土壤理化性状和生态条件。

第六节　生物有机肥的安全高效施用

生物有机肥既不是传统的有机肥，又不是单纯的菌肥，而是有机、无机、微生物和微量元素的统一体，有着稳效、长效、高效三结合的特点，也有着肥药结合的特点。其菌种生产工艺及应用技术等与微生物肥料、有机肥料不同。一是用于生物有机肥生产的菌种必须具备对固体有机物发酵的性能，使有机废物腐熟、除臭和干燥，且可产生某些植物激素或具有固氮、解磷、解钾或抑制植物根际病原菌的能力，而生产微生物肥料的菌种大都无发酵分解固体有机废物的能力，生产有机肥料的菌种则以自然菌为主，常含有传染病原菌、杂草种子等。二是生产生物有机肥固体废物不需灭菌而直接用于发酵，经腐熟、脱水、除臭后粉碎过筛即成生物有机肥原料，具有设备简单、发酵处理时间短等优点。三是生物有机肥大多以土施形式作基肥或追肥，施用量一般为 $750\sim2\ 250kg/hm^2$，与微生物接种剂使用量 $15\sim30kg/hm^2$ 相比，施入土壤的有益微生物、有机物及微生物代谢产物高几十倍，与施有机肥料相比，施生物有机肥大幅减少投入肥料的用工成本，便于大规模生产和使用。

一、生物有机肥肥效特征

1. 富含有益微生物菌群　生物有机肥富含微生物菌群，环境适应性强，易发挥出种群优势；发酵时间短，腐熟彻底，养分损失少，肥效快。

2. 富含生理活性物质　在生物有机肥生产过程中，有机物进行发酵，产生吲哚乙酸、赤霉素、多种维生素以及氨基酸、核酸、生长素、尿囊素等生理活性物质。

3. 富含有机、无机养分　生物有机肥原料以禽、畜粪便为主，富含有机、无机养分，属于完全肥料，除了大中量元素外，还有丰富的微量元素和其他作物生长有益的元素（Si、Co、Se）。

4. 无害化处理程度高　生物有机肥经发酵无害化处理后，无致病菌、寄生虫和杂草种子，加入的微生物菌对生物和环境安全无害，并且腐熟程度高，施用后不会造成烧根烧苗。

二、生物有机肥的质量标准

《生物有机肥》（NY 884—2012）中明确规定，微生物菌种应安全、有效，有明确来源和种名；粉剂产品应松散，无恶臭味；颗粒产品应无明显机械杂质、大小均匀，无腐败味；产品剂型包括粉剂和颗粒两种，技术指标应符合表 6-1 的要求，其产品无害化技术指标应符合表 6-2 的要求。若产品中加入无机养分，应明示产品中总养分含量，以（$N+P_2O_5+K_2O$）总量表示。

表 6-1　生物有机肥产品的技术指标

项　目		技术指标
有效活菌数（亿 CFU/g）	≥	0.20
有机质（以干基计,%）	≥	40.0
水分（%）	≤	30.0
pH		5.5~8.5
粪大肠菌群数（个/g）	≤	100
蛔虫卵死亡率（%）	≥	95
有效期（个月）	≥	6

表 6-2　生物有机肥产品 5 种重金属的限量指标

项　目		限量指标（mg/kg）
总砷（As，以干基计）	≤	15
总镉（Cd，以干基计）	≤	3
总铅（Pb，以干基计）	≤	50
总铬（Cr，以干基计）	≤	150
总汞（Hg，以干基计）	≤	2

三、应用范围与施用量

生物有机肥现主要用于园艺花卉、果树、蔬菜等旱地作物上，在水稻，小麦、玉米上的也有应用。其中果树类主要有柑橘类与苹果；蔬菜涉及茎用莴苣、茄子、芹菜、白菜、南瓜、辣椒、芥蓝、番茄等；经济作物有烤烟、茶、棉花等；药材类有西洋参、巴戟天等。使用的品种也极其多样，资料表明，目前对"垦易""海藻肥"、EM 生物有机肥研究相对多，尤其是国外对"海藻肥"研究较早。生物有机肥一般采用土施的办法作为基肥或追肥，一般施用量在 $750\sim2\,250kg/hm^2$，因作物、土壤不同而异。

四、在果蔬上的施用方法

关于生物有机肥的施用，不同企业生产的有机肥及不同作物品种，施用方法略有差异。为了取得良好的施用效果，必须经过反复摸索。

(一) 基肥施用

生物有机肥对生育期短的叶菜类蔬菜一般全部作基肥施用，瓜类、茄果类、豆类、根茎类蔬菜则需以一部分作基肥，一般每 $667m^2$ 施用 100kg 左右，与农家肥一起，结合整地耕翻，施入耕层土壤。

(二) 追肥

瓜类、茄果类、豆类、根茎类蔬菜生育期较长，可用生物有机肥作追肥，一般进入开花结果期后或根块茎膨大期每 $667m^2$ 施追肥 $20\sim30kg$，采用穴施、条施覆土。

(三) 注意事项

①避免地表撒施和阳光直晒，以免紫外线杀死肥料中的微生物。

②不与杀菌剂混用，以免杀死其中的有效菌。

③以早施、集中施为宜，但施入土层不宜过深。

第七节　生物有机肥的发展趋势

目前，世界各国均十分关注农业的可持续发展问题，正在加大生物肥料和有机肥料的开发、生产及应用力度。美国等西方国家生物肥料已占到化肥总用量的 40％以上。而我国按生物肥占化肥总用量的 10％预测，其市场容量只达到 1 400 万 t。远远不能满足市场容量和生产绿色食品的需求。为适应现代农业可持续发展的要求，生物有机肥应向以下几个方向发展。

一、由单一菌种向复合菌种发展

豆科作物接种根瘤菌只选用相应接种根瘤的菌种。但是，由于生物有机肥肥料的肥效并非单一功能作用的结果，今后必须向多种菌复合发展。目前，国内生物有机肥肥料多趋向于将固氮菌、磷细菌和硅酸盐细菌复合在一起施用，使生物有机肥肥料能同时供应氮、磷、钾营养元素。

二、由单功能向多功能方向发展

生物有机肥由于其微生物活动的特性，在微生物种群繁殖生长的同时向作物根际分泌一些次生代谢产物，而其中的一些次生代谢产物具有改善植物营养、刺激生长和抑制病菌等综合功能。因此，生物有机肥除具有肥效外，还兼有防治土传病害的功效，将向功能多样化发展。

三、由无芽孢菌种转向芽孢菌种

由于无芽孢菌种不耐高温和干燥，抗逆性差，在剂型上只能以液体剂或将其吸附在基质（如草炭或蛭石等）中制成接种剂，才便于存储和运输，难以进入商品渠道。因此，今后生物有机肥的发展，必须在剂型上有所革新，要求菌种更新换代，即应选用抗逆性高、存储时间长的芽孢杆菌属菌种。

四、因作物和土壤研制专用配方

　　根据我国各个地区不同的气候条件、土壤类型和不同作物研制不同的生物有机肥料，使其具有较强的针对性和专一性，这样效果将会更好。如气候较干旱的地区，应选择抗逆性强的芽孢杆菌。土壤肥沃的地区，气候条件较好，土著菌种类复杂，又很活跃，可选育营养、抗病和促生的优势菌群，发挥菌株间的协同作用，有效促进作物生长。生物有机肥将逐渐成为肥料行业生产和农资消费的热点，从而为绿色食品、有机食品产业化创造良好条件。通过有益微生物的处理将农作物秸秆、畜禽粪便等有机废弃物转变成生物有机肥，使之无害化、资源化，解决了种植业、养殖业的后顾之忧，也增加了畜禽产品的附加值，是一举多得的事情。同时，秸秆通过非病原微生物作用还田可以提高土壤有机质含量，改善土壤理化性状，增加土壤微生物，使土壤变得疏松易于耕种，减少病虫草害的发生。正确使用生物有机肥，可以提高农产品的产量和品质，具有显著的经济、生态效益。

第七章
常规复混肥料的
安全高效施用

第一节　复混肥料概述

一、复混肥料的概念

复混肥料是复合肥料和掺混肥料的统称，由化学方法和物理方法加工而成。氮、磷、钾3种养分中，至少有两种养分标明量。这里所说的至少有两种养分是构成复混肥料的基础，否则，就属于单一肥料或单质肥料，如尿素、硫酸铵、过磷酸钙等。因此，复混肥料指的是氮、磷、钾3种养分中，至少有两种养分标明量的由化学方法和（或）掺混方法制成的肥料。复混肥料也可以含有一种或一种以上的中量和微量元素。但复合肥料与掺混肥料的加工工艺有本质的区别。

（一）复合肥料的工艺特点

复合肥料是通过化合作用或混合氨化造粒过程制成的，有明显化学反应，在我国也有人称之为化成复合肥。复合肥料生产一般都在大、中型工厂进行，品种和规格往往有限，较难适应不同土壤、作物的需要，在施用时需要配合某一二种单质化肥加以调节养分比例。

（二）掺混肥料的工艺特点

掺混肥料是将两种或3种单质化肥，或用一种复合肥料与一二种单质化肥，通过机械混合的方法制取不同规格，即不同养分配比的肥料，以适应农作物的养分需求，尤其适合生产专用肥料。

二、复混肥料发展现状

在美国，复合肥料与掺混肥料是同义词。在欧洲一些国家两者含义不同，复合肥料在其生产过程中发生显著的化学反应，如磷酸铵类肥料、硝酸磷肥、硝酸钾和磷酸钾等；掺混肥料在生产过程中只是简单的机械混合。由于农业的需要，复合肥料特别是高浓度复合肥料是化肥品种发展的必然趋势。

多数国家的早期化肥工业以生产含一种营养元素的单质肥料为主。美国早在 20 世纪初期，就以过磷酸钙为基础，与秘鲁鸟粪、智利硝石、钾盐和一些有机废物一起混合或造粒使用。现在，美国、西欧和日本等化肥总消费量中的 40%～50% 的 N、80%～85% 的 P_2O_5 和 85%～90% 的 K_2O 是以复合肥料的形式提供的。随着土壤肥料学和农业施肥技术的发展，农业已走向科学施肥。科学施肥须根据不同类型土壤的性质和肥力水平以及作物种类、气候条件等因素，决定施肥品种和数量。这样，可避免过量施肥或缺施一种或几种营养元素。

2012 年，我国 2 亿 t 的产能对应 2011 年产量仅约 4 800 万 t，复混肥料行业平均产能利用率约 24%，产能过剩较为严重。复混肥料行业平均产能利用率不到 30%，而金正大、史丹利等一线大厂产能利用率可达到 70% 以上，企业之间分化严重。加上很多小复合肥厂在含量上缺斤短两，坑农害农现象经常见报。经过近年的整治，部分地区假肥现象已杜绝，但另有部分市场仍然假肥充斥，屡禁不止，复合肥行业面临较大挑战。

从进出口市场来看，2013 年 9 月我国三元复混肥料进口量为 12.56 万 t，金额总计 71 892 659 美元，平均单价 572.29 美元/t；2012 年同期进口量为 13.81 万 t，同比减少 9%。三元复混肥料出口量为 1 643.06t，金额总计 1 122 606 美元，平均单价 683.24 美元/t；2012 年同期出口量为 3 229.7t，同比减少 49.1%。可以看出，我国复混肥料的内需量比较大。

经济作物种植面积的增加和测土配方施肥技术的推广提升了对

复混肥料的需求。经济作物对肥料数量和配比的要求普遍高于粮食作物，每 $667m^2$ 平均肥料投入可达到粮食作物的 2 倍以上，且大多施用复混肥料。经济作物播种面积的扩大可以有效提高复合化率，增加对复混肥料的需求，另外测土配方施肥技术的推广有利于提高复合肥的施用。

目前，我国化肥复合化率超过 40％，但与世界平均复合化率 50％、发达国家复合化率 80％相比，仍存在较大的差距。复混肥料行业已进入质量、品牌、资金、技术、服务等综合实力的竞争阶段，品牌、渠道是竞争制胜的关键。在化肥中，氮肥、磷肥、钾肥产品质量标准明确，市场相对规范，产品同质化，品牌不是很重要，而复混肥料由于产品差异化、种类繁多，市场较为混乱，不乏伪劣产品，农民只能通过品牌辨认产品。因此，复混肥料将需要很长时间形成品牌效应。具备品牌优势及地域扩张能力的复混肥料龙头企业，将在行业竞争中受益。从市场占有情况来看，前三名的新洋丰、金正大和史丹利市场占有率分别为 5.66％、5.3％和 3.17％，合计为 14.13％，处于市场领先地位。

三、复混肥料的优缺点

（一）复混肥料的优点

1. 科学配比，养分高效　复混肥料具有多种营养元素，可根据不同类型土壤的养分状况和作物的需肥特性，配制成系列专用肥，养分配比合理，针对性强，肥效显著，肥料利用率和经济效益都比较高。

2. 物理性好，施用方便　具有一定的抗压强度和粒度，物理性能好，施用方便。

3. 养分齐全，避免失衡　复混肥料养分齐全，能促进土壤养分平衡。农民习惯上多施用单质肥，特别是偏施氮肥，很少施用钾肥，有机肥的施用也越来越少，这易导致土壤养分不平衡。

4. 技术物化，利于普及　测土配方施肥是一项技术性强、要求高、涉及面广、量大的工作。推广该项技术，一直是道难题。通过专用复混肥这一载体，真正做到了技物结合，实现了测土配方施肥技术的物化，可加速配方施肥技术的推广应用。

（二）复混肥料的缺点

1. 肥料养分配比固定，难以满足各种需要 复混肥料含多种养分，施用时有的养分可能与作物最大需肥时期不相吻合，易流失，难以满足作物某一时期对养分的特殊要求；另外，养分比例固定的复混肥料，难以同时满足各类土壤和各种作物的要求。

2. 不同类型复混肥料，施用存在一定局限 低浓度复混肥料一般用于生育期短、经济价值低的作物；中、高浓度复混肥料适于生育期长的多年生、需肥量大、经济价值高的作物；硫基型复混肥料一般适于旱地和对氯敏感的经济作物；含氯复混肥料一般限于在稻田、多雨地区及对氯不敏感的作物上施用；含硝酸磷的复混肥料，不宜在水田和多雨地区的坡地施用；含钙镁磷肥的复混肥料适宜在酸性土壤上施用。

四、复混肥料的发展趋势

（一）高浓度化

高浓度化不仅是复混肥料，还是世界整个化肥行业发展的方向。高浓度肥料一般具有单位养分成本、运输和经销成本低于低浓度肥料的优点。例如，就等量养分而言，15-15-15 型肥料仅需 10-10-10 型肥料所需原料肥的 2/3。显然，养分含量会降低每千克养分的固定成本。所以，尽管高浓度肥料中有些原料成本更高，其养分成本还是趋于下降。对农户而言，高浓度肥料的优点在于：单位植物养分成本低，运输费用低（尤其是路途遥远时），所需储存空间小，施肥用工少，在田间施用时施肥效率高。由于这些优点，高浓度肥料在国外的发展速度很快。

（二）高复合化

随着作物产量的提高和复种指数的增加，高纯度肥料的施用，加速了土壤中养分的耗竭，尤其是 $N-P_2O_5-K_2O$ 肥料不包含中微量元素。因此，必须在复混肥料中添加土壤中缺乏的中微量元素，才能保证作物的优质高产。在西方发达国家，复混肥料中一般都添加有作物需要而土壤中缺乏的中微量元素。

（三）高专用化

由于不同作物对养分的需求特点各不相同，因此有必要生产不同作物的专用复混肥料。纵观世界复混肥料的发展历史和中国复混肥料的发展未来，根据不同作物养分需求特点，按一定的配方掺混的 BB 肥将发展壮大，因为 BB 肥可以依据作物和土壤肥力特点配制专用配方肥，而且目前大粒尿素厂、颗粒磷铵（磷酸二铵和一铵）厂正在我国氮、磷肥基地兴建投产，成为 BB 肥生产原料的肥源保障。

（四）高可控释化

控释肥料对提高肥料利用率，延长肥效，减少施肥量和施肥次数，控制养分过快释放对植物生长以及对环境产生的不利影响，作用巨大。全世界的科学家进行了几十年的不懈努力来攻克这个难关，但还有大量的工作要做。

（五）高精准化

随着科学的快速发展和学科的交叉，以生物和信息为代表的高技术进入现代农业应用领域，3S 技术〔遥感（remote sensing，RS）、地理信息系统（geographic information system，GIS）、全球定位系统（global positioning system，GPS）〕在施肥和其他农业领域的应用，就是一个典型的例证。20 世纪 90 年代以来，这项技术在美国和加拿大已获得成功而广泛的应用。它使得施肥不仅符合土壤类型和作物品种的特征特性，而且能充分发挥土地的生产潜力，获得最佳的产出/投入经济回报。根据土地的肥力变化和微地形变化调整施肥配方和施肥量，避免了传统上均一施肥造成的浪费和对环境产生的不良影响。

第二节　复混肥料的分类及特点

复混（复合）肥料中含氮、磷、钾任何两种元素的肥料称为二元复混肥。同时含有氮、磷、钾 3 种元素的复混肥称为三元复混肥料，并用 N－P_2O_5－K_2O 的配合式表示相应氮、磷、钾的百分含量。

复混肥料中营养元素成分和含量，习惯上按氮（N）－磷（P_2O_5）－钾（K_2O）的顺序，分别用阿拉伯数字表示，"0"表示无该营养元素成分。如 18－46－0 表示为含 N 18%，含 P_2O_5 46%，总养分 64%的氮磷二元复混肥料；15－15－15 表示为含 N、P_2O_5、K_2O 各 15%，总养分为 45%的三元复混肥料。复混肥料中含有中微量营养元素时，则在后面的位置上标明含量并加括号注明元素符号。如 18－9－12－4（S）为含中量元素硫的三元复混肥料。将上述表示方法称肥料规格或肥料配方。商品复混肥料的营养元素成分和含量在肥料袋上有明确标注。

根据其制造工艺和加工方法不同，复混肥料可分为化成复合肥、掺混肥、有机—无机复混肥、功能性肥。

一、化成复合肥

化成复合肥是指通过化合（化学）作用或氨化造粒过程制成的，含有氮、磷、钾两种或两种以上元素的复合肥。有固定的分子式、养分含量和比例。常见的种类主要包括磷酸二铵、磷酸一铵、硝酸磷肥、硝酸钾和磷酸二氢钾等。

（一）化成复合肥的优点

1. 养分供应充足　含有两种或两种以上作物需要的元素，养分含量高，能比较均衡和长时间地供应作物需要的养分，提高施肥增产效果。

2. 物理性状优良　化成复合肥多为颗粒状，一般吸湿小，不结块，物理性状好，可以改善某些单质肥料的不良性状，也便于储存，特别利于机械化施肥。

3. 施用方法灵活　化成复合肥既可以作种肥，又可以作基肥和追肥，适用的范围比较广。

（二）化成复合肥的缺点

1. 施用的适应性较差 化成复合肥氮、磷、钾养分比例相对固定，不能适用于各种土壤和各种作物对养分的需求。所以在复合肥料施用的过程中一般要配合单质肥料的施用，才能满足各类作物在不同生育阶段对养分种类、数量的需求，达到作物高产对养分的平衡需求。

2. 潜在技术效果局限 化成复合肥是不同的单质和复混肥经过化学作用合成的。在施肥过程中难以满足作物对不同养分施肥技术的要求，不能获得本身所含各种养分的最佳施用效果。

二、掺混肥

掺混肥是以现成的单质肥料、复混肥料或化工原料（如尿素、磷酸铵、氯化钾、硫酸钾、普钙、硫酸铵、氯化铵等）为原料，辅之以添加物、混合、加工、造粒而制成的肥料。目前，市场上销售的复混肥料主要是这类肥料。

（一）掺混肥的优点

1. 肥料成本较低 生产含或不含其他元素的掺混肥料，所使用设备单位养分的投资成本相对较低；原料成本通常比复合肥或化学造粒的肥料也低。

2. 配方比较灵活 掺混肥氮、磷、钾养分的比例不固定，可因作物和土壤调配。因此，掺混肥的配方灵活，可按农户需求提供所需配方制成复混肥料。

3. 制作工艺简便 混合装置运作简单，操作人员只需接受短期培训；设施保养可由非专业工人操作，设备维修容易。

（二）掺混肥的缺点

1. 潜在分层离析问题 散装混合处理的各个过程中和施用时易分层离析，但这可通过使用粒径相近的原料肥和合理的操作施肥设施，将其降低到最低程度。

2. 产品难以高度均质 如不加黏着剂或黏和剂，少量微量元素在混合中难以混合均匀，影响肥效发挥。

三、有机-无机复混肥

有机-无机复混肥是一种既含有机质又含适量化肥的复混肥。它是对粪便、草炭等有机物料，通过微生物发酵进行无害化和有效化处理，并添加适量化肥、腐殖酸、氨基酸或有益微生物菌，经过造粒或直接掺混而制得的商品肥料。有机-无机复混肥广泛，能够在大田作物、蔬菜、果树、花卉等农作物及经济作物上应用。

（一）有机-无机复混肥的优点

1. 富含有机质　有机-无机复混肥有机质部分主要为有机肥，是以动植物残体为主，并经过发酵并腐熟，能够有效为植物提供有机营养元素，其作用相当于农家肥。但施用未经发酵腐熟的农家肥时，由于其含有大量病原菌、寄生菌等，容易引起烧苗现象。

2. 提高养分利用率　它与无机复混肥的根本区别，在于其含有一定量的有机成分，包括氨基酸、生长调节剂、卵磷脂、核酸以及酶类，它们通过溶解作用、络合作用使养分活化，提高其有效性。有机成分氮、磷、钾含量均衡，同时含有大量的有益菌能够起到固氮、解磷、解钾的作用，能促进氮、磷、钾的吸收，提高氮、磷、钾吸收率。与单施氮、磷、钾肥相比，养分利用率可提高30%～50%。

3. 增强作物抗性功能　有机-无机复混肥中还掺有生物菌剂，这些有益菌可调节根的呼吸、对养分的吸收及某些生理功能，增加作物的抗性能力，同时，有益菌代谢产物也具有一定的营养价值和增强作物抗性的功能。

4. 多元素协调掺混　添加其他微肥、酶、多肽等有益元素，使其营养更加全面，养分供给更加协调。有机无机成分的比例合理，有利于提高肥效，主要表现在养分的供应强度和持久性上。

（二）有机-无机复混肥的缺点

1. 潜在环境安全威胁　有机-无机复混肥生产企业差别较大，对执行《有机-无机复混肥料》（GB 18877—2009）及控制有害元素及卫生要求不一，加入有机物质的品种多样，对农作物及人体存有潜在威胁。

2. 产品质量难以保障　有机-无机复混肥的生产企业素质参差不齐，一些小企业技术人员少，水平低，生产设备简陋，工艺落后，检测手段不齐，不合格产品时有出现，使得生产的有机-无机复混肥产品质量难以保障。

3. 肥料施用成本较高　同化肥相比，有机-无机复混肥的施用量大，运输和施用用工成本较高。

四、缓（控）释肥料

缓释肥料又称缓效肥料、长效肥料、迟效肥料，通常由于肥料化学成分改变或表面包涂半透水性或不透水性物质而使其中的有效成分缓慢释放。它的优点是比常规肥料养分释放慢，损失相对较少；其缺点是肥料释放养分的速度与作物需要不一定吻合，作物大量需要时供应不上，作物需要少量时肥料养分依然释放，造成养分流失。缓释肥料的高级形式为控释肥料，它是通过各种机制措施预先设定肥料在作物生长季节的释放期与释放量，使其养分释放规律与作物养分吸收规律一致，使肥料利用率达到最高。其中具有代表性的 Nutricote 包膜复合物（13-13-13）控制氮素释放时间在 $100\sim360d$，氮素释放量为 80%，还有 20% 未释放，氮素利用率 $60\%\sim70\%$。控释肥通过肥料颗粒表面包膜厚度和空隙大小调节养分的释放速度，最初选用非亲水性高分子化合物，但由于包膜价格昂贵和其在土壤中分解缓慢而带来环境污染问题，科学家们正试图用亲水性高分子聚合物作为肥料黏结剂或包膜材料，如果该项研究能够有所突破，将大大提高肥料利用率，特别是提高氮肥利用率。针对施肥污染的控制，缓（控）释肥料的开发应用，具有特殊的战略地位，将在后面章节单独介绍。

五、液体肥料

液体肥料是含有一种或一种以上农作物需要的营养元素的液体产品。液体肥料可以根据实际需求精确设计配方，控制各种营养元素（包括微量元素）的含量，生产过程中无烟尘，不会造成环境污染和损害人体健康，因而施用方便，适用于各种作物，尤其是水果、蔬菜、烟草、花卉等经济类植物，对肥料的利用率明显提高，对植物生长具有良好的调节效果，更重要的是能增加植物的产量，提高产品的品质，通常被人们视为"环保型肥料"和"绿色肥料"，是当今世界化肥工业发展的趋势之一。

液体肥料品种很多，如叶面肥料、无土栽培营养液、液体氮肥和液体复合肥等。目前，液体肥料的施肥方式多种多样，主要有叶面喷施、浸种、滴灌、冲施等。

1. 各元素混配原则

①含钙的非螯合态化合物或含有钙离子的水中添加磷酸盐时，要注意将溶液的酸碱度调高（pH<4）。

②酸性溶液中，微量元素处于螯合态时，可以添加磷酸盐。

③在无氨存在下，氮溶液可以和聚磷酸盐络合物混合。

④在高 pH 时，氨水中不能加入聚合黄铜或以 EDTA 为基础的络合物。

⑤可采用的表面活性剂有烷基苯磺酸铵、烷基磺酰氯等。

2. 液体肥料的特点

①可以喷施、滴灌、喷灌或浇灌，用工少，费用低，易吸收，见效快。

②可与杀虫剂、杀菌剂、除草剂混用并能混合；溶解稀释不降温，施用后易均匀分布于土壤中，不像固体肥料那样会产生集中施肥局部盐分高而伤害根苗的后果。

③不会像固体肥料在储运过程中产生离析而质量参差不齐；产品不存在吸湿和结块问题；在生产、施用、运输中不会出现粉尘、烟雾，污染少。

六、药肥

农药肥料混合物又称药肥，它以肥料作为农药（除草剂、杀虫剂、杀菌剂）的载体，使肥料和农药科学混合。这种混合物把农田的两种作业合二为一，节省了劳力、时间和能源。同时农药施入土壤的均匀度也由此得到改善。

1. 肥与药混配原则

①混合不降低肥效和药效。如除草剂西玛津和阿特拉津，不能与碱性肥料混用，否则会降低除草剂活性。

②混合后对作物无害。有些农药如扑草净与液体肥混合时会增大对作物的毒性，但 2，4-D 除草剂与肥料混合，有提高效能的作用。

③混合物应有一定的稳定性；药肥的施用时间与施肥深度须考虑到肥效和药效的充分发挥。

2. 肥料-杀虫剂、杀菌剂　由于一些蔬菜土传病害防治的有效生育期往往与施肥时期相吻合，通常可将一些杀虫剂、杀菌剂与肥料制成混合物使用，可有效防治土传病害。

3. 肥料-除草剂　肥料-除草剂混合物使用广泛，常称为"草死苗壮"。具有很多优点：可与液体或固体肥料混合，可在播种前、播种时施用或植株出苗后直接喷施，这与施肥无矛盾，肥、药一次施用，省时省工。许多除草剂与氮肥溶液的物理相容性好一些，但与多数偏磷酸铵或正磷酸铵制成的清液和悬液肥料的相容性差一些。

4. 注意事项

①除草剂几乎不能与单一的硝酸铵肥料或其掺混肥共用，因为其中的有机成分会促使硝酸铵自敏化，这是很危险的。

②苏达灭和扑草烯及其混剂也不能与普通过磷酸钙或三料过磷酸钙混用。

③氟尔灭不能用于浸润包衣硝酸铵、陶土包衣尿素或石灰石，却能用于浸润含这些混合物的混肥。

第三节　复混肥料的质量要求

一、复混（复合）肥料的质量要求

复混（复合）肥料根据其中氮、磷、钾总养分含量不同，可分为低浓度（30％＞总养分≥25％）、中浓度（40％＞总养分≥30％）和高浓度（总养分≥40％）复混肥料，其技术指标应符合《复混肥料（复合肥料）》（GB 15063—2009）的要求（表7-1）。

表7-1　复混（复合）肥料的指标要求

项　目		高浓度	中浓度	低浓度
总养分[1]（N＋P$_2$O$_5$＋K$_2$O，％）	≥	40.0	30.0	25.0
水溶性磷占有效磷的百分率[2]（％）	≥	60	50	40
水分[3]（H$_2$O，％）	≤	2.0	2.5	5.0
粒度[4]（1.00～4.75mm 或 3.35～5.60mm，％）	≥	90	90	80
氯离子[5]（％） 未标"含氯"的产品	≤	3.0		
标识"含氯（低氯）"的产品	≤	15.0		
标识"含氯（中氯）"的产品	≤	30.0		

注：①产品的单一养分含量不应小于4.0％，且单一养分测定值与标明值负偏差的绝对值不应大于1.5％。
②以钙镁磷肥等枸溶性磷肥为基础磷肥并在包装容器上注明为"枸溶性磷"时，"水溶性磷占有效磷的百分率"项目不做检验和判定。若为氮、钾二元肥料，"水溶性磷占有效磷的百分率"项目不做检验和判定。
③水分为出厂检验项目。
④特殊形状或更大颗粒（粉状除外）产品的粒度可由供需双方协议确定。
⑤氯离子的质量分数大于30.0％的产品，应在包装袋上标明"含氯（高氯）"，标识"含氯（高氯）"的产品氯离子的质量分数可不做检验和判定。

二、掺混肥料的质量要求

掺混肥料，又称BB肥，它是以两种以上粒径相近的单质肥料、复合肥料或复混肥料为原料，按一定比例通过简单的机械掺混而成，是各种原料的混合物，通常含有氮、磷、钾及硫、镁和微量元素等养分。一般这种肥料可由农户根据土壤养分状况和作物养分需求随混随用。按照《掺混肥料（BB肥）》（GB 21633—2008）的规定，掺混肥料的技术指标应符合表7-2的要求，且在包装容器上必须标明。

表 7 – 2　掺混肥料的指标要求

项　目		指　标
总养分① （N+P₂O₅+K₂O，%）	$\geqslant$	35.0
水溶性磷占有效磷的百分率② （%）	$\geqslant$	60
水分 （H₂O，%）	$\leqslant$	2.0
粒度 （2.00~4.00mm，%）	$\geqslant$	70
氯离子③ （%）	$\leqslant$	3.0
中量元素单一养分的质量分数④ （以单质计，%）	$\geqslant$	2.0
微量元素单一养分的质量分数⑤ （以单质计，%）	$\geqslant$	0.02

注：①产品的单一养分含量不应小于 4.0%，且单一养分测定值与标明值负偏差的
　　绝对值不应大于 1.5%。
　　②以钙镁磷肥等枸溶性磷肥为基础磷肥并在包装容器上注明为"枸溶性磷"
　　时，"水溶性磷占有效磷的百分率"项目不做检验和判定。若为氮、钾二元
　　肥料，"水溶性磷占有效磷的百分率"项目不做检验和判定。
　　③包装容器标明"含氯"时不检测本项目。
　　④包装容器标明含有钙、镁、硫时检测本项目。
　　⑤包装容器标明含有铜、铁、锰、锌、硼、钼时检测本项目。

三、有机-无机复混肥的质量要求

有机-无机复混肥应符合《有机-无机复混肥料》（GB 18877—
2009）要求，同时符合标明值，见表 7 – 3。

表 7 – 3　有机-无机复混肥料的指标要求

项　目		指　标	
		Ⅰ型	Ⅱ型
总养分① （N+P₂O₅+K₂O，%）	$\geqslant$	15.0	25.0
水分② （H₂O，%）	$\leqslant$	12.0	12.0
有机质 （%）	$\geqslant$	20	15
粒度③ （1.00~4.75mm 或 3.35~5.60mm，%）	$\geqslant$	70	
酸碱度 （pH）		5.5~8.0	
蛔虫卵死亡率 （%）	$\geqslant$	95	

（续）

项 目		指 标	
		Ⅰ 型	Ⅱ 型
粪大肠杆菌群数（个/g）	≤		100
氯离子④（%）	≤		3.0
砷及其化合物（以 As 计,%）	≤		0.005 0
镉及其化合物（以 Cd 计,%）	≤		0.001 0
铅及其化合物（以 Pb 计,%）	≤		0.015 0
铬及其化合物（以 Cd 计,%）	≤		0.050 0
汞及其化合物（以 Hg 计,%）	≤		0.000 5

注：①产品的单一养分含量不应小于 3.0%，且单一养分测定值与标明值负偏差的
绝对值不应大于 1.5%。
②水分以出厂检验数据为准。
③指出厂检验数据，当用户对粒度有特殊要求时，可由供需双方协议确定。
④如产品氯离子含量大于 3.0%，并在包装容器上标明"含氯"，该项目可不做
要求。

四、复合叶面肥料的质量要求

1. 大量营养元素 大量营养元素一般占溶质的 $60\%\sim80\%$，主要有尿素和硝酸铵配成，硫酸铵、氯化铵不宜为氮源；磷源主要为 KH_2PO_4、磷铵、聚磷酸铵；钾源首先可以是硝酸钾，其次是氯化钾和硫酸钾。

2. 微量营养元素 微量营养元素总量占溶质的 $5\%\sim30\%$，应根据土壤和作物选择加入，注意喷施浓度。

3. 激素和维生素 营养液中配入的激素主要为生长素和矮壮素，维生素常用的是水溶性且稳定的维生素 B_1 和维生素 B_2。激素和维生素确定有效后才加入，并控制用量。

4. 表面活性剂 表面活性剂主要有烷基苯磺酸铵、烷基磺酰氯等。

第四节　复混肥料的质量鉴别

目前，复混肥厂家众多，加工工艺不尽相同，品种各异；一些低劣复混肥涌入市场，以致鱼目混珠，真假难辨。有的农家使用了劣质复混肥，不仅收不到效果，反而发生肥害。因而，掌握复混的鉴别方法、施用技术、肥害的预防对复混肥安全高效施用十分重要。

一、颗粒复混肥简易鉴别

在购买复混肥料时，可用"看、搓、烧、溶"四字法鉴别其优劣。

1. 看　优质复混肥料包装上字体清晰，封口整齐，袋内肥料颗粒一致，无大硬块，粉末较少。如果配有加拿大钾肥，可见红色细小钾肥颗粒。存放一段时间或含氮量较高的复混肥料，肥粒表面可见许多附着的白色或无色微细晶体，俗称"出汗"。这种晶体是由尿素和氯化钾吸湿形成的。劣质复混肥料没有"出汗"现象。

肥料外观要求：复混肥料（复合肥料）为粒状、条状或片状产品，无机械杂质；掺混肥料为颗粒状，无机械杂质；有机-无机复混肥料为颗粒状或条状产品，无机械杂质。

2. 搓　用手抓半把复混肥料搓揉，手上留有一层类白色粉末，并有黏着感的质量为优；若弄破其颗粒，可见细小白色晶体的也表明为优质。劣质复混肥料多为灰黑色粉末；无黏着感，颗粒内无白色晶体。

3. 烧　取少许复混肥料置于铁皮上，放在明火上烧灼，有氨臭味说明含氮，出现黄色火焰表明含钾。且臭味越浓，黄色火焰越黄，表明氮、钾含量越高，即为优质复混肥料。反之，则为低劣复混肥料。

4. 溶　优质复混肥料水溶性较好，浸泡在水中绝大部分能溶解，即使有少量沉淀物，也较细小。劣质复混肥料难溶于水，残渣粗糙、坚硬。

二、液体肥料简易鉴别

1. 观察 观察肥料产品的物理形态，优质液体肥料比较清澈透明，液体较为洁净，没有杂质。对于氨基酸等呈现黑色的溶液，虽然不是透明的，但若认真观察，优质产品反倒后瓶底不会出现沉淀，劣质产品在瓶中会出现许多固体物质。也可以稀释300倍左右观察溶解后的情况，优质肥料呈云雾状分散，溶解后清澈透明，无明显杂质。

2. 称量 根据肥料行业标准，无论哪种肥料产品都有最低养分含量的要求。比重高低是反映液体肥料优劣一个非常重要的指标，优质的液体肥料不一定比重都很高，但比重较低的一定含量较低。一般同类液体肥料产品比较，单位容积养分含量越高比重越大，称量时也就越重。反之，称量时越轻。

3. 闻味 优质液体肥料产品不会有比较明显的气味。若产品有浓重的氨味，一般是酸碱度未调控到位；有特殊的香味，通常是有意掩盖某些熟悉的气味；如有非常难闻的气味，通常是添加了不应添加的物质所致。

4. 冷冻 对于液体肥料，析出结晶是不可避免的问题。但液体肥料析出晶体，通常分为两类情况：一是长时间放置逐渐析出；二是低温引起溶解度降低析出。因此，采用冷冻产品的方式，可以检验产品低温条件下的稳定性。优质产品放在冰箱速冻1d，不会出现分层、结晶；而劣质产品将出现分层、结晶现象。

三、分析检测

（一）总氮含量的检测

参照《复混肥料中总氮含量的测定 蒸馏后滴定法》（GB/T 8572—2010）。

1. 样品处理 对未知组分的复混肥料，准确称取0.5g制备好的样品，装入干燥的250mL定氮瓶中，加水约35mL，静置

30min，并不时缓慢摇动以保证所有的硝酸盐完全溶解；在通风橱中加入 1.2g 铬粉和 7mL 浓盐酸，在室温下静置 5～10min；将定氮瓶置于通风橱内预先调节至通过 7～7.5min 沸腾试验的可调电炉上，加热 4.5min，冷却，加入触媒混合物约 3g，再缓慢地滴加 20～30mL 浓硫酸，稍微摇匀后，将定氮瓶以 45°角倾斜置于可调电炉上，小心加热，待泡沫完全停止后，加强火力，并保持定氮瓶内液体沸腾。待定氮瓶内的液体呈紫红色时，再继续加热 30min，取下冷却，小心加入 20mL 水，放冷后，移入 100mL 容量瓶中，并用蒸馏水按少量多次冲洗定氮瓶，洗液倒入容量瓶中，再加水至刻度，混匀备用。

2. 蒸馏滴定　准备微量凯氏定氮装置，在平底烧瓶中加水至 2/3 处，加 3～4 滴甲基水指示剂和 2～3mL 浓硫酸，以保持水呈酸性，并加入 3～5 粒玻璃珠以防爆沸，加热煮沸平底烧瓶内的水。向接收瓶内加入 20mL 2% 硼酸溶液及混合指示剂 1 滴，并使冷凝管下端插入液面下，用大肚吸管吸取 100mL 样品消化液于小玻杯中。小心提起棒状玻塞，使消化液流入反应室，并以少量的蒸馏水冲洗小玻杯，使流入反应室内，塞紧小玻杯的棒状玻塞，吸取 10～15mL 40% 氢氧化钠溶液放入小玻杯中，提起玻塞使其缓缓流入反应室内，立即将玻塞盖紧，并加水于小玻杯中，以防漏气。蒸汽通入反应室，使生成的氨通过冷凝管进入接收瓶内，蒸馏 6min。移动接收瓶，使冷凝管下端离开液面，再蒸馏 1min。然后，用少量的水冲洗冷凝管下端，取下接收瓶。用 0.05mol/L 硫酸或 0.05mol/L 盐酸标准溶液滴定至蓝色消失为终点，同时做空白对照试验。根据滴定结果，计算出肥料总氮含量。

（二）有效磷含量的检测

根据《复混肥料中有效磷含量的测定》（GB/T 8573—2010），采用磷钼酸喹啉重量法。

1. 试样称量　称取含有 100～200g 五氧化二磷的试样，精确至 0.000 2g。

2. 水溶性磷提取　将称取的试样置于 75mL 的瓷蒸发皿中，

加 25mL 水研磨提取，将液倾注过滤到预先注入 5mL 硝酸溶液的
250mL 容量瓶中，继续用水研磨 3 次，每次用 25mL 水，然后将
水不溶物转移到滤纸上，并用水洗涤水不溶物，直到容量瓶中溶液
达 200mL 左右为止，用水稀释至刻度，混匀即为溶液 A，供测定
水溶性磷用。

3. 有效磷提取　将称取的试样置于滤纸上，用滤纸包裹试样，
塞入 250mL 容量瓶中，加入 150mL 预先加热到 60℃ 的 EDTA 溶
液，盖上瓶塞，振荡至滤纸分裂为纤维状为止，将容量瓶置于
60℃±1℃ 的恒温水浴振荡器中，保温振荡 1h，振荡频率以量瓶内
试样能自由翻动即可，然后取出容量瓶，冷却到室温，用水稀释至
刻度，混匀。用干燥滤纸和漏斗过滤，弃去最初几毫升滤液，所得
滤液为溶液 B，供测定有效磷用。

4. 水溶性磷含量测定　用单标线移液管吸取 25.00mL 溶液
A，移入 500mL 烧杯中，加入 10mL 硝酸溶液，用水稀释至
100mL，预热至沸，加入 35mL 喹钼柠酮试剂，盖上表面皿，在电
热板上微沸 1min 或置于近沸水浴中保温至沉淀分层，取出烧杯冷
却至室温。

用预先在 180℃±2℃ 干燥至恒重的玻璃坩埚式滤器过滤，先
将上层清液滤完，然后用倾泻法洗涤 1~2 次，每次约用 25mL 水，
将沉淀移入坩埚中，再用水继续洗涤，所用水共 125~150mL。将
坩埚连同沉淀置于 180℃±2℃ 干燥箱内，待温度达到 180℃后干燥
45min，移入干燥器中冷却，称重。同时，做空白对照。根据形成
沉淀的重量，计算水溶性磷含量。

5. 有效磷含量测定　用单标线移液管吸取 25.00mL 溶液 B，
放于 500mL 烧杯中，加入 10mL 硝酸溶液，用水稀释至 100mL。
然后，采用水溶性磷含量测定相同的操作，即可测定出有效磷
含量。

（三）钾含量测定

根据《复混肥料中钾含量的测定　四苯硼酸钾重量法》（GB/
T 8573—2010）测定。

1. 试液制备 称取含氧化钾约 400mg 的试样 2～5g，精确至 0.000 2g，置于 250mL 锥形瓶中，加约 150mL 水，加热煮沸 30min，冷却，定量转移到 250mL 量瓶中，用水稀释至刻度，混匀，干过滤，弃去最初 50mL 滤液。

2. 试液处理

(1) 试样不含氰氨基化物或有机物 吸取上述制备的滤液 25mL，置于 200mL 烧杯中，加 EDTA 溶液 20mL（含阳离子较多时可 40mL），加 2～3 滴酚酞溶液，滴加氢氧化钠溶液至红色出现时，再过量 1mL，在良好的通风柜内缓慢加热煮沸 15min，然后放置冷却或用流水冷却至室温，若红色消失，再用氢氧化钠溶液调至红色。

(2) 试样含有氰氨基化物或有机物 吸取上述制备的滤液 25mL，置入 200～250mL 烧杯中，加入溴水溶液 5mL，将该溶液煮沸直至所有溴水完全脱除为止（无溴颜色），若还有其他颜色，将溶液体积蒸发至小于 100mL，待溶液冷却后，加 0.5g 活性炭，充分搅拌使之吸附，然后过滤，并洗涤 3～5 次，每次用水约 5mL，收集全部滤液，加 EDTA 溶液 20mL（含阳离子较多时加 40mL），然后，进行与不含氰氨基化物或有机物试样相同的操作。

3. 沉淀及过滤 在不断搅拌下，于上述处理的试样溶液中逐滴加入四苯硼酸钠溶液，加入量为每含 1mg 氧化钾加四苯硼酸钠溶液 0.5mL，并过量约 7mL，继续搅拌 1min，静置 15min 以上，用倾滤法将沉淀过滤于 120℃ 下预先恒重的 4 号玻璃坩埚式滤器内，用四苯硼酸钠洗涤液洗涤沉淀 5～7 次，每次用量约 5mL，最后用水洗涤 2 次，每次用量 5mL。

4. 干燥 将盛有沉淀的坩埚置入 120℃±5℃ 干燥箱中，干燥 1.5h，然后放在干燥器内冷却，称重。根据形成沉淀的重量，计算试样钾的含量。

(四) 有机质含量的检测

参照《有机-无机复混肥料》（GB 18877—2009），有机质含量的测定采用重铬酸钾容量法。

称取 0.3～0.5g 试样于消煮管中，加入一定量重铬酸钾-硫酸溶液，经水浴加热消化，使有机肥料中的有机碳氧化，多余的重铬酸钾用硫酸亚铁标准溶液滴定，同时做空白对照。根据氧化前后硫酸亚铁标准溶液滴定用量，计算有机碳含量，再转换成有机质含量。

（五）pH 的检测

参照《有机-无机复混肥料》（GB 18877—2009），酸碱度的测定，采用 pH 酸度计法。

称取试样 5g 于 100mL 烧杯中，加入 50mL 水，经煮沸驱除二氧化碳后，搅动 15min，静置 30min，用酸度计测量。

（六）氯离子含量的检测

根据《复混肥料（复合肥料）中氯离子含量的测定》（GB 15063—2009）进行检测。

称取肥料试样 1～10g（精确至 0.001g），称样范围视氯离子含量而定，一般氯离子含量＜5% 称样 5～10g，5%≤且≥25% 称样 1～5g，＞25% 称样 1g。将称量好的试样于 250mL 烧杯中，加 100mL 水，缓慢加热至沸，继续微沸 10min，冷却至室温，溶液转移到 250mL 量瓶中，稀释至刻度，混匀。干过滤，弃去最初的部分滤液。

准确吸取一定量的滤液（含氯离子约 25mg）于 250mL 锥形瓶中，加入 5mL 硝酸溶液，加入 25.0mL 硝酸银溶液，摇动至沉淀分层，加入 5mL 邻苯二钾酸二丁酯，摇动片刻。

加入水，使溶液总体约为 100mL，加入 2mL 硫酸铁铵指示液，用硫氰酸铵标准溶液滴定剩余的硝酸银，至出现浅橙红色或浅砖红色为止。同时，进行空白试验。最后，根据滴定结果，计算出肥料中氯离子的含量。

第五节　复混肥料安全高效施用

复混肥料具有两个突出的特点：一是每种复混肥料养分配比不

同；二是不同复混肥料的养分含量不同。应有针对性地科学施用复混肥料，如施用不当，不但起不到应有的作用效果，而且还会引起作物减产和环境污染等问题。

一、复混肥料的施用原则

（一）针对施肥对象的特点，选择适宜的肥料品种

施用复混肥料，要针对作物营养和土壤肥力特点，选用合适的肥料品种。施用的复混肥料品种特性与土壤条件和作物的营养习性不相适应时，轻者造成某种养分浪费，重则引起作物减产。选择复混肥料应遵循下列原则：

1. 根据作物需肥特性选用肥料品种 不同作物的营养特点不同，应根据作物种类选用适宜的复混肥料品种。一般来说，蔬菜施肥以改善品质为主，应根据其需肥特点，确定肥料配方。以茎叶为主的蔬菜多是喜氮作物，所以应选高氮复混肥料；番茄、西瓜、甜瓜等喜钾蔬菜，应选含钾较高的复混肥料；马铃薯、甘薯等作物对氯敏感，所以不适用于含氯很高的复混肥料。棚室蔬菜不宜施用氯化铵和氯化钾作原料的双氯复混肥料，尤其是氯化铵的氯含量高，致盐能力远高于氯化钾，棚室蔬菜不宜施用。

2. 根据土壤理化特性选用适宜肥料 复混肥料中的有效磷有水溶性和枸溶性两种。水溶性磷肥效快，适宜在各种土壤上施用，而枸溶性磷复混肥料适宜在中性和酸性土壤上施用，在缺磷的石灰性土壤上肥效较差；高含氯复混肥料在水浇地、盐碱土地不宜施用，在干旱和半干旱地区的水浇地应限量施用。

3. 根据肥料养分形态选用适宜品种 复混肥料中氮素有铵态氮、硝态氮和酰胺态氮。酰胺态氮施入土壤后在脲酶作用下，很快转化生成碳酸氢铵而以铵态氮形式存在。一般认为，铵态氮易被土壤吸附，不易流失，在旱田和水田都适宜施用，而硝态氮在水田易淋溶和反硝化脱氮损失，氮素利用率低，宜在旱地施用。

4. 根据轮作制度选用适宜品种 不同蔬菜所需肥料养分的特点不同，比如青菜、菠菜等叶菜类蔬菜需要氮肥比较多；瓜类、番

茄、辣椒等瓜果类蔬菜需要磷肥比较多；马铃薯、山药等根茎类蔬菜需要钾肥比较多。将这些蔬菜合理轮作，针对性地选用复混肥料品种，可充分利用土壤中的各种养分，减少施肥量，降低蔬菜污染。但必须注意瓜类、茄果类、葱蒜类、十字花科蔬菜都属于忌连作的蔬菜，因为连作会造成病害加剧、土质变坏、产量及品质下降。

（二）复混肥料营养成分固定，应与单质肥配合使用

复混肥料的成分是固定的，因而不仅难以满足不同土壤、不同作物，甚至同一作物不同生育期对营养元素的需求，也难以满足不同养分在施肥技术上的不同要求。在施用复混肥料的同时，应根据复混肥料的养分含量和当地土壤的养分条件以及作物营养习性，配合施用单质化肥，以保证养分的供应。单质化肥施用量的确定，可根据复混肥料的养分含量以及作物对养分的要求来计算。如每 $667m^2$ 需施入纯氮 14kg、五氧化二磷 7kg、氧化钾 10kg，施用比例为 1：0.5：0.7，若选用的复混肥料品种为含氮 14%、五氧化二磷 9%、氧化钾 20% 的三元复混肥料，50kg 肥料可满足钾肥的需要，而氮、磷肥均未得到满足。因此，尚需再施用 7kg 纯氮、2.5kg 五氧化二磷才能达到施肥标准，这就要通过施用单质肥料来解决。

（三）针对不同的肥料特性，采取不同的施用方式

国内外生产的复混肥料，一般分为二元复混肥料和三元复混肥料两大类。复混肥料的品种较多，肥料特性有所不同。在施用时，应根据肥料特性，采取相应的施用方式，才能充分发挥肥效。

二元复混肥料包括磷酸铵、硝酸磷肥、硫磷铵、硝磷铵、尿素磷酸铵、硝酸钾、磷酸二氢钾等。其中，磷酸铵含 N 18%，含 P_2O_5 46%，氮磷养分均为速效，易被作物吸收利用，适合作种肥和基肥。如果作种肥，不宜与种子直接接触，以免高浓度的养分影响种子发芽。施肥量应按肥料中 P_2O_5 含量计算，不足部分的氮素，可用单质氮肥来补充。硝酸钾含 N 12%～15%，K_2O 45%～46%，适于喜钾忌氯作物作追肥和基肥，对马铃薯、烟草、甜菜有较好肥

效；还可用作根外追肥，适宜浓度0.6%～1.0%。因硝酸钾中氮是硝酸态的，一般不宜用于水田。磷酸二氢钾含$P_2O_5$50%、K_2O30%左右，由于磷酸二氢钾价格较高，最适合作根外追肥或浸种，浸种适宜浓度0.2%，根外追用的适宜浓度为0.1%～0.3%。

三元复混肥料多半是掺混肥料。各地土壤、气候条件差异很大，作物品种很多，对三元复混肥料的氮、磷、钾比例的要求有所不同。例如，叶菜类蔬菜，生长快，需氮高、需磷少，应选用含氮高、含磷少的复混肥料；瓜果类蔬菜，在结果期对钾的需求量较大，对磷的需求量减少，可选高钾低磷的复混肥料；作物在苗期对磷的需求量大，可选含磷量高的复混肥料作基肥。

二、复混肥料的施用技术

（一）复混肥料施用量计算

复混肥料品种和规格较多，盲目施用必然会造成某些养分过量或不足，从而影响肥效，导致效益下降。因而，在施用复混肥料时，首先应当确定适宜的施肥量。复混肥料含有氮、磷、钾多种养分，一般施肥量以氮量作为计量依据。养分配比以氮为1，配以相应的磷、钾养分。对一个地区的某种作物，实际计算施肥量时，可从当地习惯施用的单一氮肥用量换算。施用量按复混肥料中氮量计算，可便于比较不同土壤和不同作物的施肥水平。

通过下面两例可以说明，如何根据复混肥的成分、养分含量和作物施肥的要求，计算确定肥料用量。

例1 某种蔬菜要求：每667m²施肥量为N 10.0kg、$P_2O_5$5.0kg，氮、磷施用比例为1：0.5。其中磷素都作基肥，氮素的一半作追肥，即基肥中应包含5.0kg N 和5.0kg P_2O_5。选用的复混肥料品种为磷酸二铵，其含N 18%，含$P_2O_5$46%。计算步骤如下：

首先，计算每667m²施5.0kg P_2O_5需要磷酸二铵的数量，用5.0kg P_2O_5除以磷酸二铵中含P_2O_5的含量（46%），即5.0/46%＝10.9（kg），也就是每667m²施5.0kg P_2O_5需磷酸二铵10.9kg。

然后，计算 10.9kg 磷酸二铵中的含 N 量，用 10.9kg 磷酸二铵乘以其 N 含量，即 $10.9 \times 18\% = 2.0$ （kg），需补充 3.0kg 和 5.0kg 单质氮肥，才能分别达到施基肥和追肥 5.0kg N 的要求。

若以含 N 17% 的碳酸氢铵补施，则基肥应补施碳酸氢铵：$3.0/17\% = 17.6$ （kg）。

通过计算得出：基肥需同时施用 10.9kg 磷酸二铵和 17.6kg 碳酸氢铵。

例 2　某种蔬菜要求：每 $667m^2$ 施肥量为 N 10.0kg、P_2O_5 5.0kg、K_2O 5.0kg，施用比例为 1∶0.5∶0.5。其中磷素和钾素全部作基肥，氮素的一半作追肥，即基肥中应包括 5.0kg N、5.0kg P_2O_5、5.0kg K_2O，选用含 N 14%、P_2O_5 9%、K_2O 20% 的三元复混肥料。计算方法与例 1 类同，具体步骤如下：

首先，计算每 $667m^2$ 施 5.0kg K_2O 需要的三元复混肥料数量，即 $5.0/20\% = 25.0$ （kg）。

然后，计算 25.0kg 三元复混肥料中含 N 量和含 P_2O_5 量：含 N 量为 $25.0 \times 14\% = 3.5$ （kg），含 P_2O_5 为 $25 \times 9\% = 2.3$ （kg）。需补充 1.5kg N 和 2.7kg P_2O_5 才能达到基肥要求。

若以含 N 17% 的碳酸氢铵补施氮素，基肥需补施碳酸氢铵：$1.5/17\% = 8.8$ （kg）；若以含 P_2O_5 16% 的普钙补施磷素，基肥需补施普钙：$2.7/16\% = 16.9$ （kg）。

通过计算得出：基肥需同时施用三元复混肥料 25.0kg、碳酸氢铵 8.8kg 和普钙 16.9kg。

（二）复混肥料的施用时期

颗粒状复混肥料比单质化肥分解缓慢，为使复混肥料中的磷、钾充分发挥作用，作基肥施用要尽早。因此，复混肥料，无论是二元还是三元，一般用作基肥、种肥效果较好。一年生作物可结合耕耙施用，多年生作物（如果树）则较多集中在冬春施用。若将复混肥料作追肥，也要早期施用，或与单质化肥一起配合施用。

（三）复混肥料的施肥位置

施肥位置对肥效的影响较大，应将肥料施于蔬菜根系分布的土层，使耕作层下部土壤的养分得到较多补充，以促进平衡供肥。随着蔬菜的生长，根系将不断向下部土壤伸展。除少数生长期短的作物外，多数蔬菜中晚期根系可分布至 30～50cm 的土层。蔬菜根系早期以吸收上部耕层养分为主，中晚期吸收下层盐分较多。因此，对集中作基肥施用的复混肥料分层施肥处理，较一层施用肥效可提高 4%～10%。

（四）复混肥料的施用方法

复混肥料有磷或磷钾成分，同时大都呈颗粒状，比粉状单元化肥溶解缓慢，因此，一般用作基肥，也可用作种肥和追肥。基肥是在耕地前将复混肥料均匀地撒施于田面，随即翻耕入土，做到随撒随翻，耙细盖严。种肥的施用包括拌种、条施、点施和穴施等。所谓拌种就是将复混肥料与 1～2 倍的细干腐熟有机肥或细土混匀，再与浸种阴干后的种子混匀，随拌随播。条施、点施、穴施就是将复混肥料顺着挖好的沟、穴均匀撒施，然后播种、覆土。要求肥料用复混肥料作种肥，一般不宜随种下肥，应避免肥料与种子或幼苗的直接接触，影响种子发芽，以施于种子下方 2～8cm 为宜。

三、复混肥料肥害的防控

复混肥料大都由各种不同的盐类组成。施入土壤后将增加土壤溶液中盐分浓度，产生不同大小的渗透压。如果水分充足，盐分溶解将在土壤溶液中增加土壤养分，促进作物吸收生长；在缺水情况下，因大量施用复混肥料使土壤溶液的渗透压高于植物细胞质的渗透压，则细胞不但不能从土壤溶液中吸水，反而会使细胞质中的水分倒流入土壤溶液，这就导致作物受害，通常把这种因土壤溶液盐浓度过高受害现象，称之为烧苗或肥害。

种肥施用量过大最容易引起烧苗。种肥是指播种或定植时施在种子附近或与种子混合施用的肥料，因肥料和种子直接接触或与种子距离较近，故此时肥料的种类及其用量要求较严，一旦施用不当，易引起烧苗、烂种，造成缺苗断垄现象，影响产量。

含氯肥料不能追在忌氯蔬菜上。如西瓜、甜菜、辣椒、白菜、马铃薯、茎用莴苣和苋菜等忌氯蔬菜，追施含氯肥料不仅容易出现品质降低，还易发生烧根死棵现象。有些肥料不宜作叶面肥，否则会发生肥害。如中高含氯肥料，因氯离子渗透性极强，会使作物细胞中毒。另外，氨水、碳酸氢铵、磷酸铵等因挥发氨气，易破坏叶绿素和酶活性产生肥害。

（一）肥害的主要症状

1. 脱水 一次施肥过量，造成土壤局部养分浓度过高，引起细胞水分向土壤的反渗，使作物出现萎蔫，像霜打或开水烫的一样，即脱水。脱水轻者发育迟缓，重者导致死亡。

2. 烧伤 含氨水、碳酸氢铵等复混肥料在高温下施用，氨气大量发挥，作物叶片及幼嫩部位易被灼伤，轻者叶尖、叶缘发黄干枯，重者全株赤红死亡，形似火烧。

3. 烧根 肥料用量过大或石灰氮直接施用，在土壤转化分解过程中产生一种有毒物质，毒害作物根尖生长点，从而引起作物死亡。过磷酸钙中游离酸超过 5%，或尿素中缩二脲含量超过 2%，导致作物根系腐烂而死亡。

4. 烧种 含氮量较高的复混肥料，若用量过大，种子胚芽部位变黑，失去生命活力即烧种。轻者出苗迟缓，重者缺苗断垄。

5. 烧叶 撒施追肥时，将撒施肥料黏着在叶片上，尤其带露水时，会发生严重烧叶现象。

（二）肥害的防控措施

1. 选用肥料适宜 根据作物及作物对养分的需求，一定要选择适宜的复混肥料，并选择符合国家标准的复混肥料产品。

2. 把握施肥时机 追肥时要看土壤墒情。墒情好时开沟穴施或条施，施后覆土；墒情差时，应施前造墒，或对水稀释后浇施，以防肥害和提高肥料利用率。早晨、傍晚或雨后有露水时不要撒施化肥，以防黏着在叶片上。温室大棚内不追施碳酸氢铵等挥发性肥料。

3. 施肥方法得当 用作种肥时要与种子隔离。作物播种时，种子要与化肥隔开，并要控制化肥用量。作叶面肥喷施时，要注意肥液浓度。叶面喷肥大量元素浓度为 $0.3\%\sim1.5\%$，微量元素浓度为 $0.01\%\sim0.10\%$。要在下午喷施，不要使用含氯肥料作叶面肥。

4. 切实平衡施肥 避免出现肥害须根据土壤养分含量和作物产量，实行配方施肥、平衡施肥，防止施肥中的重氮、轻磷、忽视钾及微量元素的倾向。坚持"缺什么补什么，需多少补多少"，既要防止施肥量不足的惜肥现象，又要注意克服过量施肥的盲目现象，使施肥技术建立在科学基础之上，才能达到经济、高效、优质、高产的目标。

第八章
腐殖酸类肥料的
安全高效施用

腐殖酸是动植物残体经一系列微生物分解与转化及地球化学的一系列过程，形成的分子质量大小不一的脂肪芳香族羟基羧酸的混合物，大量存在于风化煤、褐煤、草炭中。腐殖酸是地球上分布最广泛的天然有机物质之一。它可应用于农林牧、石油、化工、建材、医药卫生、环保等几十个行业领域。随着全球肥料产业的发展，尤其是肥料产业升级换代的需要，腐殖酸作为重要的绿色环保型肥料原料，受到广泛的关注。腐殖酸类肥料是以富含腐殖酸物质作为肥料有机质来源或作为无机肥填充料所生产的肥料。

第一节　腐殖酸类肥料的发展应用

一、腐殖酸的研究应用

人类对腐殖酸的研究，自 1786 年从土壤中首次得到已有近 240 年历史。如果以中国"药圣"明代著名医药学家李时珍《本草纲目》编入的"乌金散"为例，那腐殖酸的应用已有 400 多年，说明腐殖酸的应用具有古老的历史。但早期腐殖酸研究主要局限于土壤化学和煤炭成因。近期的深入研究发现，腐殖酸不仅对土壤肥力、植物生长、矿物的积累迁移有重要影响，而且关系到地球碳循环和生态平衡，还与环境毒物的迁徙、生物和人类的健康息息相关。

自 20 世纪 60 年代以来，以泥炭、煤类为原料生产腐殖酸类肥料引起许多国家重视。日本和前苏联学者对煤轻度氧解生产出再生腐殖酸，并研究了其农业应用问题。1958—1961 年印度学者进行过煤的空气氧化法制备腐殖酸铵肥料的试验。20 世纪 90 年代，美国采用碱法提取腐殖酸，研究了硝酸氧解、空气氧解、超声波 3 种预处理方法对腐殖酸提取的影响，提出了腐殖酸提取工艺的最佳条件。

我国腐殖酸有组织的研究始于 20 世纪 50 年代末，主要从利用泥炭开始；20 世纪 60 年代，全国掀起了利用腐殖酸肥料和改良土壤的热潮；到 20 世纪 70 年代中期，开始受到国务院的高度重视，1974 年和 1979 年先后两次发布国发 110 号和国发 200 号文件，全面推动腐殖酸的综合开发和利用；随着全国腐殖酸行业的发展壮大，1987 年国家经济贸易委员会批准成立了"中国腐殖酸工业协会"，负责统一组织和协调全国的腐殖酸工作，腐殖酸类肥料的开发应用，开始步入了快车道。

中国腐殖酸资源非常丰富，它储量大，分布广，品位好。据有关资料统计，有泥炭 124.8 亿 t，褐煤 1 265 亿 t，还有大量的风化煤。在利用生物工程方面，优良菌种的筛选和定向菌种的开发，使得研制生化腐殖酸或生化黄腐酸类产品的资源相当丰富。

目前，我国腐殖酸产业有 1 000 余家企业，以腐殖酸、硝基腐殖酸、腐殖酸盐类、黄腐酸等基础产品为主的产品年产量达到 100 万 t 以上，年出口量约为 10 万 t，其中有十几家腐殖酸复合肥厂年产千吨以上，最大的生产厂家年产可达数万吨。

二、腐殖酸肥料的开发

随着生态农业和绿色农业的兴起，绿色环保型复合肥的研发，已成为当今肥料界的热点。

(一)腐殖酸复混肥料的研发

近年来，在我国山东、山西、陕西、河北、江苏、上海、北京、新疆、河南等地建起了一批腐殖酸系列复混肥的生产企业。产品氮、磷、钾总量≥15%，有机质总量≥20%，钙、镁、硫、锌、铁、硼总量≥16％，其中锌、铁、硼各占0.2％左右，腐殖酸含量在3％、5％或10％。在腐殖酸类复混肥生产规模扩大、工艺改进的同时，生产方法及原料的选择利用有了长足发展，开发出以碳酸氢铵为主体稳定的新型腐殖酸类复混肥料，现正向高浓度、专用化、长效化和颗粒化方向发展。并且，鉴于纳米材料的纳米级腐殖酸复混肥料的研发取得了一定进展。

（二）腐殖酸液肥的研发

随着根外追肥的普及，腐殖酸叶面肥被越来越广泛的应用。如中国科学院化学研究所的华硕828、广东的叶面宝、北京的万得福、保定的万家宝和河北的高美施等叶面肥均属此列。腐殖酸喷洒在叶面上，能使叶面气孔缩小，减少水分蒸腾，提高农作物抗旱能力。利用改性泥炭提取出的腐殖酸，溶于水后加入常量、微量元素配制成的液体肥料，在蔬菜上施用能改善蔬菜品质，提高产量20％左右。在腐殖酸溶液中复配氮、磷、钾和络合铜、铁、锌、锰等微量元素制成的腐殖酸植物营养液具有改良土壤、使氮磷钾肥增效、刺激作物生长、增产、改善农产品品质等优点。

（三）生化腐殖酸肥料的研发

利用农业废物资源研制生化腐殖酸是农业废弃物资源化利用的重要途径。它的制取与传统的腐殖酸产品不同，它是由农作物秸秆、木屑等通过化学和微生物发酵工艺制成。它是一种水溶性腐殖酸，拥有丰富的羧基、羟基、酚羟基、醌基等活性基团。施入土壤后，通过络合、螯合、吸附等作用，与土壤中矿物质结合，产生多种有效功能，作为肥料系列产品广泛用于农业生产。它既能补充作物所需的微量元素，又能发挥黄腐酸对作物生长的调节作用，比传统腐殖酸类叶面肥，更具有提高作物微量元素吸收率、增强抗病性、抗硬水能力强等优势特点。

三、发展应用面临的问题

（一）原料质量不规范

腐殖酸原料质量的好坏直接影响腐殖酸肥料产品的质量。目前，我国腐殖酸原料市场混乱，多数为中小型企业，普遍存在技术创新能力较弱的问题，缺乏专业人才和技术研发能力，主要表现在产品质量参差不齐，伪劣产品扰乱市场秩序。

（二）生产工艺落后

开发先进的腐殖酸肥料生产工艺是增强其市场竞争力的有效途径。重点开发低能耗、高效率的生产工艺，以降低腐殖酸肥料生产成本。腐殖酸肥料是近 20 年发展的新兴产业，其生产企业多为中小型企业，生产规模小、资金短缺、技术条件差。因此，采用的生产设备简陋、工艺落后，致使生产成本高，能耗大，生产出的产品外观较差，质量不稳。

（三）标准制定滞后

近年来，我国大力推行绿色环保肥料，腐殖酸肥料已成为肥料领域重要的朝阳产业。腐殖酸肥料的发展应用已逾 60 年，但仅农业部颁布了《含腐殖酸水溶肥料》（NY 1106—2010），腐殖酸类肥料的标准尚不健全，导致腐殖酸类肥料产品良莠不齐，使一些劣质品流入市场，不仅扰乱了肥料市场，影响其推广应用，而且对农民利益造成伤害，影响其在国内外市场的信誉。

（四）产品名称混乱

规范腐殖酸类肥料分类名称是制定腐殖酸类肥料标准的基础。目前，市场上的腐殖酸肥料，用风化煤粉或泥炭粉作原料，有的不经任何活化处理就与化肥混拌，有的经过活化处理生产的腐殖酸类肥料，二者同样称为腐殖酸复合肥或腐殖酸复混肥，有的含氮、磷、钾总量 20％或 30％的腐殖酸复混肥，包装上却标为腐殖酸有机肥。分类名称混乱，既不利于用户选择应用，同时也给产品质量监督造成很大困难。

四、腐殖酸肥料的发展方向

（一）提升腐殖酸活性

腐殖酸的活性是腐殖酸质量的重要指标之一，也是制造腐殖酸产品质量的首要条件。天然腐殖酸的活性受形成腐殖酸原材料和转化条件的影响和制约。因此，采用化学法提高腐殖酸活性，使我国腐殖酸产品从粗放型进入精细型，是腐殖酸的发展方向。

化学法提升腐殖酸活性是以硝酸适度氧化分解褐煤等年青煤种，富集而得到高活性硝基腐殖酸。对此，国内外都曾有报道。我国在山西太原化肥厂做过中间试验，并进行批量生产和农用试验，结果表明，提高了活性的产品具有良好农用效果。

（二）开拓可再生资源

当前，制造腐殖酸产品主要采用煤质原料，如褐煤、草炭、风化煤等。这些原料均属非再生资源，其数量有限，在一定程度上将制约腐殖酸肥料的发展。因此，充分利用可再生资源是腐殖酸肥料可持续发展的必由之路。

可再生资源，如秸秆、树叶、草类、木屑等植物体均可成为生产生化腐殖酸的原料。这些原料经过微生物发酵过程，转化为可溶性的生化腐殖酸。这是一种水溶性腐殖酸，具有分子质量小、生物活性高等特性。实际生产是人工模拟自然将植物残体转化为腐殖酸的过程。目前，生化腐殖酸已开始应用于农业领域。

（三）开发绿色环保亮点

腐殖酸既是天然环保材料，又是易得的纳米材料，其优越的品质和无毒、安全、方便的特点，将成为开发绿色环保型腐殖酸肥料的亮点。利用腐殖酸的优良性能对氮肥改性，对低端落后的低品位磷肥产品进行改造，重点开发安全高效的腐殖酸钾肥，加大腐殖酸绿色环保肥料系列产品的研发推广，满足我国生态农业、绿色农业的发展需要，未来的市场空间巨大，应用前景十分广阔。

第二节 腐殖酸类肥料的主要特点

一、腐殖酸类肥料的主要优点

（一）养分均衡降低污染

由于腐殖酸具有络合、螯合、离子交换、分散、黏结等多功能性质，配入无机氮、磷、钾养分达到养分均衡、配比科学的目的，可用于瓜果、蔬菜、果树以及粮食等各种作物的基肥和追肥。施用腐殖酸类肥料，其养分的均衡利用能有效抑制蔬菜硝酸盐污染；同时，对农药具有缓释增效作用，与农药配伍可降低农药的使用量；另外，腐殖酸类肥料尤其适用于绿色食品蔬菜施用。

（二）提高养分利用率

蔬菜是喜肥作物，需肥量较一般大田作物多，但过量施用，不仅肥效下降，造成巨大浪费，还会破坏土壤结构，造成土壤板结、环境污染。腐殖酸类肥料既具有一般化肥的速效增产作用，又具有有机肥活化土壤、缓释培肥的作用，而且无毒害、无污染，有利于养护农田、保护环境，推动农业可持续发展。

普通肥料中的氮、磷、钾养分不容易被作物完全吸收，氮仅吸收约33%，约40%的磷、钾被 SiO_2 固定，而腐殖酸与氮、磷、钾等的离子络合后，可显著提高肥料养分的利用率，对微肥的增效作用也很独特。与常规肥料相比，氮排放损失可减少15%～22%，氮淋失减少30%～40%，磷、钾的固定损失可减少45%左右，提高土壤解磷、解钾量15%左右。

（三）增强作物的抗性

腐殖酸含有生理活性强的多种活性基团，能刺激植物生长，提高作物体内酶活性，调节新陈代谢，提高根系活力，增强抗逆性能。腐殖酸肥料能有助于提高蔬菜自身的抗逆防衰能力，对枯萎病、黄萎病、霜霉病、根腐病的防治具有良好的效果。并且，腐殖酸可缩小叶面气孔的开张度，减少水分蒸发，利于植物和土壤保持水分，增加植物体内脯氨酸、糖类等物质，具有独特的抗旱、抗寒、抗病能力，可促进根系发育，防止腐烂和病虫害发生。

（四）刺激作物生长

腐殖酸可增强植株体内氧化酶活性及其他代谢活动，从而刺激生长，促进植株生长发育，叶宽色绿，根系发达，籽粒多而饱满。

施用腐殖酸生物肥料增产效果显著。同常规施肥相比，番茄每 $667m^2$ 增产431.3kg，增产率7.1%；黄瓜每 $667m^2$ 增产289.1kg，增产率6.8%。施用腐殖酸生物肥料比施等量细土，番茄每 $667m^2$

增产 370.2kg, 增产率 6.1%; 黄瓜每 667m² 增产 277.9kg, 增产率 6.6%; 并且能提高瓜果甜度, 减少硝酸盐含量, 降低农药残留, 改善蔬菜品质, 投入产出比达 1：10 以上。

(五) 改良土壤性状

腐殖酸具有多孔性质, 可改良土壤团粒结构, 调节土壤水、肥、气、热状况, 提高土壤的吸纳容量, 调节 pH, 达到土壤酸碱平衡。腐殖酸的吸附络合能力, 能减少重金属和农药的毒害, 提高土壤自然净化能力及保水保肥能力, 改良农田因长期使用化肥引起的盐渍化、板结等不良性状。并且, 腐殖酸具有胶体性状, 能改善土壤中微生物群体, 适宜有益菌生长繁殖, 尤其适宜固氮菌、芽孢杆菌、黑曲霉菌等的生长繁殖。

二、腐殖酸类肥料的主要缺点

(一) 过量施用影响养分吸收

大部分腐殖酸产品偏酸性, 适量施用可以改善土壤的酸碱度, 增加磷肥等营养元素的植物吸收性能。但菜田土壤一般盐碱化较重, 酸性肥料过量会加剧土壤盐分积累, 直接影响植物根系对养分和水分的吸收。黄腐酸属调节剂, 但施用过量也会影响植物生长。

(二) 过量施用导致重金属活化

腐殖酸可与金属离子(也包括铅、汞、铬、镉等重金属离子)间发生螯合作用, 使金属离子成为水溶性腐殖酸螯合微量元素, 从而提高植物对重金属离子的吸收与运转。

(三) 浓度过高抑制植物生长

大量试验表明, 有机-无机复混肥中的腐殖酸含量在 4%～8% 时最适宜, 最高不超过 10%, 而作为生长刺激剂和叶面肥时, 水溶腐殖酸或黄腐酸使用浓度也应在 0.01%～0.001%, 甚至更低。否则, 会抑制植物生长发育。

(四) 温度过高导致肥效降低

在施用腐殖酸类肥料时一定要注意温度, 施后天冷见效慢, 天热见效快, 若天气温度高于 38℃时, 应停止施用或减少施用, 以免呼吸作用过强而减少干物质的积累而降低产量。

(五) 水溶肥过量易流失养分

腐殖酸水溶肥的速效性强，难以在土壤中长期保存，用肥量要严格控制。如每次施用过量，容易造成肥料养分流失。这样，既降低施肥的经济效益，达不到高产优质高效的目的，又会引起农田环境污染，不利于可持续发展。

第三节　腐殖酸类肥料的种类与生产

腐殖酸原料的来源十分广泛。它除存在于土壤、堆肥、厩肥中外，还大量存在于泥炭、褐煤、风化煤之中。另外，造纸废液、酒糟废液中，也含有一定数量的腐殖酸。由于原料中腐殖酸含量和存在的形态不同，采用的生产方法多种多样。

腐殖酸类肥料是一种含有腐殖酸类物质的新型肥料，也是一种多功能肥料。它以泥炭等富含腐殖酸的物质为主要原料，采用科学配方，掺和其他有机-无机肥料配制而成，品种繁多。

一、腐殖酸的种类

(一) 按其形成和来源分类

腐殖酸按其形成和来源可分为原生腐殖酸、再生腐殖酸和合成腐殖酸三类。

原生腐殖酸也称天然腐殖酸。土壤中这种腐殖酸一般不多。肥沃土壤中，含量也只有百分之几，泥炭中腐殖酸含量较多，为 $10\%\sim50\%$。褐煤由于成煤过程的差异，腐殖酸含量变化很大，为 $1\%\sim80\%$。

经过自然风化或人工氧化方法所生成的腐殖酸，称为再生腐殖酸。在煤矿区，化验露头风化煤，可以发现煤中腐殖酸含量从表层向煤层深处逐渐减少，甚至在较深的煤层中，腐殖酸含量等于零。由于这种腐殖酸不是天然物质化学组成中所固有的，所以称为再生腐殖酸，含量 $5\%\sim60\%$。

合成腐殖酸也称人造腐殖酸。它是从非煤类物质中用人工方法制取的，其结构和性质与再生腐殖酸相似。例如，蔗糖与铵盐起反应所得的碱可溶物就是合成腐殖酸的一种。现在也有许多造纸厂、酒厂、糖厂等，利用废液合成腐殖酸，制成液体腐殖酸类肥料。

（二）按其溶解度和颜色分类

按照在溶解中的溶解度和颜色来分，腐殖酸可分为黄腐酸、棕腐酸、黑腐酸。黄腐酸是低分子短链化合物，能溶于酸、碱、醇，水溶性好，对金属离子有很好的络合作用，在植物体内运转较快，刺激作用较强；棕腐酸含氧活性基团含量中等，能溶于酸、碱、醇，水溶性中等，在植物体内运转中等；黑腐酸是高分子长链化合物，溶于碱，不溶于酸，不溶于水，易被植物表面吸附，能促进根系生长。

（三）按腐殖化程度分类

按照腐殖化程度来分，腐殖酸可分为 A 型、B 型、RP 型、P型等。其中，B 型腐殖酸是真正的腐殖酸，P 型是不成熟的腐殖酸。

二、腐殖酸类肥料的种类

自 1953 年我国腐殖酸开发应用以来，腐殖酸最早进入农业领域应用的当属肥料。腐殖酸类肥料种类繁多，由于原料来源、生产工艺、施用方式等不同，出现多种分类方法。

以腐殖酸原料来源及种类将腐殖酸类肥料分为有机矿物源腐殖酸、黄腐酸肥料，非矿物源生物质腐殖酸、黄腐酸肥料和复合型腐殖酸、黄腐酸肥料；按腐殖酸加工工艺分为全溶性腐殖酸肥料、活性腐殖酸肥料、活化腐殖酸肥料以及生物腐殖酸肥料和生化腐殖酸肥料、复合型腐殖酸肥料；按黄腐酸加工工艺分为矿物源黄腐酸肥料、生物黄腐酸肥料、生化黄腐酸肥料和复合型黄腐酸肥料；按产品形态分为固体、液体、膏体和悬浮态腐殖酸、黄腐酸肥料；按肥料用途分为基肥型腐殖酸肥料、追肥型腐殖酸和黄腐酸肥料、腐殖酸膏体肥料，以及腐殖酸和黄腐酸育苗肥；按肥料含养分类型及数量分为腐殖酸和黄腐酸单质肥料、复合肥料、复混肥料及特种肥料。

三、腐殖酸类肥料的生产

(一) 腐殖酸类固体肥料

腐殖酸类固体肥料是指以根施(底肥)为主的基础肥料。主要由腐殖酸与大量元素 (N、P、K)、中量元素 (Ca、Mg、S)、微量元素 (Zn、B、Fe、Mo、Mn、Cu) 及稀有元素结合而形成的单质或多元肥料,以及腐殖酸有机或生物腐殖酸有机肥料等多种类型,是生产无公害食品、绿色食品和有机食品的必备肥料。腐殖酸类固体肥料主要有腐殖酸铵、硝基腐殖酸铵、腐殖酸钾、腐殖酸钠及腐殖酸复合肥料等。

1. 腐殖酸铵 简称腐铵。腐铵是用氨水或碳酸氢铵处理泥炭、褐煤、风化煤制成的肥料,其养分含量以干基计:腐殖酸含量≥25%,全氮含量≥3%,水分含量≤35%。凡原料中腐殖酸含量在40%以上,而钙、镁含量≤2.5%,可采取直接氨化法;当原料中钙、镁含量≥2.5%,腐殖酸含量≥30%,则采用碳化氨水或碳酸氢铵与腐殖酸钙、镁复分解反应法,或者采用氨化法制取腐铵。

2. 硝基腐殖酸铵 简称硝基腐铵。硝基腐铵为黑色或棕色,呈酸性,其产品质量要求,以干基计腐殖酸含量 75%~80%,灰分含量≤10%,全氮含量≥3.5%,水分含量≤10%,pH3.0~3.5。生产硝基腐铵是以硝酸为氧化剂,使腐殖酸原料中的高分子芳香族结构发生氧化、分解而增加羧基、羟基等活性基团,同时使硝基引入腐殖酸结构中而成为硝基腐殖酸,然后与氨水进行氨化反应,即成硝基腐铵。

3. 腐殖酸钠(钾) 腐殖酸钠(钾)是黑色有光泽的颗粒或粉末状,溶于水,微碱性。腐殖酸钠要求:腐殖酸含量≥40%(55%,70%),pH8~11,水分含量≤25%(20%,10%);腐殖酸钾要求:腐殖酸含量≥45%,钾 (K_2O) 含量 8%~9%,pH9~10,水分含量≤15%。腐殖酸结构中的羧基、酚羟基等酸性基团，能与苛性碱发生中和反应，生成溶于水的腐殖酸钠（或钾）。将残渣分离后，即为液体腐钠（或腐钾），进一步浓缩、蒸干，或直接喷雾干燥，即为固体腐钠（或腐钾）肥料。

4. 腐殖酸复合肥料　是腐铵与过磷酸钙、钾肥或微量元素的混合物。传统的生产方法主要是一个物理混合配制过程，原料之间也会伴有少量的化学反应，即把含有腐殖酸的泥炭，以及含有氮磷钾的无机化肥，按照生产需要，配成一定比例，然后磨碎，进行充分混合，以使各种原料比较均匀地混合在一起。

5. 腐殖酸复混肥料　腐殖酸复混肥料既含有氮、磷、钾、中微量元素，还含有一定量的腐殖酸，属于缓释性、无机兼有机，并有多种功能的肥料。其大量养分（$N + P_2O_5 + K_2O$）含量≥25%，腐殖酸含量≥5%，水分含量<10%，其他指标应符合《复混肥料（复合肥料）》（GB 15063—2001）的技术指标要求。生产腐殖酸复混肥料的方法大致有两类，第一类是在复混肥料生产时加入腐殖酸；第二类是生产基础肥料时，配入养分元素和腐殖酸。目前以第一类生产方法为主，即以泥炭、褐煤、风化煤或已制成的腐殖酸类肥料，与基础肥料按比例进行混配生产。

6. 长效腐殖酸尿素　是用腐殖酸和尿素反应制成的有机络合物。其主要原料是低级别煤（泥炭、褐煤、风化煤）中的腐殖酸和尿素。其效果既好于尿素又好于腐殖酸，是一种集化肥与有机肥于一体的新型肥料。其重要特征除含有尿素中酰胺态氮，低级煤中的腐殖酸还含有腐脲络合物、络合态氮。

（二）腐殖酸类液体肥料

腐殖酸类液体（流体）肥料（包括液态和固态或粉剂两类）是指以沟壑冲施和植物枝干以及叶面喷施为主的补充肥料。包括含腐殖酸水溶肥料、腐殖酸叶面肥料、腐殖酸冲施肥料等各种类型的液体肥料。腐殖酸叶面肥含腐殖酸≥30g/L、大量元素≥350g/L、水不溶物≤50g/L，pH（1∶250）≥3.0；腐殖酸冲施肥含腐殖酸≥6%、大量元素≥25%，pH5～8。

一般生产方法是将生产所需的水注入反应釜中加热至50～

60℃，按量加入大、中、微量元素，均匀搅拌 30min，再按量加入腐殖酸粉搅拌 30min，再加入其他辅助原料搅拌 30min，静置冷却后，包装入库。

第四节　腐殖酸类肥料的质量要求

目前，我国尚未建立起腐殖酸类肥料的质量标准体系。因此，仅能采用行业标准和企业标准的技术指标，来衡量腐殖酸类肥料的质量。

一、含腐殖酸水溶肥料的质量要求

含腐殖酸水溶肥料是适宜于设施蔬菜施用的冲施肥之一。它以适合植物生长所需比例的腐殖酸，添加适量氮、磷、钾大量元素或铜、铁、锰、锌、硼、钼等微量元素而制成的液体或固体水溶肥料。按照腐殖酸添加营养元素的类型，分为大量元素型和微量元素型。其中，大量元素型包括固体和液体两种剂型，微量元素仅为固体。

根据《含腐殖酸水溶肥料》（NY/T 1106—2010）。大量元素型和微量元素型的技术指标要求分别见表 8-1 和表 8-2。

表 8-1　大量元素型含腐殖酸水溶肥的技术指标

项　　目		固体	液体
腐殖酸（固体，%；液体，g/L）	≥	3.0	30
大量元素（固体，%；液体，g/L）	≥	20.0	200
水不溶物（固体，%；液体，g/L）	≤	5.0	50
pH（1∶250 倍稀释）		4.0~10.0	
水分（H_2O，%）	≤	5.0	—

注：大量元素含量指总 N、P_2O_5、K_2O 含量之和。产品应至少包含两种大量元素。单一大量元素含量不低于 2.0%（20g/L）。

表 8 - 2　微量元素型含腐殖酸水溶肥的技术指标

项　目		指　标
腐殖酸（%）	≥	3.0
微量元素（%）	≥	6.0
水不溶物（%）	≤	5.0
pH（1∶250 倍稀释）		4.0～10.0
水分（H_2O,%）	≤	5.0

注：微量元素含量指铜、铁、锰、锌、硼、钼元素含量之和。产品应至少包含一种微量元素。含量不低于0.05%的单一微量元素均应计入微量元素含量中。钼元素含量不高于0.5%。

含腐殖酸水溶肥料汞、砷、镉、铅、铬的限量指标，应符合《水溶肥料汞、砷、镉、铅、铬的限量要求》（NY 1110—2010）中的规定，其具体指标见表 8 - 3。

表 8 - 3　水溶肥料汞、砷、镉、铅、铬的限量要求

项　　目		指　标
汞（以 Hg 计，mg/kg）	≤	5
砷（以 As 计，mg/kg）	≤	10
镉（以 Cd 计，mg/kg）	≤	10
铅（以 Pb 计，mg/kg）	≤	50
铬（以 Cr 计，mg/kg）	≤	50

二、农业用腐殖酸钠的质量要求

根据《农业用腐殖酸钠》（HG/T 3278—2011），其外观呈黑色、褐色颗粒或粉末，技术指标见表 8 - 4。

表8-4　农业用腐殖酸钠的技术指标

项　目		优级品	一级品	二级品	三级品
可溶性腐殖酸（以干基计，%）	≥	70	55	40	30
水分（%）	≤	10	10	15	15
pH		8～9.5	8～10	9～11	9～11
灰分（以干基计，%）	≤	20	30	40	40
水不溶物含量（以干基计，%）	≤	10	15	20	20
1.00mm筛的筛余物[①]（%）	≤	5	5	5	5
粒度[②]（1.00～4.75mm或3.35～5.60mm，%）	≥	70	70	70	70

注：①粒状产品不做该指标要求。
　　②粉状产品不做该指标要求。

三、腐殖酸复合肥料的质量要求

根据中国腐殖酸工业协会推荐的企业标准《腐殖酸复合肥料》（Q/SAFF 02—2003），肥料外观呈褐色或黑色颗粒，其技术指标见表8-5。

表8-5　腐殖酸复合肥料的技术指标

指　标		高浓度	中浓度
总养分[①]（$N+P_2O_5+K_2O$，%）	≥	40.0	30.0
水溶性磷占有效磷的百分率（%）	≥	70.0	50.0
水分（H_2O，%）	≤	2.0	2.5
粒度（1.00～4.75mm，%）	≥	90.0	90.0
氯离子[②]（Cl^-，%）	≤	3.0	3.0
腐殖酸（%）	≥	4.0	4.0

注：①组成产品的单一养分含量不低于4.0%，且单一养分测定值与标明值负偏差的绝对值不大于1.5%。
　　②如产品中Cl^-含量大于3.0%，则在包装容器上标明"含Cl^-"。

四、腐殖酸复混肥料的质量要求

根据中国腐殖酸工业协会推荐的企业标准《腐殖酸复混肥料》（Q/YMH 03—2003），肥料外观呈粒状或粉状、无机械杂质，其技术指标见表 8 - 6。

表 8 - 6　腐殖酸复混肥料的技术指标

项　　目		指　　标					
		I 级	II 级	III 级	IV 级	V 级	VI 级
总养分[①]（$N+P_2O_5+K_2O$,%）	≥	15	20	25	30	35	40
有机质（%）	≥	20	15	15	12	8	5
总腐殖酸（%）	≥	15	12	10	8	6	3
水分（H_2O,%）	≤	10	10	10	8	8	8
酸碱度（pH）		3.5～8.0					
粒度（1.00～4.75mm 或 3.35～5.60mm,%）	≥	70					
蛔虫卵死亡率（%）	≥	95					
大肠菌值	≤	10^{-1}					
含氯离子[②]（Cl^-,%）	≤	3.0					
总砷（以 As 计，mg/kg）	≤	50					
总镉（以 Cd 计，mg/kg）	≤	10					
总铅（以 Pb 计，mg/kg）	≤	150					
总铬（以 Cr 计，mg/kg）	≤	500					
总汞（以 Hg 计，mg/kg）	≤	5					

注：①标明的单一养分的质量不得低于 2.0%，且单一养分测定值与标明值负偏差的绝对值不得大于 1.0%。

②如产品氯离子的质量分数大于 3.0%，并在包装容器上标明"含氯"，该项目不可不做要求。

第五节　腐殖酸类肥料的质量鉴别

一、简易鉴别

（一）观色

将少量腐殖酸试样，慢慢投入盛有 1% 氢氧化钠溶液的量筒中。通过观察样品的溶解情况，鉴定试样腐殖酸含量。一般含量较高的样品，其颗粒在量筒内，徐徐下降，出现蝌蚪状或烟雾状，溶液呈红褐色；含量较低的样品则溶解减弱，现象不明显。

（二）捻面

取少量样品，用手指捻，一般是含量较高的样品比较疏松易碎，颗粒表面无光泽，呈绒状；但含量较低的样品比较紧实坚硬，颗粒表面光滑。此法适用于控制氧化工艺的反应深度。

（三）看烟

取 3～5g 腐殖酸肥料样品放入试管中，加少量稀硝酸氧化，在氧化过程中，可通过观察试管内产生气体的颜色做出初步判断。当产品腐殖酸含量高时，挥发气体带有一定的红褐色；否则，现象不明显。

（四）嗅味

选一块 15cm×15cm 左右的铁皮，取 5g 左右腐殖酸肥料样品，放在铁皮上加热，在干法氧化过程中，可通过嗅味做出初步判断。一般是腐殖酸含量低时，样品带有炕洞烟味；含量高时带有一定的酸味。

二、化学分析检测

根据《水溶肥料腐殖酸含量的测定》（NY/T 1971—2010），采用酸沉淀后氧化还原滴定法进行检测。

（一）腐殖酸含量的检测

1. 试样的制备　固体样品经多次缩分后，取出 100g，将其迅速研磨至全部通过 0.50mm 孔径筛，如样品潮湿，可通过 1.00mm 筛，混合均匀，置于洁净、干燥的容器中；液体样品经多次摇动后，迅速取出约 100mL，置于洁净、干燥的容器中。

2. 试样溶液的制备　称取 0.5g 固体试样（精确至 0.000 1g）置于 50mL 烧杯中，加水约 10mL，用玻璃棒搅拌后静置片刻，将溶液部分转入 100mL 容量瓶中。再向烧杯中加水约 10mL，重复此步骤 3 次。残渣部分加入 1mL 氢氧化钠溶液，搅拌使其溶解，转入容量瓶中，用水定容、混匀。或称取 2g 液体试样（精确至 0.000 1g）置于 100mL 容量瓶中，加入 1mL 氢氧化钠溶液及少量水，充分溶解后，定容、混匀。

3. 腐殖酸含量检测

（1）沉淀　准确移取均匀试样溶液 5.0mL 于离心管中，加入 5mL 硫酸溶液，混匀。放入离心机中以 3 000～4 000r/min 的转速离心 10min。若溶液中有固体漂浮物，需延长离心时间至固体全部沉淀，倾去上层清液。

（2）氧化　向离心管中加入 5.0mL 重铬酸钾溶液，缓慢加入 5mL 硫酸，轻摇离心管使内容物混合均匀。将离心管放在管架上，盖上漏斗，置于沸腾的水浴中加热 30min，取出冷却，将内容物转移至 250mL 三角瓶中，体积控制在 60～80mL。

（3）滴定　向三角瓶中加入 3～5 滴邻菲罗啉指示剂，用硫酸亚铁标准滴定溶液滴定剩余的重铬酸钾。溶液的变色过程经橙黄至蓝绿，再至棕红，即达终点。如果滴定所消耗的体积不到滴定空白所消耗体积的 1/3 时，应减少试样的称样量，重新测定。同时，设空白对照，测算出腐殖酸的含量。

（二）水不溶物含量的检测

根据《水溶肥料水不溶物含量的测定》（NY/T 1115—2006），采用重量法检测。

称取约 1g 肥料样品（精确至 0.001g），置于烧杯中，加入 250mL 水，充分搅拌 3min，静置 15min。用预先在 110℃±2℃ 干燥箱中干燥至恒重的玻璃坩埚式过滤器抽滤，先将上清液滤完，然后用尽量少的水将残渣全部移入过滤器中。将带有残渣的过滤器置于 110℃±2℃ 干燥箱内干燥 1h，取出移入干燥器中，冷却至室温，称重。根据残渣的重量，即可计算出水不溶物的含量。

第六节　腐殖酸类肥料的合理施用

腐殖酸类肥料作为一种新型肥料，施用方法也非常灵活。它既可随水冲施，也可叶面喷施，有利于水肥耦合增效，吸收利用率高出普通化肥一倍多，可高达 $80\%\sim90\%$，而且肥效快，可保障蔬菜快速生长期的营养需求，特别适宜绿色食品蔬菜的生产。目前，在蔬菜生产中被广泛应用的是含腐殖酸水溶肥料。

一、与化肥的区别

1. 养分与肥效　腐殖酸类肥料能为植物提供多种、全面的营养元素，但化肥可为植物提供的养分元素有限；腐殖酸类肥料肥效稳、匀、足、适；但化肥肥效猛，持效短。

2. 植物活性与污染　腐殖酸类肥料激发植物生理活性，产生大量的酶促反应，对植物无毒、对环境无污染；但化肥仅为植物提供养分，如果施氮过量，会引发植物体内硝酸盐的累积，通过食物链进入人体，易在胃肠道内形成亚硝胺，诱发癌变。

二、与农家肥的区别

1. 肥效与用量　腐殖酸类肥料的有效成分含量高，单位面积的用肥量很少，农家肥每公顷至少要施 15 000kg 以上，而腐殖酸肥料每公顷施用 7.5kg 便可奏效。

2. 活性物质与作物抗性　腐殖酸肥料含有丰富的胡敏酸、富啡酸等生物活性物质，可增强作物抗性；而农家肥一般其含量甚微，在增强抗性能力方面，两者难以比拟。

3. 用法　腐殖酸肥料宜于根部追肥和根外追肥喷洒在茎叶上，也可作基肥；而有机肥则仅限于作基肥施用。

三、施用量的测算

腐殖酸肥料含有大量有机质和营养元素，为满足蔬菜的生长需要，在确定腐殖酸类肥料中有机质和总养分含量后，其施用量可采用以下方法进行估算。

(一) 目标产量法

根据蔬菜目标产量，计算所需有机质和养分总量，减去土壤和施用其他肥料中有机质和养分总量，即需要添加有机质和养分总量，在除以腐殖酸类肥料中的有机质占总养分含量的比例，即需要施用的腐殖酸肥料的量。

如果已用农家肥作基肥，也就是已施用了一定量的有机肥。那么，施用腐殖酸肥料的用量如何计算呢？

根据蔬菜目标产量，可推算所需有机质和养分总量。大量试验证明，一般有机肥中养分当季的利用率为30%～50%，通常总养分当季利用率可按平均40%计算。如果知道已施有机肥和拟施腐殖酸肥有机质和养分含量，并且知道作基肥已经施用有机肥的量。假设已施有机肥的比例为 y_1，拟施腐殖酸肥料的比例为 y_2，那么，解下列方程组就可以推算出腐殖酸肥的用量。

已施有机肥有机质×y_1＋腐殖酸肥有机质×y_2＝所需有机质的量

已施有机肥养分总量×y_1＋腐殖酸肥养分总量×y_2＝$\dfrac{所需养分总量}{40\%}$

（二）土壤有机质平衡测算法

可参照第四章农家肥施用量的测算方法，有机肥料中添加腐殖酸肥料，来满足菜田土壤有机质需求量。

四、主要施用方法

（一）基肥深施

选择腐殖酸含量30%以上、有机质50%以上的腐殖酸肥，每667m² 施 300～400kg，随整地深翻在20cm土层以下。只有达到这个深度，才能提高土壤保水保肥性能，促进蔬菜根系吸收，改善蔬菜品质。

（二）视蔬菜种类追施

一般蔬菜定苗缓苗10d后，才能进行追肥。对芹菜、菠菜等短季节叶菜类蔬菜来说，一般在苗期可一次追施腐殖酸肥。对于黄瓜、番茄、茄子等长季节果类蔬菜，一般在采摘前10d，可视长势追施一次腐殖酸肥，以利于瓜果膨大。第一次追肥量不宜过大，选择氮磷钾含量 25% 以上的腐殖酸复混肥，每 667m² 30～50kg，采用沟施、穴施或随水冲施。第二次追肥在蔬菜挂果后按第一次追肥方法进行，施用量根据作物长势追肥 50～100kg。

（三）视种皮薄厚浸种

用腐殖酸肥溶液浸种，可提高种子的发芽率，促使幼苗根系发达。一般用 0.01%～0.05% 腐殖酸肥溶液浸泡种子，但因不同种子的种皮厚薄不同，对不同种子的浸泡时间应有所区别。一般种皮比较薄的蔬菜种子浸泡 5～7h；种皮比较厚的蔬菜种子浸泡 7～10h。

（四）施用注意事项

①各类腐殖酸肥料物料投入比不同，制造方法不同，养分含量差异很大，在施用时需要适当掌握，浓度低达不到预期效果，浓度高起抑制作用，要在试验的基础上使用。

②腐殖酸肥料不能完全替代无机肥和农家肥，必须与农家肥、化肥配合使用，尤其与磷肥配合使用效果更好；配合农药施用时，应适当减少农药用量，以防止产生药害。

③腐殖酸钾、钠为激素类肥料，一般在 18℃ 以下施用。温度过高，会加速作物呼吸，降低干物质积累，造成减产。此外，其溶液碱性强，需稀释后调节 pH 至 7～8。

④施肥时要分散均匀，不能过分集中，避免由于养分浓度过高造成烧苗；以条施、穴施等深施为易，肥料距种子或秧苗根系斜下方 5～8cm 较好；腐殖酸铵肥料只有土壤水分充足、灌溉条件好的地方，才能充分发挥肥效。

⑤腐殖酸系列有机复合肥，各品种间的养分功能、改土功能和刺激功能的差异很大，互相间不能代替，应根据施肥目的选择施用。

⑥固体腐殖酸冲施肥不适合随滴灌冲施。一般需提前 24h 浸泡充分溶解后，随水灌溉冲施，可提高施用效果。

⑦含腐殖酸水溶肥料要尽量单独施用或与非碱性农药混用，以免相互之间发生反应而产生沉淀，造成叶片肥害或药害。

五、常见腐殖酸肥料的施用

（一）腐殖酸钠与腐殖酸铵

腐殖酸钠的施用方法主要是配成溶液后浇施、浸种和作叶面肥。其中，配成 0.05%～0.1% 浓度后作基肥，每 667m² 施 200～250kg，最好与农家肥拌施；作追肥每 667m² 施 150～200kg，随水施用或浇施作物根旁。种植前浸种或叶面喷施的浓度为 0.05%～0.5%，浸种时间一般为 5～10h；叶面喷施宜在开花后至灌浆初期进行，共喷 2～3 次。

腐殖酸铵的施用方法和用量与腐殖酸钠相同，特别适宜盐碱地、涝洼地、沙性土和板结黏性土。

（二）含腐殖酸水溶肥

1. 精选灌溉肥料　一般滴灌要求水溶肥料的水不溶物含量<0.2%，微喷灌要求水不溶物含量<5%，喷灌要求水不溶物含量<15%，淋施、浇施水不溶物含量要求则更低。通常水不溶物含量越低，说明肥效越好，相对的肥料价格就越贵。

2. 务必少量多次　可以满足植物不间断吸收养分的特点。水溶肥料比一般复合肥养分含量高，用量相对较少。由于其速效性强，难以在土壤中长期存留。因此，应严格控制施肥量，坚持少量多次的使用原则最为重要。

3. 避免直接冲施　水溶肥料要采取二次稀释法施用，因为它有别于一般的复合肥料，在施用时不能按常规施用方法，以免造成施肥不均，出现烧苗伤根、苗小苗弱现象。采用二次稀释法可使肥料冲施均匀，提高肥料利用率。根据作物不间断吸收养分的特点，应避免一次性大量施肥，以减少淋溶损失，每次用量每 667m² 以 3～6kg 为宜。

4. 把握滴灌施肥　滴灌施肥时，先滴清水，等管道充满水后再开始施肥。施肥结束后接着滴清水 20～30min 洗管，以将管道中残留的肥液全部排出。如不洗管，则可能会在滴头处生长青苔、藻类等低等植物或微生物，从而堵塞滴头。施肥越慢越均匀，特别是对在土壤中移动性差的元素（如磷），延长施肥时间，可以极大地提高养分的利用率。在旱季滴灌施肥，建议施肥时间以 2～3h 为宜。在土壤不缺水的情况下，则建议施肥在保证均匀度的情况下，越快越好。

5. 避免过量灌溉 灌溉一般使土层深度 20～40cm 保持湿润即可。过量灌溉不但浪费水，严重的还会将养分淋失到根层以下，容易造成肥料浪费，从而导致作物减产。特别是尿素、硝态氮肥（如硝酸钾、水溶性复合肥）这类肥料，极易随水流失。

6. 一般常规施用 固体腐殖酸肥作基肥，一般每 667m² 施用量 100～150kg。腐殖酸溶液作基肥施用时，浓度为 0.05%～0.1%，每 667m² 用水溶肥 250～400L，可与农家肥混合在一起施用，沟施或穴施均可；作追肥施用时，在作物幼苗期和抽穗期前，每 667m² 用 0.01%～0.1% 浓度的水溶液 250L 左右，浇灌在作物根系附近；叶面喷施一般浓度为 0.01%～0.05%，在蔬菜花期喷施 2～3 次，每次喷液量为 50L 水溶液，喷洒时间选在 14：00～16：00时效果较好。

第九章
缓控释肥料的
安全高效施用

第一节 缓控释肥料发展概况

一、缓控释肥料的概念

缓控释肥料是缓释肥料与控释肥料的总称，是一类能实现一次施肥，不用追肥，释放期长的肥料。可从广义和狭义两个角度来定义这类肥料。广义上讲，缓控释肥是指养分释放速率缓慢，释放期较长，在作物整个生长期都可满足作物生长需要的肥料。从狭义上讲，它分为缓释肥和控释肥。

（一）缓释肥

缓释肥又称长效肥料，主要指施入土壤后转化为有效养分的速度比普通肥料缓慢的肥料。缓释肥往往控制不好养分释放速率、方式和持续时间，养分释放时受土壤 pH、微生物活动、土壤中水分含量、土壤类型及灌溉水量等许多外界因素的影响，释放不均匀，养分释放速度和作物的营养需求不一定完全同步；同时大部分为单质肥，以氮肥为主。

（二）控释肥

控释肥是指通过各种机制措施预先设定肥料在作物生长季节的释放模式，使其养分释放规律与作物养分吸收规律基本一致，从而达到提高肥效目的的一类肥料。它是能够控制养分供应速度的肥料，是缓释肥的高级形式。施入土壤后，养分的释放速度仅受包膜厚度和土壤温度两个因素的影响，不受土壤水分、pH 和微生物活性等因素的影响。近年来，控释肥料被描述为在肥料制备使用过程中释放速率、方式和持续时间已知并可控制的肥料。

（三）控释肥的判断标准

目前，我国尚无统一的控释肥国家标准。为便于与国际市场接轨，主要借鉴欧洲的标准，即在 25℃恒温静水培养条件下，把肥料养分形态转变为植物可利用的有效态作为养分释放来判定控释肥，必须同时满足以下 3 个条件。否则，就不是控释肥。

①24h 内肥料中的养分释放率低于 15%。

②在 28d 之内养分释放率低于 75%。

③在达到标识的肥效期时养分释放率不低于 75%。

二、缓控释肥料发展概况

从肥料的发展来看，全世界肥料的发展经历了单质肥料—复合肥料—缓控释肥料等阶段。自从 1924 年脲醛肥料取得专利，缓控释肥已有长足发展，其中缓控释、复合高效和环境友好型肥料，已成为当今世界肥料发展的总趋势，全营养控释肥是肥料科学的最终目标。

经多年研究发现，缓释肥养分释放远远慢于常规肥料，其养分释放强烈地取决于温度、水分、生物活性及干湿等因素。而且，缓释肥养分释放与作物养分吸收需求不一定同步，其相当数量的养分也被固定、淋失、挥发而损失。因而，人们逐渐偏向采用控释肥这一相对较新提法，其养分释放对温度、水分、生物活性、干湿交替等因素依赖较弱。控释肥在 20 世纪 90 年代出现，具有养分释放与作物吸收规律相一致的功能特点，肥效有很大的提高。这一功能特点也成为决定与衡量控释肥肥效高低的重要指标。它标志着控释肥的发展方向。

（一）国外缓控释肥料的发展

1948 年，美国的 K. G. Clart 等最早合成了世界上第一个缓释缩合肥料尿素-甲醛后，缓控释肥的研发经历了一个多元化的发展历程。1960 年以前主要是尿素-甲醛缩合物缓释肥的初步研究。20 世纪 60 年代，缓释肥的研发取得了巨大进展，研究主要集中在尿素-甲醛缩合物的生产及其应用方面，石蜡、松香等作为包裹膜应用方面，缩二脲的应用和危害方面。到 20 世纪 70 年代，研究主要趋向尿素-甲醛缩合物、聚烯类等作为包裹肥料膜，肥料中掺杂其他难溶物、添加剂、抑制剂生产缓释肥，异丁叉二脲和正丁叉二脲缩合物缓释肥等方面。

　　20 世纪 80 年代，缓控释氮肥的研发突飞猛进，其数量和种类不断增加。缓控释氮肥开始走向多元化，其研究领域不断拓展，主要是对硫黄、聚乙烯、磷酸镁铵 [$(NH_4) MgPO_4 \cdot H_2O$] 等作为包裹肥料膜材料方面的研究，以及包裹缓释肥料理论模型的研究。缓控释肥料在美国、日本、德国、西班牙、英国、法国等发达国家迅速发展，在日本和美国尤为突出。到 20 世纪 90 年代缓释肥趋于成熟，各方面的研究不断完善细化，并对新的领域进行探索研究，其中包括对有机高分子聚合物包裹膜分解过程的研究、吸附缓释肥的研究等。

　　控释肥的研究开创于 20 世纪 60 年代中期的美国。随后，一些国家相继开展研究。之后，美国、加拿大、英国、日本、以色列等国家有产品相继问世，且产量呈上升趋势。当前，美国、日本居于控释肥研究前列。

　　在控释肥应用方面，日本主要用在蔬菜、水稻、玉米等作物上；美国主要用在优质观赏植物方面，并有向其他作物发展的趋势。随着控释肥生产成本的降低和增产效果的提升，在各类作物生产中的广泛应用，将成为化学肥料发展的必然方向。

（二）国内缓控释肥的发展

　　20 世纪 60 年代末，中国科学院南京土壤研究所李庆逵先生，最早开始主持长效氮肥的研究，在国内率先成功研制出包膜长效碳酸氢铵。20 世纪 80 年代末期，上海化工研究院，湖南、福建、新疆、黑龙江等省农科院，山西煤炭化学研究所、沈阳应用生态研究所，广州氮肥厂和郑州工业大学等再度重视包膜控释肥料的研究。在研制的产品中，山西煤炭化学研究所、沈阳应用生态研究所和广州氮肥厂等单位研制的长效腐殖酸尿素、长效碳酸氢铵、长效尿素和涂层尿素，郑州工业大学磷复肥研究所研制的包裹型长效肥，得到了大面积的应用。华南农业大学等曾用工农业废弃物和活性矿物进行化学改性，使之具有缓控释性能，来开发缓控释肥料。

近年来，我国缓释肥发展迅速，主要采取肥料微溶化和包膜处理两种技术路线，来实现肥料养分的缓控释。前者的代表性产物有脲醛化合物（UF），后者的代表性产物有硫包膜尿素（SCU）、聚合物包膜尿素（PCU）等。如今，中国农业科学院、中国农业大学、山东农业大学、华南农业大学、郑州大学、北京市农林科学院等单位正在开展不同类型缓控释肥料的开发应用研究，并取得了一定进展，有部分产品及肥料生产设备已经面世。近期，北京市农林科学院和北京工业大学在包膜肥料方面进行了新的尝试；河北农业大学开展了缓控释肥吸附剂、黏结剂和添加剂、双控抑制剂等筛选研究。但与国外相比，我国在这方面的研究尚处于起步阶段，在降低包膜材料成本、控制释放速率等方面与实际应用还存在着较大的差距。

我国缓控释肥料的发展起步晚，但速度快。据统计，2005 年以前，缓控释肥总量不过 3 万～5 万 t，2007 年约 35 万 t，2007—2009 年年均增长超过 60%，产量已超过 100 万 t，约占世界缓控释肥总产量的 1/2，并且每年以 30% 的速度增长，已成为世界上最大的生产国和消费国。据不完全统计，我国从事缓控释肥料研究的科研机构已达 30 余家，从事产业化开发和推广应用的单位有 70 余家，年生产能力近 300 万 t，其产能结构为：硫包衣缓释肥占 29%、树脂包膜控释肥和稳定型肥料各占 27%、肥包肥缓释肥占 10%、脲醛肥料占 7%。其中，行业领军企业金正大公司的年产能已达 90 万 t。

我国对控释肥非常重视，其研究始于 20 世纪 80 年代末期，现国内已有 3 个研究所具有研制试验用控释肥料的试验设备。同时，有一些化肥厂试产硫包膜尿素肥料。但是，国内尚无真正意义的控释肥生产厂家。产品全部是试验品，尚未有真正自主研发生产的控释肥。我国控释肥研究水平、生产及应用规模，与日本、美国等国家差距甚大。

三、引领新型肥料的发展

我国资源环境与人口压力的矛盾日益突出。特别是京津冀地区，面临着确保粮食安全、食品安全和生态安全"三大安全"的严峻挑战，常规氮肥品种，由于其养分释放特性不能与作物的需肥规律相匹配，当季利用率只 30％左右；与此同时，未被作物吸收利用的剩余氮肥又很难残存在土壤中被下一季作物利用，当季施用的氮肥 40％以上通过气体排放、淋溶和径流等途径损失掉。采取有效措施降低资源消耗，遏制农田施肥引起的土壤污染、水污染和大气污染，已刻不容缓。

缓控释肥料的兴起，被称为"化肥工业的一次技术革命"。它力求做到养分释放与作物吸收同步，简化施肥技术，实现一次性施肥，满足作物整个生长期的需要，肥料养分利用率高，节能降耗、绿色环保、节本增效，代表着新型肥料的发展方向。

（一）节能降耗

自新中国成立以来，每年要消耗近 5 000 万 t 化肥，化肥消耗量每 10 年登上一个"1 000 万 t 的台阶"，也就是以 1 000 万 t 的增加量增长。我国化肥产能已自给有余，生产这些化肥需消耗约 1 亿 t标准煤、1 100 万 t 硫黄、近 100 亿 m^3 天然气，带来巨大的资源消耗压力。缓控释肥十分有利于节能降耗，缓解这种压力。目前，我国每年消费的 3 500 万 t 氮肥，那么将其 30％发展成缓控释肥，按提高 10％的氮素利用率，至少每年可减少上百万吨氮肥的消耗，降低化肥生产的能耗。

（二）绿色环保

缓控释肥的技术核心是力求使氮肥养分在土壤中的释放曲线与作物养分吸收曲线吻合，大大降低肥料养分在土壤释放过程中气体排放和淋溶损失。大量试验表明，缓控释肥不仅减少 10％以上的氮排放和淋失的污染，而且可降低蔬菜硝酸盐含量 20％以上。因此，缓控释肥可推动绿色食品蔬菜的发展，称之为"绿色环保型肥料"。

（三）节本增效

近 20 年来，我国肥料利用率总体下降，平均利用率远低于欧美国家。氮肥利用率仅相当于世界平均水平的 70%。研究结果表明，缓控释肥一次性施肥，可节约用工 50% 以上；可提高氮利用率 10%～30%，节约用肥成本 10% 以上；可增产蔬菜 10% 以上，每年每 667m² 增收 2 000 元以上。

四、我国缓控释肥料发展方向

（一）发展含硫缓控释肥料

含硫缓控释肥，如我国进入肥料市场的硫包衣尿素，不仅可促进增产增收、改善品质、改良土壤，还可提高肥料利用率，减少肥料流失，降低环境污染，它是我国肥料未来的发展方向。不仅要控制肥料中的元素比例，还要控制肥料中缓控释肥的比例，在不同的植物生长阶段考虑到不同养分的释放量和比例，尽可能多地提供植物需要的养分。

（二）降低缓控释肥生产成本

如何降低缓控释肥生产成本，一直是困扰行业发展的难题。我国缓控释肥的研发，力求从包膜材料方面取得突破，开发出成本低廉、控释性能较好的包膜材料，有效降低生产成本。

（三）开发掺混型的缓控释肥

掺混肥既具有养分全面、浓度高、节本增产、针对性强、加工简便、生产成本低、无污染等优点，又具有配方灵活的优点。它可根据作物营养、土壤肥力和产量水平等条件的不同而灵活改变，弥补了一般通用型复混肥因养分配比固定，易造成某种养分不足或过剩的缺点。采用缓控释肥与常规复混肥开发掺混型缓控释肥，可使速效养分与缓效养分有效结合，不仅能充分满足作物生长发育期的养分需求，还能大大降低生产和施用成本。这将成为缓控释肥发展的重要方向。目前，我国进入市场的主要有涂层缓释BB肥。

第二节　缓控释肥料的类型及特点

一、缓控释肥料的类型

按制备原理不同，缓控释肥可分为物理型、化学型两大类。

（一）物理型缓控释肥料

1. 无机包膜型缓释肥

（1）硫包膜肥料　目前，市场上常见的缓控释氮肥主要是硫包膜肥料。它是将硫黄在156℃熔化，喷涂于被空气预热的肥料颗粒表面作为包膜，随后用密封剂（微晶石蜡-煤焦油或聚乙烯-重油）喷涂封住包膜上的裂缝及微孔，然后喷涂第3层而制成。硫包膜肥料中养分的释放，主要取决于膜的包裹质量及密封剂的密闭效果。

（2）金属氧化物和金属盐包裹肥料　该类包裹缓控释肥，通常先将肥料颗粒与金属的碳酸盐或氢氧化物混合，随后喷涂长链有机酸，稍加热后在肥料颗粒表面上反应形成金属盐包膜，最后用蜡密封。这类包膜肥料制备所需时间较短，成本低廉，储存性能好，但其养分的缓控释性能有待进一步提高。

（3）肥料包膜肥料　这种肥料是在一种肥料的表面再包裹一种或几种另外的肥料。该类缓控释肥料主要以中国乐喜施缓控肥（LUXECOTE）为典型代表。LUXECOTE以尿素作为核心，在其表面依次包裹复合物和微溶性养分物质等（含N、P、K和Mg、Fe、Zn）。该肥料养分释放速度受土壤温度和pH影响较小，养分释放均匀，缓释效果较好。

2. 有机化合物及聚合物包膜肥料

（1）热固性树脂包膜肥料　在制备过程中，使聚合物作用在肥料颗粒上，由热固性的树脂交联形成疏水聚合物膜。常用的热固性树脂有醇酸类树脂和聚氨酯类树脂。醇酸树脂是双环戊二烯和甘油酯的共聚物，养分的释放可以通过改变膜的主要成分或膜的厚度来控制。聚氨酯类包膜是在肥料颗粒表面直接由聚氰基与多元醇反应生成。热固性树脂类包膜材料的品种很多，具体的物质包括环氧树脂、脲醛树脂、不饱和聚酯树脂、酚醛树脂、呋喃树脂和其他类似的树脂等。

（2）热塑性树脂包膜肥料　在制备过程中，将树脂溶液或熔体包覆在肥料颗粒表面，可形成一层疏水聚合物膜。例如将热塑性包膜材料溶解于特定溶剂中，并加入一种或多种矿物粉，于流化床反应器中喷涂在肥料颗粒上，形成一层聚合物膜。改变包膜材料的比例或添加矿物质的量，可以得到不同养分释放率和释放曲线的肥料。

（3）蜡包膜肥料　以蜡作为包膜材料广泛用于各种水溶性肥料。美国专利中介绍了一种改进的方法，先用熔融石蜡包裹肥料颗粒，随后使蜡固化制得包膜肥料。

（4）不饱和油包膜肥料　一般该类肥料要在肥料颗粒上喷涂两个涂层：第一层是具高黏性不饱和油；第二层是低黏性不饱和油，主要起密封和防粘连作用。

（5）改性天然橡胶包膜肥料　天然橡胶经过硫化，添加一些改性物质后就可以用作肥料的包膜材料，由此而制成缓控释肥。

（二）化学型缓控释肥料

1. 化学添加物不与目标肥料结合的缓控释肥料

（1）添加阻溶性物质的缓控释肥料　以缓释尿素为例，在尿素中添加含铜、锌、锰化合物及植物所需其他微量元素的无机盐、有机物等，这些物质可使尿素的溶解速度减慢，从而减缓养分的释放速度。

（2）添加养分释放抑制物质的缓控释肥料　如在尿素中混加脲酶活性抑制剂、硝化抑制剂。加入脲酶抑制剂能降低脲酶的活性，从而使尿素的分解速度变慢，即减慢氨化过程。加入硝化抑制剂能选择性地抑制亚硝酸菌、硝酸菌、脱氮菌的活性，从而减少氮肥的硝化和脱氮作用，主要硝化抑制剂有卤代苯酚、硝基苯胺、卤化苯胺、硫脲、甲硫氨酸、吡啶、嘧啶、硫脲、双氰胺（DCD）等。

2. 化学添加物与肥料结合的缓控释肥料　这类肥料化学添加

物与目标肥料结合成新物质。即化学添加物与目标肥料结合形成新物质，如甲醛与尿素在特定条件下缩合生成脲甲醛，乙酸醛与尿素在酸性环境下生成环状结构物质，异丁醛和尿素反应生成亚异丁基双脲（IBDU）等，这类缓控释氮肥的养分释放机制是该化合物在外界环境条件的影响下（如生物作用、土壤 pH、水分含量、温度等）分解，特定化合物与尿素之间的化学键断开，重新生成尿素和特定的化合物，然后，尿素再释放出植物生长所需的氮素。

二、商品化缓控释肥的特点

目前，国际肥料市场上出现的缓控释肥，主要有以下 3 种类型。

（一）包膜型缓控释肥料

硫衣尿素（SCU）是最早诞生的无机包膜型缓控释肥，具有以肥包肥的特点。另外，还有高分子聚合物包膜缓控释肥料。高分子聚合物包膜肥的膜耐磨损，缓释性能良好，入土后肥料的养分释放主要受温度的影响，其他的因素影响较小，能实现作物生育期内一次性施肥，明显减少施肥用工量，提高生产率。

（二）微溶型缓释氮肥

利用水溶内质型缓释剂与氮磷钾料浆充分融合技术，有机合成的草酰胺、异丁叉二脲（IBDU）和丁烯叉二脲（CDU）等有机态氮肥即为微溶型缓释氮肥。该类肥料的养分释放缓慢，可以有效地提高肥料利用率，其养分的释放速率受到土壤水分、pH、微生物等各种因素的影响，人为调控的可能性小，其商品售价也很高，市场发展速度慢。

（三）胶结型缓释肥料

利用各种具有减缓养分释放速率的有机、无机胶结剂，通过不同的化学键力与速效化肥结合，所产生的释放速率不同与缓效化的一类肥料即为胶结型缓释肥。

三、不同缓释材料及制备工艺的优缺点

（一）树脂类材料与制备工艺

1. 优点　采用树脂类材料包膜肥料养分释放时间长，其中肥料氮素的释放时间可长达 500d。欧美和日本等发达国家在草坪、花卉和林木上施用，特别是欧洲和美国严禁在耕地上施用。

2. 缺点

（1）树脂在土壤中难降解，容易破坏土壤结构　树脂通常降解期为 30～50 年，包膜尿素中树脂含量为 13%～20%，长期施用，必然引起土壤污染，破坏土壤结构，而且难以修复。

（2）影响肥料氮含量　例如树脂包裹尿素，含氮量 33%～40%，也就是说，农民购买 100kg 缓释尿素，只有 80～87kg 尿素，其他为污染物树脂。

（3）生产效能较低　采用底喷式流化床制备工艺，受鼓风机的鼓风量限制，其产量一般为 1t/h，世界上最大的也只有 3～5t/h，若欲提高产量，需制作很多流化床，耗能、耗工、费时。

（二）硫黄类材料与制备工艺

1. 优点　包膜效果较好，缓释时间长；适合于缺硫土壤施用，对环境无污染。

2. 缺点

（1）硫黄性能较脆　肥料包膜时，易出现微小的裂纹，影响缓释效果。为了弥补缺陷，包硫后还需补包一层树脂。

（2）降低肥料氮含量　硫包衣尿素含硫（S）量为 18%～20%，也就是说，农民购买 100kg 硫包衣尿素，只买到 80～82kg 尿素，18～20kg 为硫黄。

（3）采用流化床效能低　制备工艺缺点与树脂包膜材料相同。

（三）水溶性聚合物材料与制备工艺

1. 优点　无论内质型还是包膜型缓释肥料，均可规模化连续生产。在土壤中易降解，其降解产物进入土壤有机-无机复合胶体内，提高土壤有机-无机复合体含量，有利于改善土壤肥力，促进

环境友好。

2. 缺点　工艺条件苛刻。由于是水溶性材料，在包裹尿素时，尿素表面溶解，要求"三迅速"，即迅速包膜、迅速烘干、迅速冷却。包膜时间短，膜厚度仅为微米级，肥料养分释放较快，主要适宜于大田作物。

（四）磷酸铵钾盐材料与制备工艺

1. 优点　最环保的缓释肥料，肥膜和肥核（又称肥心）均可为作物提供养分，无副作用产物。

2. 缺点　采用圆盘包膜，生产量相对较低。与树脂和硫黄包膜缓释肥相比，养分释放相对较快，主要适宜于大田作物施用。

四、缓控释肥料存在的问题

（一）缓控释肥料的界定不规范

无论在学术界还是在肥料行业内，对缓控释肥料的界定不统一，有的称为缓释肥料，有的称为控释肥料，有的称为智能肥料；有的将树脂包膜型肥料称为控释肥料，将其他材料包裹的肥料称为缓释肥料。缓释肥料和控释肥料的界定不规范。

（二）将缓释氮肥与缓释氮磷钾复混肥相混淆

从 20 世纪 60 年代初美国学者研制硫包衣尿素至今，国内外科学家研制缓释肥料的目的是为了提高氮素化肥的利用率，其中氮肥的主要品种是尿素。从化学成分上，尿素颗粒内、外基本上是均一的，而复混肥的成分是非均一的，而且各个厂家的氮、磷、钾配方和辅料，工艺设备均不一样。因此，不能将缓释尿素（或缓释氮肥）与缓释复混肥料氮混为一谈。

不能将缓释氮与缓释磷或缓释钾混为一谈。众所周知，肥料氮进入土壤后易转化为硝态氮流失；水溶性磷进入土壤后，迅速被土壤矿物吸附固定，对于磷既不是"缓释"也不是"控释"，而是促进释放减少固定。至于钾因作物而论，只有烟草和大棚茄果类蔬菜较特殊，它们在移栽后 50～60d 进入吸收钾的高峰期，在南方和在大棚中降雨或浇水频繁，钾易被淋失，因此，肥料钾需要缓释和控释。其他作物则不需要。

（三）养分溶出率与肥效不能等同

目前，有些单位套用欧盟应用于草坪、花卉的缓释尿素推荐标准：即25℃水温满足3个条件：24h初期溶出率≤15％，28d溶出率≤75％，规定时间溶出率≥75％。该标准对大田作物很难适用。实验室测定的养分释放率仅是相对数值，不等于田间肥效。缓释肥氮素在水中与3种旱地土壤中释放速率相比较，在水中1min氮素释放率相当于在土壤中3.4～5d。从作物需氮规律上看，所有大田作物（包括茄果类蔬菜），前期需氮量约占总需氮量的1/3，中后期占2/3。这就是说，对于大田作物而言，氮素初级释放率以30％～40％为宜。大田肥效试验结果，缓释尿素在水中0.5～2h全部溶解，可基本上满足旱地和水田作物的需要。

第三节　缓释肥料的质量检测

一、缓释肥料的质量要求

（一）缓释肥料的要求

根据《缓释肥料》（GB/T 23348—2009），缓释肥料产品应为颗粒状，无机械杂质，并符合表9-1缓释肥料的要求。

表9-1　缓释肥料的要求

项　目[⑥]		指　标	
		高浓度	中浓度
总养分[①·②]（N+P_2O_5+K_2O，％）	≥	40.0	30.0
水溶性磷占有效磷的百分率[③]（％）	≥	60	50
水分（H_2O，％）	≤	2.0	2.5
粒度（1.00～4.75mm 或 3.35～5.60mm，％）	≥	90	
养分释放期[④]（个月）	=	标明值	
初期养分释放[⑤]（％）	≤	15	

（续）

项　目	指　标	
	高浓度	中浓度
28d 累积养分释放率⑤（%）	≤	80
养分释放期的累积养分释放率⑤（%）	≥	80

注：①总养分可以是氮、磷、钾 3 种或两种之和，也可以是氮和钾中的任何一种养分。

②三元或二元缓释肥的单一养分不得低于 4.0%。

③以钙镁磷肥等枸溶性磷肥为基础磷肥并在包装袋上注明为"枸溶性磷"的产品、未标明磷含量的产品、缓释氮肥以及缓释钾肥，"水溶性磷占有效磷的百分率"这一指标不做检验和判定。

④以单一数值标注养分释放期，其允许差为 25%。如标明值为 6 个月，累积养分释放率达到 80% 的时间允许范围为 6 个月±45d；如标明值为 3 个月，累积养分释放率达到 80% 的时间允许范围为 3 个月±23d。

⑤三元或二元缓释肥料的养分释放率用总氮释放率来表征；对于不含氮的缓释肥，其养分释放率用钾释放率来表征。

⑥除上述指标外，其他指标应符合相应的产品标准的规定，如复混肥料（复合肥料）、掺混肥料中的氯离子含量、尿素中的缩二脲含量等。

部分缓释肥料的缓释性能应符合表 9-2 的要求，同时应符合包装标明值和相应国家或行业标准的要求。

表 9-2　部分缓释肥料的要求

项　目		指　标
缓释养分量（%）	≥	标明值
缓释养分释放期（个月）	=	标明值
缓释养分 28d 的累积养分释放率（%）	≤	80
缓释养分释放期的累积养分释放率（%）	≥	80

注：缓释养分为单一养分时，缓释养分量应不小于 8.0%，缓释养分为氮和钾两种时，每种缓释养分量应不小于 4.0%。

（二）质量标准的主要术语

1. 缓释养分　指缓释肥料中具有缓释效果的氮、磷、钾中的一种或多种养分的统称。缓释养分定量表述时不包含没有缓释效果的那部分养分量。如配合式为 15-15-15 的三元缓释肥中有 10% 的氮具有缓释效果，则称氮为缓释养分；如定量表述时，则特指 10% 的氮为缓释养分。

2. 初期养分释放率 指在缓释肥料生产过程中总有一部分养分没有缓释效果而提前释放出来，这部分养分占该养分总量的质量百分数，以该养分在 25℃ 静水中浸提 24h 的释放量占该养分总量的质量百分数表示。

3. 累积养分释放率 某种缓释养分在一段时期内的累积释放量占该养分总量的质量百分数称为该缓释肥料的累积养分释放率，以该养分在 25℃ 静水中某一时期内各连续时段养分释放量的总和占该养分总量的质量百分数表示。

4. 平均释放率/微分释放率 某一时段内养分每天的平均释放率，也可称为日平均释放率。

5. 养分释放期 指缓释养分的释放时间，以缓释养分在 25℃ 静水中浸提开始至达到 80% 的养分累积释放率所需的时间来表示，单位为天（d），标识时用月数表示。

6. 部分缓释肥料 指将缓释肥料与没有缓释功能的肥料掺混在一起而使部分养分具有缓释效果的肥料。

7. 缓释养分量 指部分缓释肥料中缓释总养分所占肥料质量的百分比，以在 25℃ 静水中浸泡 24h 后未释放出且在 28d 的释放率不超过 80% 的，但在标明释放期时其释放率能达到 80% 的那部分养分的质量分数来表示。

二、缓释肥料的简易鉴别

目前，市场上缓释肥料品种繁多。一些肥料产品并非缓释肥，但因利益驱动却竞相打出缓释肥的招牌，坑农害农。为避免上当受骗，菜农在购买缓释肥时，可用"水溶、剥壳、脱色、分层"的简易方法，鉴别其真假优劣。

（一）水溶

将缓释肥和普通复合肥分别放在两个盛满水的玻璃杯里，轻轻搅拌几分钟，复混肥会较快溶解，颗粒变小或完全溶解，水呈混浊状；而缓释肥因溶解缓慢，水质清澈或略显混浊，无杂质，颗粒周围有气泡冒出。

(二) 剥壳

缓释肥多采用树脂包衣或硫包衣技术制备生产，缓释肥的核心是速溶性氮肥、钾肥或复混肥料，将剥去外壳的缓释肥放在水中，会较快溶解，若剥去外壳不溶解，则是劣质肥料或是假肥料。

(三) 脱色

一般不能根据颜色辨别缓释肥。有些仿冒的缓释肥，将普通肥做成与缓释肥相同的颜色。如果放在水里脱色，水质混浊带色，说明不是缓释肥料，真正的缓释肥外膜是不脱色的。

(四) 分层

采用以肥包肥工艺的缓释肥料，生产原理类似做元宵，有皮有馅，氮肥为内核，层层包裹，从里至外依次为氮肥、钾肥、磷肥、微量元素肥等多种植物营养物质为外层包膜，以肥包肥，层层包裹，形成多种肥料为一体的团粒包裹结构。剥开颗粒后，能明显辨别出包裹层。

通常情况下，对于缓释肥料所占比例不少于30％的掺混型缓释肥，可将其中的缓释粒子分拣出来，按上述方法鉴别。

三、实验室检测

(一) 水溶出率法

用水或一定浓度的盐溶液在特定温度下浸泡肥料，定期测定浸提液养分含量，从而计算一定时间内养分的溶出量。它是评价包膜控释肥养分释放特性的常用方法。称取未粉碎的缓释肥料样品 10.00g，放入 100 目的尼龙网小袋中，封口后放入 250mL 三角瓶中，加盖密封，放置于 25℃ 的生化培养箱中，分别在 24h、28d 取样。取样时，将瓶上下颠倒 3 次，使瓶内液体浓度一致，移入 250mL 容量瓶中，室温定容，测定氮或钾的释放量，结合试样养分含量测定，计算初期养分释放率和 28d 养分释放率，根据《缓释肥料》（GB/T 23348—2009），判定是否符合缓释肥的要求。

该类方法测定过程较为简便，但其测定环境与土壤环境存在一定的差异，只能粗略估计肥料养分释放率。该方法是硫包衣尿素和聚合物包膜尿素控释特性评价的常用方法，其测定结果为与在土壤中的实际释放效果吻合较好。

（二）土壤溶出率法

将肥料与土壤均匀混合，定期用一定量的水淋溶，收集淋溶液并测定其中的养分释放量。该方法简便易行，不需特殊设备，且测定条件与肥料在土壤中的环境更接近，较水溶出率法测定的肥料养分释放特性更为接近肥料在土壤中的真实情况。但该法较耗时，一般不用于产品在线测定，而用于科研。

称取 30.00g 缓释肥与 1.00kg 壤土混匀，装入长 60cm、内径 5cm 的垂直玻璃管中，玻璃管底部装一些玻璃棉，通过玻璃棉过滤。连续 10 周，每次分别用 50mL 蒸馏水和开始 2%甲醛、之后 0.5%甲醛溶液淋洗土壤肥料混合物，收集淋滤液并测定其中养分含量，根据《缓释肥料》（GB/T 23348—2009），结合肥料样品养分含量测定，计算相应的养分释放率，判定是否符合缓释肥料的要求。

（三）扩散和渗透率法

取 30 粒缓释肥颗粒，放在已称重的滤纸上，然后把肥料连同滤纸放入用干燥器改装的容器中，该容器底部盛水，上部为饱和水蒸气，定期称量肥料颗粒及滤纸重量。根据重量变化来测算肥料的养分释放率。该方法对评价肥料颗粒的单个个体行为特别有效。

（四）电超滤法

电超滤技术研究土壤有效养分已为人们所熟悉。近年来一些研究者将该技术应用于评价缓控释肥控释性能。电超滤仪器是由三室构成，中室盛土壤悬浮液（土：水＝1∶10），内有一个搅拌器和一个进水管。中室的每边用一张微孔滤纸附在铂电极上，将中室和两边室隔开，两边室则连接真空装置，见图 9-1。所以阴极上聚积的氢氧化物 [NaOH、KOH、$Ca(OH)_2$、NH_4OH 等] 和阳极上积聚的酸（HNO$_3$，H$_2$SO$_4$ 等）不断由水流洗至集收槽中。每隔 5min 或一定时间，收集滤液一次并测定养分含量。进而，测算肥料相应的养分释放率，依据缓释肥料要求，判断肥料的质量。

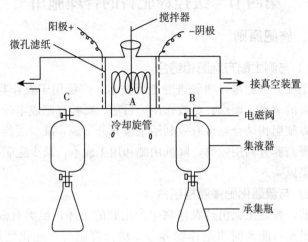

图 9-1 电超滤装置示意

（五）同位素示踪法

利用氮标记技术研究氮素释放特性。该方法是一种能较真实地反映田间实际情况的好方法。但目前在大规模的农业生产中用该方法研究缓控释氮肥养分释放特性的报道相对较少，主要原因是同位素标记成本较高，而且需要特殊仪器，一般普通实验室或肥料生产厂难以完成。

包膜肥料的实验室检测方法，不宜简单地套用于非包膜控释肥，因为非包膜控释肥一般不仅具有物理缓控性，而且还具有化学和生物缓控性，简单套用的结果与实际肥效相差悬殊。尤其是采用生物技术，加入硝化抑制剂、脲酶抑制剂的缓控释氮肥，简单地套用包膜肥料的测定方法，不能正确地评价这些肥料的养分溶出情况。

通常采用土壤溶出率法和同位素示踪法，对非包膜肥料的养分释放特性进行评价，但由于测定时间和成本问题，使这两种方法的应用受到了一定的限制。因此，对不同类型、不同控释机制的缓控释肥，应研究相应的检测方法。

第四节　缓控释肥料的合理施用

一、施肥原则

（一）与测土配方施肥相结合

测土配方施肥是一项先进的施肥技术，广泛用于农作物生产，具有显著的节本、增产、增效作用。目前，缓控释肥成本较高，与测土配方施肥相结合，可有效利用土壤养分资源，减少缓控释肥的用量，提高养分利用效率，降低用肥和用工成本，减少施肥带来的环境污染风险。

（二）与普通化肥掺混相结合

目前，普通化肥仍是农作物生产用肥的主体，虽然有效期短，但释放迅速，能及时供给作物养分。缓控释肥与普通化肥掺混施用，可起到以速补缓、缓速相济的作用，取得稳、匀、足、适的肥料效果。

（三）与作物专用 BB 肥相结合

作物专用 BB 肥是测土配方施肥的最佳物化成果，具有养分含量高（总养分含量多在 50％以上）、配方合理、易调整、物理性状好等诸多优点。在此基础上，对农作物专用 BB 肥进行包膜处理，将 BB 肥加工成作物专用缓控释型 BB 肥，可强化 BB 肥的肥效功能，拓展缓控释肥的应用领域，推动新型肥料的创新突破。

二、确定施用量

施用包膜缓控释肥可显著降低肥料氮素的挥发与淋失，大幅度提高肥料养分的利用率。缓控释肥的施用量，要根据作物的目标产量、土壤的肥力水平和肥料的养分含量综合考虑确定。

目前，大面积应用的是包膜控释肥与速效肥料的掺混肥，其施用量首先要考虑包膜缓控释肥的养分种类、含量及其所占的比例。

例如某掺混肥料中仅含 30％的硫包衣尿素，其他 70％为常规速效复合肥，如果施用硫包衣尿素可以减少 1/3 的施用量，则此肥料的施用量只能减少其中 30％硫包衣尿素的 1/3 氮素用量，仅比常规的掺混肥减少 10％左右的用量，而且有效磷和速效钾的配合比例还要相应地提高，因为这种掺混肥中只控释氮素而没有控释的磷和钾。如果要达到高产或超高产的目标产量，就要相应提高缓控释肥的施用量。

三、施用方法

(一) 选择适宜的缓控释肥

根据作物生育期的长短，选用不同释放期的缓控释肥。如冬季瓜菜类蔬菜，一般选用 4 个月释放期的缓控释肥；叶菜类短期蔬菜可选用 60~70d 释放期的缓控释肥。果树等多年生作物选用 4 个月释放期的缓控释肥，一年施肥两次。

(二) 选好相应配方的肥料

根据蔬菜和土壤特性，选用氮、磷、钾养分配比与测土配方施肥相结合的缓控释肥。一般蔬菜氮、磷、钾比例可选 2∶1∶1 的配方。缓控释肥分为氮磷钾高中低量配方，可按不同作物及产量选择不同类型的缓控释肥。

(三) 缓控释肥施用方法简单

一般作基肥，部分品种可作追肥，种子保姆肥可作为种肥直接拌种使用。一般针对不同作物生长发育的特点确定。作基肥时，可撒施、条施和穴施。作移栽蔬菜的作基肥，应先挖一个穴，将推荐量的缓控释肥施入穴底，加土或基质与肥料混合，将植株放在穴内用土填埋，然后浇水。并且可作穴盘育苗施肥，不仅不会造成烧苗，而且由于一次性施入，省工省时。

作为底肥施用，一般按总施肥量的 70％施用缓控释肥，以普通速效化肥作追肥，按总施肥量的 30％施用。尤其是目标产量高、土壤肥力低、供肥不足时需追肥。作棚室蔬菜的基肥，适用硫酸钾型控释肥，同常规化学肥料相比，应减少 20％的施用量，以防止氮肥损失，减轻施肥引起的土壤次生盐渍化。同时，可防止氨对蔬菜幼苗的伤害。一般作追肥时，采用条施和穴施，要注意覆土，以防止养分流失；施肥过程中一定要注意种（苗）肥隔离，至少相距8～10cm，以防止烧种、烧苗。

四、施用效果

中国农业科学院土壤肥料研究所（现为农业资源与农业区划研究所）连续 5 年组织了 12 个省份农业科研单位和高等院校，对金正大缓控释肥进行了试验和示范。结果表明，河北、河南在粮食与蔬菜上进行的控释专用 BB 肥试验，其肥料用量减少 20%，仍可比普通复合肥增产 5%左右；控释尿素与等养分普通尿素比较，增产5%～12%；张北大白萝卜增产 5%～19%；控释专用 BB 肥与普通复合肥比较，增产 7%～13%；控释尿素与普通尿素掺混施用与普通尿素比较，增产 12%～17%。

控释尿素掺混的适宜比例，在黑龙江以 30%～50%，辽宁以50%～70%，华北地区以 70%，长江中下游以 70%或以上为宜。由北往南掺混的适宜比例呈增加趋势。

第五节　缓控释肥料发展展望

国际肥料专家一致认为"21 世纪肥料是缓释、控释肥料"。目前，美国、日本、西欧已有 50 多家生产缓释、控释肥料的厂家。我国缓释肥的研究起步较晚，但发展速度较快。虽然我国缓控释肥料技术产业化不过十几年，但依靠国家政策的大力扶持，广大科技人员的潜心研究，缓释肥料企业的不断努力，已形成了包括树脂包膜、硫包衣、脲醛类、抑制剂等在内的多项缓释肥产品，其技术水平已达到国际先进。

一、缓释肥料应用面临的问题

目前，缓控释肥料的应用，首先面临的是价格问题，与常规肥料相比，包膜控释肥料的生产成本比常规肥料高 1～2 倍，或 3 倍甚至 5 倍以上。而采用添加抑制剂的非包膜缓控释肥料成本虽然增加不多，但养分控释效果不稳定。其次是产业化问题，目前以生物法生产的缓控释肥料由于生产成本低，工艺简单，基本实现产业化；而包膜肥料生产工艺较复杂，养分控制要求比较高，产业化研究与开发相对滞后。再次，对施用缓控释肥料的环境效应及评价研究较少，大多是针对原料的成分、性质来分析其对环境的影响，但在肥料加工过程中可能产生的中间产物及其对土壤生态环境的影响考虑不多。最后，缓控释肥料目前主要侧重氮素养分，对磷、钾等养分的控释研究较少。

二、缓控释肥料技术的研发趋势

缓控释肥料已被农民接受，将成为 21 世纪肥料工业的替代产品。鉴于农业生产需要及国内外研究现状，研发包膜缓控释专用肥料前景广阔。从降低成本、易于加工和提高肥效等方面考虑，研发与应用具有自主知识产权、环境友好型新型缓控释肥料，将是今后缓控释肥技术研发的主导趋势。

（一）研发缓控释肥关键、共性技术

1. 研发新型缓控释材料及其控释机制　重点开发和筛选植物油脂包膜材料、褐煤腐殖酸与植物油脂复合包膜材料、水基原位反应成膜控释材料、脲醛类缓释型黏结剂、聚丙烯酸酯包膜材料等控释质量更好、成本更低的新型缓控释材料，并深入研究新型膜材控释机制，探讨膜材料影响因素与养分释放特性之间的关系。

2. 开发缓控释肥新产品　重点开发种肥接触性作物专用控释肥、脲醛类为黏结剂的缓释肥料、水基聚合物作膜材的缓控释肥料、功能性缓控释肥料等新产品。

3. 研发缓控释技术及其检测方法　重点改进水溶出率法为基础的快速预测技术，加强栽培条件下作物-土壤体系中包膜肥料的统计实测法，同时，研究利用红外谱设备进行产品的快速、无损、在线质量检测技术，进一步完善缓控释肥产品质量标准检测评判

体系。

（二）研发缓控释肥产业化技术

1. 研发新型缓控释肥生产工艺与装备 重点研发植物油脂包膜材料、脲醛类内质型缓释复合肥、聚丙烯酸酯包膜肥料等新型控释肥生产的工艺技术及配套设备。

2. 集成创新与示范肥料产业化技术 优化集成现有各类缓控释肥产业化关键技术，重点研发新型缓控释肥、作物缓控释掺混肥工程化工技术极其配套连续化生产装备，以期达到改善产品性能、降低生产成本的目的，创建缓控释肥料产业化成熟工艺、装备体系，建立产业化生产线。

3. 研发连续化自动控制工艺与设备 重点研发缓控释肥智能化自动控制系统软件和生产设备控制单元、设备密封技术、连续化自动控制工艺和设备，实现生产过程标准化，提高生产效率。

（三）研发缓控释肥应用技术

1. 研发缓控释肥的同步营养技术 重点研究在不同生态区的气候和土壤条件下，缓控释肥料养分释放模式、土壤供肥特性和作物需肥规律之间的关系，通过养分配伍和释放速率调整达到三者基本一致，研发不同气候区作物专用缓控释掺混肥的同步营养技术。

2. 研究缓控释肥应用的环境效应 重点研究缓控释肥产品环境生态效应评价的田间试验方法；探明施用控释肥减少氮素挥发、淋失、土壤残留，降低环境面源污染的原因及效应。

3. 研究缓控释肥高效施用技术 重点构建缓控释肥肥效的综合评价方法，制定缓控释肥田间高效施用操作规程；开展种肥同播等施肥方式的探索及应用，研发与示范推广配套农机具。

三、缓释肥料发展的前景展望

"十二五"期间，我国缓控释肥产业发展迅速，2010—2013 年年均增长 36％，而同期化肥年均增长率为 3％～4％，复合肥年均增长率为 7％～8％，缓控释肥的增长速度，远远高于化肥和复合肥的增长速度。据保守估计，今后 5～10 年的年均增长率将保持在

30%左右。按缓释肥年均增长30%测算，"十二五"末缓释肥可达370多万t。即便如此，其市场份额与整个化肥或复混肥相比，仅占到1%左右，所占比重很小。可见，缓释肥的发展空间十分广阔。

第十章
中微量元素肥料的
安全高效施用

　　植物必需营养元素中含量为 $0.1\%\sim0.5\%$ 的称为中量元素，钙、镁、硫 3 种元素在植物中的含量分别为 0.5%、0.2%、0.1%，故被列为中量元素。近来研究发现，硅是继氮、磷、钾之后的第四大必需元素，也列入中量元素的范围。含量介于 $0.2\sim200mg/kg$ 的称为微量元素，必需微量元素有锌、硼、锰、钼、铜、铁等。

　　化肥工业问世以前，植物营养体系是一种低水平的物质循环；18 世纪以后，在施用有机肥的基础上，发展了化学肥料的施用；近百余年，氮、磷、钾化肥的施用量急剧增加，而随作物带走的中微量元素养分并没有能够得到系统的补给。

　　作物的生长发育需要吸收各种营养，但是决定作物产量的是土壤中相对含量最小的有效植物生长因素，产量在一定限度内随着这个因素的增减而相应地变化。因存在这个限制因素，即使继续增加其他营养成分也难以提高作物的产量。随着氮、磷、钾三要素肥料的大量施用，土壤中微量元素日益缺乏，强化对中微量元素肥料的认识，加强中微量元素肥料的研发应用，已成为保持现代农业持续增产的重要研究课题。

第一节　中微量元素肥料的发展

一、发展中微量元素肥料的必要性

　　一般说来，微量营养元素的研究始于 20 世纪 20 年代。尽管格里斯 1844 年就发现了铁是植物正常生长不可缺少的微量元素，但植物必需的微量元素，其绝大多数是 1922 年以后发现的。自 1922 年麦克哈古（McHargue）发现锰是植物必需的微量元素之后，又先后发现了硼、锌、铜、钼、氯、钴、钒等是植物必需的微量元素。

微量营养元素的发现与应用，是近几十年来植物矿质营养研究领域内的重大发现和农业施肥的巨大进展。它不仅提高了作物的产量，而且改善了收获物的品质，同时还解决了病虫害理论不能解决的植物缺素症的病因，促进了农业的持续健康发展。

1982 年，联合国粮农组织调查了 30 多个国家的土壤情况，指出全世界缺乏微量元素的土壤达 25 亿 hm^2，微量元素营养缺乏比一般预想的更广泛。虽然中微量元素营养问题，在今天还是局部的，但不久的将来，会变得更严重、更普遍。

改革开放以来，中国科学院南京土壤研究所对全国土壤微量元素锌、硼、锰、钼、铜、铁的含量做了调查。结果表明，我国大部分地区存在着不同程度的微量元素缺乏。土壤中微量元素处于"中度缺乏"的状态，表现出的症状并不明显，但当作物的正常生长代谢受到缺乏微量元素影响时，施用微肥能改变作物微量营养状况并可促进生长，提高产量。实际这种缺乏是潜在的，比有症状范围更广泛、更普遍。

目前，我国中低产田占总耕地面积的 70％以上，其中大部分存在中微量元素缺乏的问题。我国缺少微量元素铁、铜、钼、硼、锰、锌的耕地分别占 5％、6.9％、21.3％、46.8％、34.5％ 和 51.5％。但人们仅仅考虑的是局部地区微量元素的缺乏。如不加强适当研究和及时预报，在不久的将来，就会产生严重的后果，微量元素的缺乏将扩展到更大的范围，从而更广泛、更复杂地限制生产的发展。

由于植物的中微量元素不足，常常引起人畜中微量元素的缺乏，由中微量元素不足引起的地方性疾病屡有发生。在自然界的生态平衡中，中微量元素数量虽小，同样是不可忽视的。适时补充中微量元素已引起世界各国的普遍关注。随着生态学、环境科学、生物地球化学、酶学、地力病学的发展，中微量元素肥料研究已成为土壤学新的研究点，合理应用中微量元素肥料已成为现代化农业集约生产的重要标志。

二、中微量元素肥料产业的发展

(一) 国外发展趋势

20 世纪 30 年代，微量元素肥料开始在农业上示范应用，1937—1939 年，苏联施用的硼肥（硼镁肥）就达 1 646～2 700t；到 20 世纪 40 年代中期，随着农业生产的快速发展，氮、磷、钾肥的普遍施用和用量增大，对微量元素肥料的种类、品种和数量的需求越来越多，微量元素肥料得到了较快发展；到 20 世纪 40 年代后期，美国年施用量硼砂 4 146t，硫酸铜 3 850t，硫酸锰 332t，硫酸铁 260t，硫酸锌 160t；到 20 世纪 50 年代，美国年施用量硼砂 2 446t，硫酸铁 7 327t，硫酸锰 1 573t，硫酸铜 4 843t，硫酸锌 3 311t。

20 世纪 60 年代，美国提出加价肥料的概念，即要求普通化肥中一定要含有一定量的微量元素，在 1963 年推荐确定了肥料中需要保证的微量元素最低含量的允许范围。20 世纪 70 年代以后，各国均开始重视中微量元素的使用，含中微量元素的商品肥料应运而生，如美国 IMC 肥料有限公司生产的硫酸钾镁肥，通过美国硫钾镁出口协会向世界各地销售，德国 BASF 公司生产的全元素肥料，含有 N、P、K、Ca、Mg、S、Si、Fe、Mn、Cu、Zn、B、Mo 等营养元素。中微量元素大多是植物体内促进光合作用、呼吸作用以及物质转化作用的酶或辅酶的组成部分。在植物体内非常活跃，当土壤中某种元素不足时，植物会出现缺乏症状，使农作物产量减少，品质下降，严重时甚至颗粒无收，在这种情况下施用相应的肥料，往往会收到极为明显的增收效果。

国外微肥产业的发展和农业广泛应用已有半个多世纪的经历，目前世界有 20 多个国家的微肥生产已定型化和商品化。而且国外微肥品种的发展是多元化的，其主要特点和发展趋势是：单一元素化、固体化、高浓度化、专用化。在矿产资源的开发与利用上，将微肥生产企业向资源地集中，通过加强资本投入将高技术注入微肥产品，同时，扩大规模实现高效率生产，因而产品的性能和质量具有明显的优势。国外微肥产业发展的趋势及其经验是值得国内参考的。

（二）国内发展状况

我国对中微量元素研究始于 20 世纪 30～40 年代。20 世纪 50 年代中国科学院南京土壤研究所研究了全国土壤中微量元素的含量分布及其形态。刘铮等 1978 年发表的《我国主要土壤中微量元素的含量与分布初步总结》，1982 年发表的《我国缺乏微量元素的土壤及其区域分布》等文献成为我国土壤微量元素研究的经典文献，引用率特别高，其后在研究应用方面取得了许多进展。

20 世纪 70～80 年代，国内生产的微肥产品以固体无机成分为主；农业应用以土壤施用方法为主，根外施用方法为辅。20 世纪 90 年代以后，微肥产业开始迅速发展，但企业的生产规模小，工艺技术不精，在应用方面主要处于矫正施肥阶段，作物种类不够广泛。

21 世纪以来，我国微肥发展进入快速阶段，据统计，至 2008 年我国通过中微量元素肥料产品的临时登记总数已达 1 300 多个，分为 5 大类登记，但产业发展仍以小企业居多，产品形态中粉剂占到 50% 以上。国产微肥种类以多元素的为主，而进口微肥种类中单一元素的和螯合态的居多。我国微量元素肥料产业正处于快速发展中，同时也存在各种问题，如产品组分难以体现作物、土壤、种植制度的差异等，偏重于追求养分种类的全面，产品中养分比例设计缺乏严格的科学性。

目前，我国具有中微量元素肥料登记证的企业 969 家，涉及 29 个省份。其中，微量元素水溶肥生产企业最多，达到 913 家，登记的中微量元素肥料产品 1 500 多个，按有效成分年生产能力逾 3 万 t。主要生产一元微肥无机盐类或螯合物，以及含微量元素的复合肥料，另外，还有分作物类型的专用微量元素肥料和分地区的含微量元素复合肥料。微量元素肥施用面积已达 0.2 亿 hm^2 以上。

(三) 发展的三阶段

第一阶段：中微量元素无机盐（硫酸盐和氧化物）的研发应用。如应用硼酸、硫酸亚铁、硫酸锰、硫酸铜、硫酸锌、硫酸镁。优点是价格便宜。缺点是效果较差；微量元素之间存在拮抗作物，阻碍其他微肥的吸收利用；单独分次分批施肥费时费力、肥效低；易出现微肥元素中毒现象，影响人畜健康。

第二阶段：中微量元素有机酸盐的研发应用。如应用微菌肥、农家肥、无机矿物质肥以及含有一二种、二三种微量营养元素的植物调节剂。优点是价格适中，较易被市场接受。缺点是农家肥、矿物质肥是缓性肥料，只适于作基肥；易混有重金属和病原微生物等有害物质，造成环境污染；植物生长调节剂中的微量元素不是以螯合态存在，不够稳定，对作物内在品质改善不明显。

第三阶段：螯合态微肥的研发应用。国内外最常见的有柠檬酸微量元素螯合物、氨基酸微量元素螯合物、腐殖酸微量元素螯合物、EDTA（乙二胺四乙酸）螯合物、DTPA（二乙烯三胺五乙酸）螯合物、EDDHA［乙二胺二（O-羟苯乙酸）］螯合物等。优点是稳定性高，避免了拮抗作用，容易被吸收利用，利用率高；对植物、人畜无毒害，安全可靠；是高营养肥，产投比高。缺点是价格较贵。

迄今为止，螯合态微肥以其独特的稳定性位列最先进的阶段，成为中微量营养元素肥料中最具潜质的产品。其中 EDDHA、EDTA、DPTA 是目前微肥系列中最具潜质的产品。

1. 柠檬酸微量元素螯合物　与微量元素的无机盐相比，其吸收率有所提高，但因其螯合物的元环数大于 6，稳定常数较小，微量元素易被解离释放出来，从而失去螯合物的优势。

2. 腐殖酸微量元素螯合物　一种天然的螯合剂，但稳定性较差，在 pH4.0 以上时，很容易水解而产生分解现象，另一些比较稳定的腐殖酸螯合物则不易溶解于水中。

3. EDTA 螯合物　是氨羧螯合剂中最重要同时应用最广的螯合物。成分为乙二胺四乙酸（EDTA）及其二钠盐（EDTA - 2Na），统称为 EDTA。EDTA 螯合能力强，除碱金属以外，能与几乎所有的金属离子形成稳定的螯合物；易溶于水；EDTA 与金属离子螯合可形成 5 个五元环，生成的螯合物十分稳定，效果明显。

4. EDDHA 螯合物　目前在所有螯合物中稳定性最高，增产效果最显著，在欧美等农业发达国家广泛应用。

5. DTPA 螯合物　DTPA 是以（氨基二乙酸）$_n$ 为基础的衍生物的氨羟螯合剂，能迅速与钙、镁、铁、铅、铜、锰等离子生成水溶性螯合物，尤其对高价态显色金属螯合能力强，效果明显。

三、中微量元素肥料的发展方向

（一）多元复合化

发达国家复合肥的比例占化肥总量的 85% 以上，而我国不到 17%。由于单一化肥所含元素单一，需施用多次。由于中微量元素用量很少，施肥时用量很难掌握，发达国家将中微量元素与氮、磷、钾常量元素复合，既减少了施肥的麻烦，又可将常量元素作为中微量元素的载体或稀释剂，减少了使用的麻烦。因此，将来多元、全元复合肥料研制开发将成为中微量元素肥料研究的重点。

（二）专用配方化

我国生产的复合肥，多数为固定配方，即使加入中微量元素也带有一定的盲目性。不同的土壤、不同的农作物所需大、中、微量元素的比例都不同，如不能针对性平衡施肥，势必造成浪费，严重的则造成肥害。应针对不同地区的土壤、不同的农作物开发适合当地土壤的专用复合肥、全元肥。针对性地开展区域性的适合不同土壤和作物的专用复合肥研究开发及其应用，平衡施肥理论研制专用复合肥的配方，将成为中微量元素肥料研究的主导方向。

（三）螯合国产化

中微量元素拮抗问题是关系到多元复合肥肥效的关键问题。现行的中微量元素肥料一般都加入可溶性无机盐，由于各元素的拮抗作用会大大降低肥效，影响了植物的吸收效果。美国等发达国家采用 EDTA、柠檬酸等螯合剂，有效防止了拮抗作用，但 EDTA 成本高，不适合我国的国情。研究开发适合我国国情且又价廉的螯合剂是中微量元素肥料研究的一个发展方向。

第二节　中微量元素肥料的特点

一、中微量元素肥料的优缺点

(一) 主要优点

1. 提高作物抗性　微量元素在植物体内多为酶的组成成分。酶是一类重要的有机化合物，对生物体内的多种化学反应起着催化剂作用，具有各种各样的生理生化功能。当农作物所需营养平衡时，农作物生长茂盛，植株健壮；反之，某种或几种元素缺乏，生长受影响，表现出病态。平衡施用中微量元素，可提高作物抗病、抗虫、抗旱、抗涝、抗热、抗寒等抗性。

2. 改善蔬菜品质　施用微量元素可降低蔬菜硝酸盐含量，有效改善蔬菜品质，提高蔬菜微量元素和维生素的含量，并表现出显著的增产效果。研究证明，叶菜类蔬菜收获前 5d 科学施用微肥，可有效降低蔬菜硝酸盐和亚硝酸盐含量。

3. 改善土壤营养　在富含铁、铝氧化物的土壤中，由于磷酸盐与铁、铝发生沉淀反应，降低了磷的有效性。施用钙、镁肥料，可使土壤 pH 保持在 6～7，抑制沉淀反应，提高磷的有效性。同时，可提高微量元素的有效性，促进作物对微量元素的吸收。钙肥可增强硝化细菌活动，促进铵态氮转化为硝态氮。中微量元素可促进根瘤的形成和生物固氮。

4. 改良土壤性能　生石灰、熟石灰和碳酸石灰等钙肥可用于改良酸性土壤，消除活性铝离子的毒害，同时有利于土壤团粒结构的形成，改善土壤的物理性质。镁肥可以使土壤保持稳定、良好的团粒结构，使土壤通透性得到改善。石膏等硫肥可用来改造碱盐土，消除土壤中过多的钠离子，降低土壤的 pH，改善作物的氮、磷、钾营养。硅肥可调节土壤酸度，促进有机肥分解，抑制土壤病菌，同时硅肥中含有较多的钙、镁，并含有一定量的磷、锌、锰、硼、铁等营养元素，对作物有复合营养作用。

（二）主要缺点

1. 判断丰缺难 微量元素和氮、磷、钾等营养元素都是同等重要、不可代替的。往往过量施用大量元素肥料的，会导致中微量元素的缺乏。如偏施氮肥，容易引起铁、铜、镁、钾、硫的缺乏；磷过量会引起锌、铁、铜、镁的缺乏。因此，微量元素的缺乏，往往不是因为土壤中微量元素含量低，而是其有效性低。通过调节土壤条件，如土壤酸碱度、氧化还原性、土壤质地、有机质含量、土壤含水量等，可有效改善土壤营养条件，提高微量元素的有效性。在田间，作物一旦表现出缺乏症，再施肥也难以弥补。对于农民来说，究竟什么情况下，施用中微量元素肥料，十分难把握。

2. 选用肥料难 目前，中微量元素肥料市场，缺乏公平竞争的环境，竞争手段五花八门，市场混乱无序。市场上涉及中微量元素肥料的种类繁多，执行统一标准的微肥，名称叫法不一。例如，××肥、××肥精、××肥王、××农当家或××硫酸锌等，这些字很大，下面却用小字注着"微量元素叶面肥"，名称不同，但实质并未变，常常会误导购买者。目前，中微量元素肥料以多元复合为主，国家对其技术指标主要是规定了中微量元素总量的限量标准。一些企业并不是因地、因菜科学配方，而是根据差价配料，价低的原料占主导，价高的少加或不加，造成元素配比不合理。这样，导致肥料名目众多、特性各异、质量难保，选用起来十分困难。

3. 掌握施用难 蔬菜所需微量元素的量很小，且各种微量元素从缺乏到过量的临界范围很窄，少施不行，多施也不行，稍有过量就可能造成危害。就田间用量而言，常见化肥每 $667m^2$ 施用量以 kg 计算，微肥每 $667m^2$ 施用量以 g 计算；在用法上，大量元素肥料以土施为主，而微肥根外喷施多于土施；在中微量元素缺素症状中，不乏疑难症、顽固症和后遗症等，更加要求施用精准。并且施用时，还必须施均匀，保证浓度适宜，否则会引起肥害，污染土壤环境，甚至进入食物链，危害人体健康。对于农民来说，中微量元素肥料的用法用量，非常难掌握。

二、常用中微量元素肥料

（一）中量元素肥料

中量元素肥料主要是指钙肥、镁肥、硫肥和硅肥。

1. 钙肥 钙肥的主要品种是石灰类肥料，包括生石灰、熟石灰、碳酸石灰及含钙的工业废渣等。

2. 镁肥 农用镁肥品种较少，大多是兼作肥料用的化工产品及原料。根据它们的溶解性，可将镁肥分为水溶性镁肥和弱水溶性镁肥两大类。水溶性镁肥包括硫酸镁、氯化镁、碳酸镁、硝酸镁、氧化镁等；白云石、钙镁磷肥、磷酸铵镁、磷酸镁等属于弱水溶性镁肥。

3. 硫肥 含硫肥料种类较多，大多是氮、磷、钾、镁、铁的副成分，如硫酸铵、普钙、硫酸钾、硫酸镁等，但只有硫黄、石膏被常用作硫肥施用。石膏又分为生石膏、熟石膏及含磷石膏3种。

4. 硅肥 常用的含硅肥料有：硅酸盐类，如硅酸钠、硅酸钙等；工业炉渣类，如钢铁厂炉渣、热电厂煤灰、铝厂的赤泥等，来源广泛；粉煤灰和煤炭渣也可作为硅肥施用；钙镁磷肥也含有硅。

（二）微量元素肥料

微量元素肥料，通常又简称微肥，它是指经大量的科学试验与研究已证实具有生物学意义的，也就是说植物正常生长发育不可缺少的那些微量营养元素，通过工业加工过程所制成的，在农业生产中作为肥料施用的化工产品。微量元素肥料的种类很多，主要有钼肥、硼肥、锰肥、锌肥、铜肥、钴肥、铁肥等。

第三节　中微量元素营养诊断

一、土壤营养诊断

（一）土壤养分临界值

最早用于土壤营养丰缺诊断的指标是土壤养分临界值。它是反映土壤养分缺乏与否的分界线。具体来说，就是某种土壤养分的测定值低于临界值时，说明土壤中该养分处于缺乏或极缺乏的水平，必须及时施用含该养分的肥料，才能显著增产；反之，如果土壤养分测定值高于临界值，说明土壤中该养分处于基本满足或能满足植物需要的水平，可暂不施用含该养分的肥料。因此，土壤养分临界值是决定是否施肥的重要依据。利用土壤中微量养分临界值，就可以做到心中有数，合理确定是否施用中微量元素肥料。

（二）决定施肥的临界指标

我国石灰性土壤中量和微量元素的临界值是：有效钙＜400mg/kg，有效镁＜120mg/kg，有效硫＜15mg/kg，有效硅＜100mg/kg；有效铁＜4.5mg/kg，有效硼＜0.5mg/kg，有效锰＜5.0mg/kg，有效铜＜0.2mg/kg，有效锌＜0.5mg/kg，有效钼＜0.15mg/kg。在施用中微量元素肥料时，可根据土壤测定值和上述临界值，判定是否需要施用中微量元素肥料。

（三）必须注意的应用事项

①临界值是指土壤有效态养分含量，而不是养分的全量。

②由于测定方法不同，有效态养分的丰缺指标也各不相同。因此，应注意测定方法是否与临界值相对应。

③土壤 pH 高低会影响微量元素的有效性，引起临界值的变化。pH 过高，会引起蔬菜缺铁、缺锌症；pH 过低易引起缺钼症。

④为避免土壤性质对中量元素有效性的影响，采用土壤代换性钙临界值为 60mg/kg 和土壤代换性镁临界值为 50mg/kg，确定是否需要施相应养分的肥料。

二、植物形态诊断

植物形态诊断是通过观察植物外部形态的某些异常特征以判断其体内营养元素不足或过剩的方法，主要凭视觉进行判断，较简单方便。

（一）中量元素缺乏症

1. 缺钙症　土壤缺钙首先诱发叶片呈淡绿色，然后顶芽幼叶尖端及边缘渐渐枯死，一般新叶的叶尖和叶缘呈白色或褐色枯死。

黄瓜叶片出现似帽内卷，白菜出现干烧心，番茄果实出现脐腐病，黄瓜褐色心腐，辣椒、茄子顶腐，芹菜叶柄出现纵向坏死斑。

2. 缺镁症　缺镁在叶片上表现明显，首先出现在中下部叶片，然后向上发展，开始叶尖和叶脉间色泽变淡绿，然后变黄再变紫，随后向叶基部和中央扩展，但叶脉仍保持绿色，形成清晰的网状脉纹。黄瓜缺镁主要在中部叶片沿叶缘形成绿环；番茄缺镁叶片变得易碎，从叶尖到底部卷曲，叶脉保持绿色；茄子缺镁在果实膨大期果实周围叶片脉间变黄。

3. 缺硫症　与缺氮相似，区别是顶部叶片失绿和黄化，较老叶片表现明显，有时出现紫红色斑块。一般植株较矮，叶片细小而向上卷曲，变硬易碎，提早脱落；开花迟，结果或结荚少。番茄缺硫黄化叶由上至下，易呈现紫红色；甘蓝缺硫生育期推迟，新叶呈紫红色。

4. 缺硅症　严重缺硼时，叶片畸形由主茎下部逐渐向上枯萎，花粉繁殖力下降，易感染病虫害，一般在番茄、黄瓜、菜豆等双子叶蔬菜上表现明显，主要出现在生长后期。

（二）微量元素缺乏症

1. 缺钼症　蔬菜缺钼主要表现为叶片失绿枯萎。瓜果类叶脉间发生黄斑，叶缘内卷，呈杯状叶，严重时灼伤焦枯；芹菜、菠菜、葱等叶菜类蔬菜叶向背面卷，逐渐在新叶上出现症状；根茎类叶脉间发黄的叶向背面卷，从叶尖和叶缘开始干枯，萝卜叶片向中脉靠近呈鞭状叶；结球类蔬菜叶脉间有黄色斑点，叶向正面卷成杯状，形成狗尾状或鞭状。

2. 缺锌症　蔬菜缺锌主要表现为叶柄后卷、叶片失绿、叶小簇生；节间缩短、尖端生长受抑、新叶上发生黄斑，渐向叶缘发展，全叶黄化，类似病毒病症状；生长后期，果穗缺粒秃尖。如番茄缺锌叶片失绿黄化，并有不正常皱缩，叶柄上产生褐斑，叶片逐渐坏死；黄瓜缺锌嫩叶生长异常，芽丛生状，生长受抑；菠菜缺锌由新生叶开始蔓延，叶肉褪绿变黄，后叶脉间变白坏死；南瓜缺锌叶片发黄，叶脉色暗淡。

3. 缺硼症　蔬菜缺硼主要表现为顶端生长受抑，顶端茎及叶柄折断时内变黑色；茎上有木栓状龟裂；叶柄变粗、变脆易裂，叶片暗绿，新叶颜色变淡而且易变形；开花结实不正常，花粉畸形，蕾、花和子房脱落，花期延长。番茄果实出现锈色斑；黄瓜果皮出现纵裂，瓜心变褐；叶类蔬菜心叶萎缩发黄，严重时发生心腐；芹菜新叶发育不良，靠近新叶的叶柄横裂，区别于缺钙的纵裂坏死；萝卜会发生褐色心腐、空洞等症状；结球类蔬菜新叶的顶端（叶尖）褐色枯死，形成缘腐，中心部萎缩黄化，引起心腐。

4. 缺锰症　蔬菜缺锰主要表现为嫩叶叶脉间失绿黄化出现细小棕色斑点时，蔬菜就会停止生长。双子叶蔬菜新叶的叶肉缺绿变黄，而叶脉仍为绿色；单子叶蔬菜叶上出现灰斑或褐绿斑点，逐渐沿中脉和侧脉连成条状，严重时叶片失绿，部分变灰色和坏死。叶类蔬菜新叶叶脉残留绿色，症状很明显；根茎类叶脉间淡绿色到黄色，并逐渐向老叶发展，但中心叶没有萎缩。

5. 缺铁症　蔬菜缺铁主要表现为缺绿症，开始时幼叶叶脉间失绿黄化，叶脉保持绿色，以后整片叶变黄、发白，逐渐完全失绿，有时一开始整个叶片就呈黄白色。因铁在体内移动性小，所以一般表现为新叶失绿，而老叶仍保持绿色。瓜果类蔬菜幼叶新叶呈黄白色，叶脉残留绿色；缺硼症自顶叶黄化，变凋萎；缺锰症新叶的叶脉间黄绿色，叶脉仍绿，变黄部分不久变褐色，要注意区分；叶类蔬菜新叶黄白色，叶脉多少有点绿。

6. 缺铜症　蔬菜缺铜主要表现为幼叶萎缩，叶尖变白，边缘黄灰，叶畸坏死；植株矮化、顶端分生组织坏死，幼苗黄化畸形。豆科蔬菜新生叶失绿、卷曲、老叶枯萎，易出现坏死斑点，但不失绿；蚕豆缺铜时花由正常的鲜红褐色变为漂白色。甜菜及叶类蔬菜易发生顶端黄化病；黄瓜叶片上病斑褐色或黄褐色，边缘赤褐色，后期病斑上生黑色小点，潮湿时分泌橘红色黏液。

（三）中微量元素过剩现象

个别菜农施用中微量元素肥料过多，导致蔬菜中微量元素过剩。例如，镁过剩茄子下部叶片的边缘向上卷曲，叶脉间出现黄化，而后叶脉间出现褐色斑点或枯斑。锌过剩叶片失绿和产生赤褐色斑点，根系生长受抑；诱发黄瓜植株顶端叶产生缺铁的症状，果实失绿变白。铁过剩叶缘变黄下卷，叶脉间发黄。铜过剩自下部叶的叶脉间变黄，生长发育受阻，根生长不良，根尖变短且有短的分枝根，节间变短。钼过剩叶脉残留绿色，叶脉间呈鲜黄色。

在实际应用中，植物因营养失调而表现出的外部形态症状，并不都具有特异性，同一类型的症状可能由几种不同元素失调引起；因同种元素缺乏或过剩，在不同植株体上表现的症状，也会有所差异。即使训练有素的技术人员，也难免出现诊断失误。因此，植物形态诊断只能作为诊断的辅助手段，还应与土壤营养诊断相结合，先通过植物形态诊断发现问题，再采集土壤样本，到当地土肥站进行定向测定。这样，可大大提高诊断的准确性和实效性。

第四节　常用中微量元素肥料的质量要求

一、中微量元素型大量元素水溶肥料

目前，我国生产应用的主要是中量元素型和微量元素型大量元素水溶肥料，根据《大量元素水溶肥料》（NY 1107—2010），中量元素型大量元素水溶肥料和微量元素型大量元素水溶肥料的技术指标应分别符合表 10-1 和表 10-2 的质量要求。

表 10-1　中量元素型大量元素水溶肥料技术指标

项　目		固体	液体
大量元素[①]（固体,%；液体, g/L）	≥	50.0	500
中量元素[②]（固体,%；液体, g/L）	≥	1.0	10
水不溶物（固体,%；液体, g/L）	≤	5.0	50
pH（1∶250 倍稀释）		3.0～9.0	
水分（H_2O,%）	≤	3.0	—

注：①大量元素含量指总 N、P_2O_5、K_2O 含量之和。产品应至少含两种大量元素。单一大量元素含量不低于 4.0%（40g/L）。
　　②中量元素含量指钙、镁元素含量之和。产品应至少含一种中量元素。含量不低于 0.1%（1g/L）的单一中量元素均应计入中量元素含量中。

表 10-2　微量元素型大量元素水溶肥料技术指标

项　目		固体	液体
大量元素① (固体,%; 液体, g/L)	≥	50.0	500
微量元素② (固体,%; 液体, g/L)		0.2~3.0	2~30
水不溶物 (固体,%; 液体, g/L)	≤	5.0	50
pH (1∶250 倍稀释)		3.0~9.0	
水分 (H₂O,%)	≤	3.0	—

注：①大量元素含量指总 N、P_2O_5、K_2O 含量之和。产品应至少包含两种大量元素。单一大量元素含量不低于 4.0% (40g/L)。

②微量元素含量指铜、铁、锰、锌、硼、钼元素含量之和。产品应至少包含一种微量元素。含量不低于 0.05% (0.5g/L) 的单一微量元素均应计入微量元素含量中。钼元素含量不高于 0.5% (5g/L)。

二、中量元素水溶肥料

根据《中量元素水溶肥料》(NY 2266—2012)，其肥料质量应符合表 10-3 的技术指标要求。

表 10-3　中量元素水溶肥料技术指标

项　目		固体	液体
中量元素 (固体,%; 液体, g/L)	≥	10.0	100
水不溶物 (固体,%; 液体, g/L)	≤	5.0	50
pH (1∶250 倍稀释)		3.0~9.0	
水分 (H₂O,%)	≤	3.0	

注：中量元素含量指钙含量或镁含量或钙镁含量之和。含量不低于 1.0% (10 g/L) 的钙或镁元素均应计入中量元素含量中，硫含量不计入中量元素含量，仅在标识中标注。

三、微量元素水溶肥料

根据《微量元素水溶肥料》(NY 1428—2010)，其肥料质量应符合表 10-4 的技术指标要求。

表 10 - 4 微量元素水溶肥料技术指标

项　目		固体	液体
微量元素（固体，%；液体，g/L）	⩾	10.0	100
水不溶物（固体，%；液体，g/L）	⩽	5.0	50
pH（1∶250 倍稀释）		3.0～10.0	
水分（H_2O，%）	⩽	6.0	—

注：微量元素含量指铜、铁、锰、锌、硼、钼元素含量之和。产品应至少包含一种微量元素。含量不低于 0.05%（0.5g/L）的单一微量元素均应计入微量元素含量中。钼元素含量不高于 1.0%（10g/L）（单质含钼微量元素产品除外）。

四、含氨基酸水溶肥料

根据《含氨基酸水溶肥料》（NY 1429—2010），中量元素型含氨基酸水溶肥料和微量元素型含氨基酸水溶肥料的技术指标，应分别符合表 10 - 5 和表 10 - 6 的要求。

表 10 - 5 含氨基酸水溶肥料（中量元素型）技术指标

项　目		固体	液体
游离氨基酸（固体,%；液体，g/L）	⩾	10.0	100
中量元素（固体,%；液体，g/L）	⩾	3.0	30
水不溶物（固体,%；液体，g/L）	⩽	5.0	50
pH（1∶250 倍稀释）		3.0～9.0	
水分（H_2O，%）	⩽	4.0	—

注：中量元素含量指钙、镁元素含量之和。产品应至少包含一种中量元素。含量不低于 0.1%（1g/L）的单一中量元素均应计入中量元素含量中。

表 10 - 6 含氨基酸水溶肥料（微量元素型）技术指标

项　目		固体	液体
游离氨基酸（固体,%；液体，g/L）	⩾	10.0	100
微量元素（固体,%；液体，g/L）	⩾	2.0	20

（续）

项　　目		固体	液体
水不溶物（固体，%；液体，g/L）	≤	5.0	50
pH（1∶250 倍稀释）		3.0~9.0	
水分（H_2O,%）	≤	4.0	—

注：微量元素含量指铜、铁、锰、锌、硼、钼元素含量之和。产品应至少包含一种微量元素。含量不低于 0.05%（0.5g/L）的单一微量元素均应计入微量元素含量中。钼元素含量不高于 0.5%（5g/L）。

五、微量元素型含腐殖酸水溶性肥料

根据《含腐殖酸水溶肥料》（NY 1106—2010），微量元素型含腐殖酸水溶肥料的技术指标，应符合表 8-2 的质量要求。

六、水溶肥料的无害化要求

根据《水溶肥料汞、砷、镉、铅、铬的限量要求》（NY 1110—2010），其中，Hg≤5mg/kg，As≤10mg/kg，Cd≤10mg/kg，Pb≤50mg/kg，Cr≤50mg/kg。

七、微量元素叶面肥料

根据《微量元素叶面肥料》（GB/T 17420—1998），其质量应符合表 10-7 的技术指标要求。

表 10-7　微量元素叶面肥料技术指标

项　　目			固体	液体
微量元素（Fe、Mn、Cu、Zn、Mo、B）总量（%）		≥	10.0	
水分（H_2O,%）		≥	5.0	—
水不溶物（%）		≤	5.0	
pH（固体1+250水溶液，液体为原液）			5.0~8.0	≥3.0
有害元素	砷（As，以元素计，mg/kg）	≤	0.002	
	铅（Pb，以元素计，mg/kg）		0.002	
	镉（Cd，以元素计，mg/kg）		0.01	

注：微量元素含量指钼、硼、锰、锌、铜、铁 6 种元素中的两种或两种以上元素之和，含量小于 0.2%的不计。

八、钙镁磷肥

根据《钙镁磷肥》（GB 20412—2006），其质量应符合表 10-8 技术指标的要求。

表 10-8　钙镁磷肥的技术指标

项　目		优等品	一等品	合格品
有效五氧化二磷（P_2O_5,%）	≥	18.0	15.0	12.0
水分（H_2O,%）	≤	0.5	0.5	0.5
碱分（以 CaO 计,%）	≥	45.0	—	—
可溶性硅（SiO_2,%）	≥	20.0	—	—
有效镁（MgO,%）	≥	12.0	—	—
细度（通过 0.25mm 试验筛,%）	≥		80	

注：优等品中碱分、可溶性硅和有效镁含量如用户没有要求，生产厂可不作检测。

九、硫酸钾镁肥

根据《硫酸钾镁肥》（GB 20937—2007），其质量应符合表 10-9 技术指标的要求。

表 10-9　硫酸钾镁肥的技术指标

项　目		优等品	一等品	合格品
氧化钾（K_2O,%）	≥	30.0	24.0	21.0
镁（Mg,%）	≥	7.0	6.0	5.0
硫（S,%）	≥	18.0	16.0	14.0
氯离子（Cl^-,%）	≤	2.0	3.0	3.0
游离水（H_2O,%）	≤	1.5	4.0	4.0
水不溶物（%）	≤	1.0	2.0	2.0
pH			7.0～9.0	
粒度（通过 1.00～4.75mm,%）	≥	90	80	80

注：粉状产品不做粒度要求，游离水（H_2O）的质量分数以出厂检验为准。

十、硅肥

《硅肥》（NY/T 797—2004）中包括以炼铁炉渣、黄磷矿渣、钾长石、海矿石、赤泥、粉煤灰等为主要原料，以有效硅（SiO_2）为主要表明量的各种肥料，质量应符合表 10-10 的技术指标要求。

表 10-10　硅肥的技术指标

项　　目		指标
有效硅（以 SiO_2 计，%）	≥	20.0
水分（%）	≤	3.0
细度（通过 250μm 标准筛，%）	≥	80

注：硅肥还应符合《肥料中砷、镉、铅、铬、汞生态指标》（GB/T 23349—2009）中的规定。

在《掺混肥料（BB 肥）》（GB 21633—2008）的技术指标中，对中量和微量元素单一养分的质量分数作了明确的要求，参见第七章的表 7-2。

第五节　常见中微量元素肥料的质量鉴别与检测

一、简易鉴别

目前，市场上销售的中微量元素肥料种类繁多，假冒伪劣产品五花八门。现介绍一些简易鉴别中微量元素肥料真伪的方法即"一看包装、二看外观、三看手感、四看水溶、五看实效"，供农民参考。

（一）看包装

在肥料包装上，必须注明企业名称、生产地址、联系方式、肥料登记证号、肥料名称及商标、执行标准号、剂型、包装规格、等级和净含量、批号或生产日期、养分含量、其他添加物含量、肥料标准、警示说明、标明产品适用作物、适用区域、使用方法和注意事项。如上述标识没有或不完整，则可能是假肥料或劣质品。

单一肥料应标明单一养分的百分含量，若加入中量元素、微量元素，可标明中量元素、微量元素（以元素单质计，下同），应按中量元素、微量元素两种类型分别标识各单养分含量及各自相应的总含量，不得将中量元素、微量元素含量与主要养分相加，微量元素含量低于 0.02% 或（和）中量元素含量低于 2% 的不得标明。

中量元素肥料应分别单独标明各中量元素养分含量及中量元素养分含量之和，含量小于 2% 的单一中量元素不得标明，若加入微量元素，可标明微量元素，应分别标明微量元素的含量及总含量，不得将微量元素含量与中量元素相加。

微量元素肥料应分别标出各种微量元素的单一含量及微量元素养分含量之和。

在购买肥料时，应注意包装袋上是否标注重金属含量。正规厂家生产的水溶肥料重金属含量，一般低于国家标准的要求，并且有明显的标注。如果肥料包装袋上没有标注重金属含量，请慎用。

（二）看外观

对于钙肥中的普钙、过磷酸钙和钙镁磷肥，普钙外观为灰色的疏松粉状物，有酸味；过磷酸钙外观为深灰色、灰白色、浅黄色等疏松粉状物，块状物中有许多细小的气孔，俗称蜂窝眼，加热时不稳定，可见其微冒烟，并有酸味，有吸湿性和腐蚀性；而钙镁磷肥的颜色为灰绿或灰棕，没有酸味，呈很干燥的玻璃质细粒或细粉末，不吸湿不结块。硼肥中硼酸和硼砂为白色结晶或粉末，不吸湿；钼肥中钼酸铵为青白或黄白色结晶；锌肥中硫酸锌为白色或浅橘红色结晶，不吸湿；锰肥中硫酸锰为粉红色结晶；铁肥中硫酸亚铁和硫酸亚铁铵为淡绿色结晶；铜肥中硫酸铜为蓝色结晶。

（三）看手感

普钙质地重，手感发腻；磷石膏质地轻，手感发绵，比较轻浮；钙镁磷肥质地重，手感发绵，较干燥。

（四）看水溶

钙肥石膏、磷石膏、石灰、钙镁磷肥难溶于水或很少部分溶于水，普钙和颗粒过磷酸钙仅部分溶于水，重过磷酸钙和磷石膏完全溶于水。镁肥硫酸镁、氯化镁、硝酸镁、氧化镁、硫酸钾镁等易溶于水，白云石、钙镁磷肥、磷酸镁、磷酸镁铵微溶于水。微肥中的硼酸和硼砂、钼酸铵、硫酸锌、硫酸锰、硫酸亚铁、硫酸亚铁铵、硫酸铜等易溶于水。如微肥结晶、颜色均匀，易溶性好，其质量一般没有很大问题。

（五）看实效

在缺素的土壤上，按照使用说明上的方法进行喷施操作，3～5d 后作物的叶色和生长情况应有明显的变化；如含锌的肥料产品其叶色的变化应更为明显；而按照上述方法操作后一周左右仍无变化的可能为假冒伪劣产品。

二、分析检测

（一）中量元素含量的检测

由于市场上中微量元素肥料品种繁多，原料来源多样，生产技术不同，造成肥料形态、成分差异很大，不同企业采用的分析方法也不尽相同。根据 NY/T 1117—2010 和 NY/T 1972—2010，肥料中钙、镁含量的检测采用原子吸收分光光度法；硫和硅含量的检测分别采用重量法和等离子体发射光谱法。各元素分析的前处理、试样的制备和试样溶液的制备相同。

1. 试样的制备　固体样品经多次缩分后，取出 100g，将其迅速研磨至全部通过 0.50mm 孔径筛，如样品潮湿，可通过 1.00mm 筛，混合均匀，置于洁净、干燥的容器中；液体样品经多次摇动后，迅速取出约 100mL，置于洁净、干燥的容器中。

2. 试样溶液的制备　称取 2g 固体试样（精确至 0.000 1g）置于 250mL 容量瓶中，加水约 150mL，置于 25℃±5℃振荡器内，在 180r/min±20r/min 的振荡频率下振荡 30min。取出后用水定容、混匀、干过滤，弃去最初几毫升滤液后，滤液待测。或称取

2g 液体试样（精确至 0.000 1g）置于 250mL 容量瓶中，用水定容、混匀、干过滤，弃去最初几毫升滤液后，滤液待测。

3. 元素含量检测

（1）钙含量的检测　分别吸取钙标准溶液 0、1.00mL、2.00mL、4.00mL、8.00mL、10.00mL 于 6 个 100mL 容量瓶中，分别加入 4mL 盐酸溶液和 10mL 氯化银溶液，用水定容、混匀。此标准系列钙的质量浓度分别为 0、1.0μg/mL、2.0μg/mL、4.0μg/mL、8.0μg/mL、10.0μg/mL。在选定最佳工作条件下，于波长 422.7nm 处，使用贫燃性空气-乙炔火焰，以钙含量为 0 的标准溶液为参比溶液调零，测定各标准溶液的吸光值。以各标准溶液钙的质量浓度为横坐标，相应吸光值为纵坐标，绘制工作曲线。

吸取一定体积的试样溶液于 100mL 容量瓶内，加入 4mL 盐酸溶液和 10mL 氯化锶溶液，用水定容、混匀。在与测定标准系列溶液相同的仪器条件下，测定其吸光值，在工作曲线上查出相应钙的质量浓度。同时，设空白对照，测算钙的含量。

（2）镁含量的检测　分别吸取镁标准溶液 0、1.00mL、2.00mL、4.00mL、8.00mL、10.00mL 于 6 个 100mL 容量瓶中，分别加入 4mL 盐酸溶液和 10mL 氯化锶溶液，用水定容、混匀。此标准系列镁的质量浓度分别为 0、1.0μg/mL、2.0μg/mL、4.0μg/mL、8.0μg/mL、10.0μg/mL。在选定最佳工作条件下，于波长 285.2nm 处，使用贫燃性空气-乙炔火焰，以镁含量为 0 的标准溶液为参比溶液调零，测定各标准溶液的吸光值。以各标准溶液镁的质量浓度为横坐标，相应的吸光值为纵坐标，绘制工作曲线。

吸取一定体积的试样溶液于 100mL 容量瓶内，加入 4mL 盐酸溶液和 10mL 氯化锶溶液，用水定容、混匀。在与测定标准系列溶液相同的仪器条件下，测定其吸光值，在工作曲线上查出相应镁的质量浓度。同时，设空白对照，测算镁的含量。

（3）硫含量的检测　吸取一定体积的试样溶液（含硫 40～

240mg）于400mL的烧杯中，加入2~3滴甲基红指示液，用氨水溶液调至试样溶液有沉淀生成或试样溶液呈橙黄色；加入4mL盐酸溶液和5mL乙二胺四乙酸二钠溶液，用水稀释至200mL；盖上表面皿，放在电热板上加热近沸取下；在搅拌下逐滴加入20mL氯化钡溶液，继续加热使其慢慢沸腾3~5min后，盖上表面皿，在电热板上或水浴（约60℃）中保温1h，使沉淀陈化，冷却至室温。

　　用已在180℃±2℃下干燥至恒重的过滤器过滤沉淀，以倾泻法过滤。然后，用温水洗涤沉淀至滤液中无Cl⁻，注意用硝酸银溶液检验滤液，至不出现混浊，再用温水洗涤沉淀4~5次。将沉淀连同过滤器置于180℃±2℃干燥箱内，待温度达到180℃后，干燥1h，取出移入干燥器内，冷却至室温，称量。同时，设空白对照，测算硫的含量。

　　（4）硅含量的检测　　分别吸取硅标准溶液0、1.00mL、2.00mL、4.00mL、8.00mL、10.00mL于6个100mL容量瓶中，用水定容，混匀。此标准系列硅的质量浓度分别为0、10.0μg/mL、20.0μg/mL、40.0μg/mL、80.0μg/mL、100.0μg/mL。测定前，根据待测元素性质和仪器性能，进行氢气流量、观测高度、射频发生器功率、积分时间等测量条件优化。然后，用等离子体发射光谱仪在波长251.611nm处测定各标准溶液的辐射强度。以各标准溶液硅的质量浓度为横坐标，相应的辐射强度为纵坐标，绘制工作曲线。

　　将试样溶液或经稀释一定倍数后在与测定标准系列溶液相同的条件下，测得硅的辐射强度，在工作曲线上查出相应硅的质量浓度。同时，设空白对照，测算硫的含量。

（二）微量元素含量的检测

　　根据NY/T 1974—2010的规定，肥料中微量元素铜、铁、锰、锌的检测采用原子吸收分光光度法；钼、硼的检测采用等离子体发射光谱法。分析的前处理试样制备和试样溶液制备，与中量元素的检测相同。

　　1. 铜含量的检测　　分别吸取铜标准溶液0、0.10mL、

0.50mL、1.00mL、2.00mL、5.00mL 于 6 个 100mL 容量瓶中，加入 4mL 盐酸溶液，用水定容、混匀。此标准系列铜的质量浓度分别为 0、0.10μg/mL、0.50μg/mL、1.00μg/mL、2.00μg/mL、5.00μg/mL。在选定最佳工作条件下，于波长 324.6nm 处，使用空气-乙炔火焰，以铜含量为 0 的标准溶液为参比溶液调零，测定各标准溶液的吸光值。以各标准溶液铜的质量浓度为横坐标，相应的吸光值为纵坐标，绘制工作曲线。

吸取一定体积的试样溶液于 100mL 容量瓶中，加入 4mL 盐酸溶液，用水定容、混匀，在与测定标准系列溶液相同的条件下，测定其吸光值，在工作曲线上查出相应铜的质量浓度。同时，设空白对照，测算铜的含量。

2. 铁含量的检测 分别吸取铁标准溶液 0、0.50mL、1.00mL、2.00mL、5.00mL 于 5 个 100mL 容量瓶中，加入 4mL 盐酸溶液，用水定容、混匀。此标准系列铁的质量浓度分别为 0、0.50μg/mL、1.00μg/mL、2.00μg/mL、5.00μg/mL。在选定最佳工作条件下，于波长 248.3nm 处，使用空气-乙炔火焰，以铁含量为 0 的标准溶液为参比溶液调零，测定各标准溶液的吸光值。以各标准溶液铁的质量浓度为横坐标，相应的吸光值为纵坐标，绘制工作曲线。

吸取一定体积的试样溶液于 100mL 容量瓶中，加入 4mL 盐酸溶液，用水定容、混匀。在与测定标准系列溶液相同的条件下，测定其吸光值，在工作曲线上查出相应铁的质量浓度。同时，设空白对照，测算铁的含量。

3. 锰含量的检测 分别吸取锰标准溶液 0、0.50mL、1.00mL、2.00mL、5.00mL 于 5 个 100mL 容量瓶中，加入 4mL 盐酸溶液，用水定容、混匀。此标准系列锰的质量浓度分别为 0、0.50μg/mL、1.00μg/mL、2.00μg/mL、5.00μg/mL。在选定最佳工作条件下，于波长 279.5nm 处，使用空气-乙炔火焰，以锰含量为 0 的标准溶液为参比溶液调零，测定各标准溶液的吸光值。以各标准溶液锰的质量浓度为横坐标，相应的吸光值为纵坐标，绘制工作曲线。

吸取一定体积的试样溶液于 100mL 容量瓶中，加入 4mL 盐酸溶液，用水定容、混匀。在与测定标准系列溶液相同的条件下，测定其吸光值，在工作曲线上查出相应锰的质量浓度。同时，设空白对照，测算锰的含量。

4. 锌含量的检测　分别吸取锌标准溶液 0、0.50mL、1.00mL、2.00mL、5.00mL 于 5 个 100mL 容量瓶中，加入 4mL 盐酸溶液，用水定容、混匀。此标准系列锌的质量浓度分别为 0、0.50μg/mL、1.00μg/mL、2.00μg/mL、5.00μg/mL。在选定最佳工作条件下，于波长 213.9nm 处，使用空气-乙炔火焰，以锌含量为 0 的标准溶液为参比溶液调零，测定各标准溶液的吸光值。以各标准溶液锌的质量浓度为横坐标，相应的吸光值为纵坐标，绘制工作曲线。

吸取一定体积的试样溶液于 100mL 容量瓶中，加入 4mL 盐酸溶液，用水定容、混匀。在与测定标准系列溶液相同的条件下，测定其吸光值，在工作曲线上查出相应锌的质量浓度。同时，设空白对照，测算锌的含量。

5. 硼含量的检测　分别吸取硼标准溶液 0、0.50mL、1.00mL、4.00mL、8.00mL、10.00mL 于 6 个 100mL 容量瓶中，用水定容、混匀。此标准系列硼的质量浓度分别为 0、5.0μg/mL、10.0μg/mL、40.0μg/mL、80.0μg/mL、100.0μg/mL。测定前，根据待测元素性质和仪器性能，进行氢气流量、观测高度、射频发生器功率、积分时间等测量条件优化。然后，用等离子体发射光谱仪在波长 249.772nm 处测定各标准溶液的辐射强度。以各标准溶液硼的质量浓度为横坐标，相应的辐射强度为纵坐标，绘制工作曲线。

将试样溶液或经稀释一定倍数后在与测定标准系列溶液相同的条件下，测得硼的辐射强度，在工作曲线上查出相应硼的质量浓度。同时，设空白对照，测算硼的含量。

6. 钼含量的检测　分别吸取钼标准溶液 0、0.50mL、

1.00mL、4.00mL、8.00mL、10.00mL 于 6 个 100mL 容量瓶中，用水定容、混匀。此标准系列钼的质量浓度分别为 0、5.0μg/mL、10.0μg/mL、40.0μg/mL、80.0μg/mL、100.0μg/mL。测定前，根据待测元素性质和仪器性能，进行氢气流量、观测高度、射频发生器功率、积分时间等测量条件优化。然后，用等离子体发射光谱仪在波长 202.032nm 处测定各标准溶液的辐射强度。以各标准溶液钼的质量浓度为横坐标，相应的辐射强度为纵坐标，绘制工作曲线。

将试样溶液或经稀释一定倍数后在与测定标准系列溶液相同的条件下，测得钼的辐射强度，在工作曲线上查出相应钼的质量浓度。同时，设空白对照，测算钼的含量。

第六节　中微量元素肥料的合理施用

一、合理施用原则

（一）视土缺什么补什么原则

根据土壤各中量、微量元素有效含量的丰缺，按照缺什么补什么的原则施用，切忌盲目滥施和超量施用。应注意中微量元素的有效性与土壤酸碱度关系密切。碱性土壤能显著降低铁、锰、锌、铜、硼等元素的有效性，容易出现缺乏症，施用这些元素肥效较好；酸性土壤常常出现缺钼，应增施钼肥；有机质含量高的泥炭土等常常缺铜，增施铜肥效果好。

（二）因菜敏感增效原则

不同蔬菜对同一中微量元素的敏感程度不同。首先应注意敏感蔬菜的缺素表现。根据敏感蔬菜的缺素状况，施用相应的中微量元素肥料，才能收到良好的肥效。因此，施用中微量元素肥料，应选择在敏感蔬菜优先施用。

钙敏感蔬菜：番茄、辣椒、甘蓝、白菜、莴苣、西瓜、草莓、马铃薯等。

镁敏感蔬菜：黄瓜、茄子、辣椒、甜菜、马铃薯等。

硫敏感蔬菜：大葱、萝卜、油菜、菜豆、甘蓝等。

硅敏感蔬菜：番茄、黄瓜、甜菜、油菜等。

铁敏感蔬菜：马铃薯、甘蓝、蚕豆、花生、花椰菜等。

锰敏感蔬菜：甜菜、马铃薯、洋葱、菠菜等。

锌敏感蔬菜：豆类、番茄、洋葱、甜菜、马铃薯等。

铜敏感蔬菜：豆类、莴苣、洋葱、菠菜、茎用莴苣、花椰菜、胡萝卜、番茄、黄瓜、萝卜、马铃薯等。

硼敏感蔬菜：白菜、油菜、甜菜、花椰菜、甘蓝、萝卜、芜菁、莴苣、芹菜、茎用莴苣、番茄、洋葱、辣椒、胡萝卜等。

钼敏感蔬菜：豆科和十字花科蔬菜、甜菜、菠菜、番茄等。

（三）限量安全施用原则

施铁、锰、铜、锌、硼等微肥可以防止缺素症发生，促进蔬菜优质高产，但蔬菜对微量元素需求量极少，忌微肥当家，用量过大，否则会产生毒害；用量过小，达不到预期效果。因此，蔬菜微肥施用量有一定的安全用量范围，并且因使用方法不同有所区别，见表 10 - 11。在实际生产中，应根据确定的安全用量，合理地选择使用方法。

表 10 - 11　不同微肥及其施用方法的安全用量要求

微肥种类	每 667m² 施用量（kg）	喷施浓度（%）	浸种浓度（%）
铁肥（硫酸亚铁）	1.00～3.75	0.20～1.00	0.20～1.00
锰肥（硫酸锰、氯化锰）	1.00～2.25	0.05～0.15	0.05～0.10
锌肥（硫酸锌）	0.25～2.50	0.10～0.50	0.02～0.05
铜肥（硫酸铜）	1.50～2.00	0.01～0.02	0.01～0.05
硼肥（硼砂或硼酸）	0.75～1.25	0.30～0.50	0.02～0.05
钼肥（钼酸铵）	0.03～0.20	0.02～0.05	0.05～0.10

（四）因肥精巧配施原则

蔬菜对钙、镁、硫等中量元素需求量大，但施用量极少。研究证明，有些蔬菜对钙、镁的需求量达到甚至超过了对氮的需求量，更是远远超过磷的需求量。如番茄钙的需求量是磷的 4.5 倍左右，对镁的需求量与磷的需求量相当；茄子钙的需求量是磷的 4 倍以上，对镁的需求量是磷的 1.7 倍左右；黄瓜钙的需求量是磷的 5 倍左右，对镁的需求量与磷相差不大。基于钙镁磷肥、过磷酸钙和硫酸钾等许多大量营养元素肥料，含有中量元素成分。因此，中量元素肥料的施用，应针对不同蔬菜的需求，精巧搭配肥料。如种植黄瓜，其对钾、钙需求量大，又考虑到底施粪肥的特点，可在底肥中补充 30～50kg 硫酸钾、100kg 钙镁磷肥或过磷酸钙等，以达到平衡施肥的目的，不必再专门施钙肥、镁肥或硫肥。

二、合理施用方法

微肥在蔬菜生产中主要用作喷施、种施和土施。

(一) 喷施

微肥叶面喷施是一种最常用的方法。喷施要领是严把"六关"。

1. 浓度关　喷施浓度适宜才能收到良好的效果。各种微肥适宜的喷施浓度，要严格按照安全用量执行。

2. 时期关　微肥的喷施时期，须根据不同蔬菜喷施的微肥品种而定，一般以开花前喷施为宜。

3. 用量关　每 667m² 施肥液 40～75kg，一般视蔬菜生长量大小调整，以使蔬菜茎叶沾湿为宜。

4. 次数关　叶面喷施一般用肥量较少，所以一次难以满足全部生长发育过程的需要。因此应根据蔬菜生育期的长短，以喷施 2～4次为宜。

5. 时间关　应选择阴天或晴天无风的下午到傍晚喷施。这样，可延长肥液在叶片上的滞留时间，利于提高喷施肥效。

6. 混喷关　将几种微肥混合喷施或与其他肥料和农药混喷，可节省工序，起到"一喷多效"的作用。但混喷时要注意弄清肥性和药性，如肥性、药性相悖，绝不可混喷。一般各种微肥均不可与碱性肥料及碱性农药混用。

混合前，最好先做一次兼容性试验，分别取农药和微肥液少量，倒在同一容器内混合观察，如果没有混浊、沉淀及气泡生成，表明可以混喷；若有以上任何现象出现，表明不能混用。此外，还要注意混合液的配制方法，不可将各种单独配制好的溶液混合在一起后喷施，那样药效至少降低一半。正确的配制应是采取往某种母液中加入其他药肥的方法来混合。若需兼防病虫，按要求加入对口农药即可。

（二）种施

1. 浸种　将种子浸入适宜的微肥溶液中，使种子吸入肥液而膨胀，微量养分进入种子体。一般浸种种子与溶液质量比为1∶1，使种子被均匀浸没。浸种是一种经济有效的方法，但必须掌握适宜的浸种浓度和时间。一般硼肥浸4～6h，钼肥浸10～12h，锌肥浸12～24h，锰肥浸8～12h。同时，还要4h翻动1次。

2. 拌种　用少量水将微肥溶解，配成较高浓度的溶液，喷在种子上，边喷边拌，使种子表面沾上一层微肥液，堆闷2～4h，阴干后播种。微肥用量一般为：每千克种子用硼肥2～6g、钼酸铵2～4g、硫酸锌4～6g、硫酸锰8～16g、硫酸铜4～6g。浸种后的溶液不要泼掉废弃，可直接浇施在土壤里，或留作叶面喷施。

（三）土施

严重缺素的土壤，要适量施用微肥作底肥，最好将微肥和有机肥均匀混合后，整地时撒施并耕翻入耕作层，有一定的后效作用，2～4年施用1次即可。也可在苗期、生长发育中后期采用条施或穴施追肥。

三、常见中量元素肥的施用

（一）钙肥

一般连续种植蔬菜5年以上的棚室pH低于6，容易出现缺钙。施用钙肥对防止番茄脐腐病效果显著，但是钙施于土中，容易被固定，作物难于吸收。同时，施钙后，会使土壤的pH升高，影响硼、锰等元素的吸收。一般可喷施1%过磷酸钙，隔15d左右1次，连喷3～4次，效果较好；也可用0.5%氯化钙溶液喷施，在番茄开花后15d开始，每隔10d左右1次。

（二）镁肥

在蔬菜上，钙镁磷肥等微溶性镁宜作基肥，硫酸镁等水溶性镁适于作追肥，采用喷施方法，浓度为 $1\%\sim2\%$；在碱性土壤上施用硫酸镁为好，用作基肥或追肥，一般以镁计算每 $667m^2$ 用量 $1\sim2kg$。喷施浓度硫酸镁为 $0.5\%\sim1.5\%$，硝酸镁为 $0.5\%\sim1.0\%$。硫酸镁还可用作根外追肥，喷施浓度为 $1\%\sim2\%$，每 $667m^2$ 喷施溶液量为 $50kg$ 左右。

（三）硫肥

石膏作为肥料施入土壤，不仅能提供硫肥，还能提供钙肥。一般作基肥每 $667m^2$ 用 $15\sim25kg$。施用时，撒施土面后深翻，并结合灌溉洗去盐分，石膏时效长，除当年见效外，有时第二年第三年的效果更好，不必年年都施。作种肥每 $667m^2$ 用量为 $3\sim4kg$。

（四）硅肥

黄瓜施用硅肥可增产 1 倍左右。在黄瓜开花坐果期，每 $667m^2$ 施用硅酸钙 $10kg$。可兑成 $1:100$ 的水溶液浇在根附近条施或穴施，但不要直接接触根，也可混在粪水中施用。溶解性差的硅肥应作基肥，每 $667m^2$ 施用量为 $100kg$，与有机肥料配合施用，能更充分发挥硅肥的作用。

四、常用微肥的施用

（一）铁肥

常用的铁肥主要是硫酸亚铁。在石灰性土壤中，铁很容易被土壤固定，转化成难溶化合物，而失去肥效。因此，蔬菜施用铁肥最好叶面喷施。叶面喷施浓度为 $0.2\%\sim1.0\%$ 的硫酸亚铁水溶液，每 $667m^2$ 喷肥液 $50\sim75kg$。由于铁在叶片上不易流动，不能使全叶片复绿，只是喷到肥料溶液之处呈斑点状复绿。因此，需要多次喷施。

（二）锰肥

硫酸锰等可溶性锰肥须与酸性肥料或有机肥混合条施，每 $667m^2$ 施用量 $1.0\sim2.0kg$，肥效较好。如果单独土施，容易转变为高价锰而降低肥效。硫酸锰拌种肥效会更好。拌种时可用少量水将硫酸锰溶解后，喷洒到种子上，并充分搅拌，每千克种子用硫酸锰 2～8g，浸种浓度为 0.1%，种子与溶液比例为 1∶1，硫酸锰溶液使种子上均匀沾满肥液。叶面喷施可避免锰在土壤中被固定，是一种最常用、有效的方法。一般硫酸锰喷施浓度为 0.05%～0.15%，每 667m² 用液量 30～100kg，以喷至叶片背面滴水为止。

（三）锌肥

锌肥种类很多，其中磷酸锌和氧化锌应用最多。由于氧化锌价格较高，且溶解度低，一般制成 1.0%悬浮液沾根。磷酸锌分一水和七水磷酸锌两种，前者含锌虽比后者约多 30%，但价格却高一倍。因此，绝大部分施用的锌肥是七水磷酸锌。七水磷酸锌含锌23%，易溶于水，呈酸性。可作底肥、追肥和叶面喷施。一般底肥每 667m² 用量为 1.0～2.5kg，追肥每 667m² 用量 1.0kg，喷施浓度为 0.1%～0.2%，每 667m² 用液量 25～50kg。浸种浓度为0.02%～0.05%，以浸匀为准。

（四）铜肥

硫酸铜是最为常用的铜肥，多采用带状集中施肥法，用量为每667m² 施硫酸铜 1.5～2.0kg，每隔 3～5 年施用 1 次。对有机腐殖土等有效铜含量低的土壤，铜肥施入土壤后，会很快被土壤固定，最好采用叶面喷施。喷施 0.1%～0.2%硫酸铜溶液，为避免药害，最好加入 0.15%～0.25%的熟石灰。熟石灰兼具有杀菌的作用。还可作种肥，每千克种子用 0.5～1.0g 硫酸铜，浸种浓度为0.01%～0.05%。

（五）硼肥

常用硼砂作基肥，一般每 667m² 用量为 0.50～0.75kg，可与过磷酸钙或有机肥混合施用，采用条施或撒施，肥效能持续 3～5年。硼砂、硼酸等水溶性硼肥宜作叶面喷施，喷施浓度为 0.1%～0.2%的硼砂或硼酸溶液，每 667m² 用液量 50～100kg。油菜在移栽前 1～2d，每 667m² 苗床用 0.2%硼砂溶液 50kg 根外喷施，可显著提高成活率和促进苗期生长。

(六) 钼肥

钼酸铵是常用的钼肥，一般喷施或作种肥。可用 0.1％钼酸铵溶液叶面喷施，在初花期和盛花期各喷 1 次。拌种时，每千克种子用钼酸铵 2g，先将钼酸铵用少量热水溶解配成 3％～5％的溶液，用喷雾器在种子上薄薄地喷一层肥液，边喷边搅拌，充分拌匀后晾干，并及时播种。也可浸种，用 0.05％～0.20％钼酸铵溶液浸种 8～12h。但一般浸种效果不如拌种好。含钼废渣可作基肥施用，每 667m² 用量 0.2kg，与有机肥混匀撒施或条施，肥效一般可持续 2～4 年。

第十一章
土壤调理剂的安全高效施用

　　土壤调理剂，又称土壤改良剂，是指加入土壤中用于改善土壤的物理、化学和（或）生物性状的物料。土壤调理剂可改良土壤结构、降低土壤盐碱危害、调节土壤酸碱度、改善土壤水分状况或修复污染土壤等。

　　土壤调理剂，一般是由农用保水剂及富含有机质、腐殖酸的天然泥炭或其他有机物为主要原料，辅以生物活性成分及营养元素组成，经科学工艺加工而成的产品，有极其显著的"保水、增肥、透气"三大土壤调理性能。它不同于各种化肥、农药和植物生长调节剂，无害、无污染，是一类新型的绿色生产资料。

第一节　土壤调理剂的发展概述

一、土壤调理剂的发展应用

（一）发展应用历程

　　土壤改良剂的研究始于 19 世纪末，距今已有百余年历史。早在 20 世纪初期，西方国家就利用天然有机物质如多糖、淀粉共聚物等进行土壤结构的改良研究。这些物质分子质量相对较小，活化单体比例高，施用后易被土壤微生物分解且用量较大，因此未能得到广泛应用。

　　20 世纪 50 年代以来，人工合成土壤调理剂逐渐成为研究热点。美国率先研发了商品名为 Kriluim 的合成类高分子土壤结构改良剂，之后人们对大量的人工合成材料包括水解聚丙烯腈（HPAN）、聚乙烯醇（PVA）、聚丙烯酰胺（PAM）、沥青乳剂（ASP）及多种共聚物进行了较为深入的研究。其中，聚丙烯酰胺是目前应用较多的土壤改良剂之一。20世纪80年代，人工合成高聚物土壤调理剂达到研究和应用高潮，美国、苏联、比利时等国家发展的技术领先，其中以比利时的TC调理剂和印度的Agri-CS调理剂最为成功。

在我国，土壤调理剂出现于20世纪50年代，进入21世纪得到迅速发展。目前，获准农业部登记的土壤调理剂产品有42种，年产量200万～300万t，产品主要用于土壤结构、酸化、盐碱地改良以及土壤污染修复等。在环境产业发达的国家，土壤修复产业的市场份额已占整个环保产业的30%～50%。我国土壤调理剂的市场潜力巨大，未来主要是向效果好、价格低、安全环保发展，将尽量利用作物秸秆等无害的农业废弃物。

（二）发展应用趋势

1. 调理功能多样化　目前，各种土壤调理剂具有较强的针对性。如果单一使用，往往难以达到彻底改良的目的，甚至会产生负面影响。如何增强土壤调理剂的功能，同时具备增强保水、保肥、供肥、改良理化性状、防止水土流失等多功能，将会成为土壤调理剂的主导发展方向。

2. 评价指标明晰化　《土壤调理剂效果试验和评价技术要求》（NY/T 2271—2012）明确了土壤调理剂的效果评价指标。应在此基础上，针对土壤调理剂的多重实际效果，基于土壤理化性质与生态环境的变化，提出各项具体评价指标。

3. 产品应用无害化　随着资源、环境等承载力的不断减弱，充分利用工农业的副产物、废弃物生产土壤调理剂，不仅能解决土壤退化问题，还能减轻环境污染的压力。应加强产品加工处理无害化，就近合理施用，以减少二次污染。

4. 效果监测长期化　《土壤调理剂效果试验和评价技术要求》（NY/T 2271—2012）规定，土壤调理剂的试验期限至少进行2年。

从生产实际上看，土壤调理剂的作用一般需要多年才能完全显现。一些土壤调理剂含重金属、钠离子等有害物质，短期施用可显著增产，但长期施用会产生危害。因此，土壤调理剂应用效果的监测应长期化。

二、土壤调理剂的种类

土壤调理剂的种类繁多，尚无统一的分类标准，目前主要存在两种分类依据和方法。一种是按原料来源分类，分为天然矿物类、固体废弃物类、高分子聚合物类和生物制剂类四大类。另一种是依据主要功能分类，分为土壤结构改良剂、土壤保水剂、土壤酸碱度调节剂、土壤盐碱改良剂、土壤污染修复剂等。

（一）按原料来源分类

1. 天然矿物类　天然矿物类土壤调理剂，即起作用的主体成分在自然界中可直接获取，不需进一步深加工或只需进行简单的提纯除杂，就能作为土壤调理剂使用的物质。如泥炭、褐煤、风化煤、石灰石、石膏、硫黄、蛭石、膨润土（以蒙脱石为主）、沸石、磷矿粉、钾长石、白云石、蒙脱石、麦饭石（以硅酸盐为主）、珍珠岩等。

2. 固体废弃物类　工农业尤其是工业生产过程中产生的粉煤灰、磷石膏、高炉渣、碱渣、煤矸石、乳化沥青、燃煤烟气脱硫废弃物以及糠醛废渣等这些工业副产物、废弃物也可用作土壤调理剂。另外，农业生产的废弃物如蘑菇种植过程中产生的菇渣、作物秸秆、豆科绿肥和畜禽粪便等，均可经进一步处理作土壤调理剂使用。

3. 高分子聚合物类　该类土壤调理剂包括天然提取或人工合成两种。其中，天然提取高分子聚合物是利用一定的化学方法从天然产物中提取出来的高分子物质，如甲壳素、腐殖酸-聚丙烯酸、纤维素-丙烯酰胺、淀粉-丙烯酰胺/丙烯腈、沸石/凹凸棒石-丙烯酰胺、磺化木质素-醋酸乙烯等。其中甲壳素类化合物是一种天然的多糖高分子化合物，被广泛应用于土壤改良。人工合成高分子聚合物是模拟天然调理剂人工合成的高分子有机聚合物。国内外研究和应用的人工合成高分子聚合物有聚丙烯酰胺（PAM）、聚乙烯醇树脂、聚乙烯醇、聚乙二醇、脲醛树脂等，其中 PAM 是目前应用广泛、人工合成高分子聚合物。

4. 生物制剂类　利用现代生物技术及酶工程技术生产出来的生物制剂类土壤调理剂，包括一些商业的生物控制剂、菌根、好氧堆制茶、蚯蚓和接种微生物等。例如采用原核生物和真核生物，将白地霉、巨大芽孢杆菌、胶质芽孢杆菌和绿色木霉等菌种组合使用，该调理剂可用粉煤灰和作物秸秆作载体施用。

（二）按主要功能分类

1. 土壤结构改良剂　土壤结构改良剂是指能将土壤颗粒黏结在一起形成团聚体，改良沙性土、黏性土及其板结或潜育化土壤结构特性，提高土壤生产力的一些物质。它包括天然物质和人工合成的高分子物质。有天然土壤结构改良剂和人工合成土壤结构改良剂两种。施用结构改良剂能显著增加土壤中水稳定性团粒的数量，形成良好的团粒结构。天然土壤结构改良剂，包括以泥炭、褐煤为原料制成褐腐酸钠或钾的腐殖酸类，多聚糖类，纤维素类，木质素磺酸、木质素亚硫酸铵、木质素亚硫酸钙等木质素类、粉煤灰，糠醛渣和沼渣等；人工合成土壤结构改良剂，包括聚乙烯醇（PVA）、聚丙烯酰胺制剂、沥青乳剂和聚丙烯腈等高分子聚合物。

2. 土壤保水剂　土壤保水剂是一类独具三维网状结构的有机高分子聚合物。它特有的吸水、储水、保水性能，能吸收相当自身重量成百倍的水，具有很强的保水性。例如，聚丙烯酰胺（PAM）、聚丙烯酸钠或淀粉接枝聚丙烯酸钠等。

3. 土壤酸碱度调节剂　土壤酸碱度调节剂是指能中和调节土壤过酸或过碱状况的一些物质。施用石灰是酸性土壤调节常见的改良手段，而近来以碱渣、粉煤灰和脱硫废弃物等为主要原料的土壤调理剂也取得了较好的应用和推广效果。烟气脱硫废弃物可用于碱性土改良，主要基于烟气脱硫技术多采用钙基物质作为吸收剂，所以将其施用到土壤后可以降低土壤 pH。

4. 土壤盐碱改良剂　土壤盐碱改良剂是指能有效降低土壤中可溶性盐、交换性钠或 pH，改善盐碱化土壤理化性质，减轻盐分对植物危害的一些物料。目前，常用的土壤盐碱改良剂有磷石膏、石膏、糠醛渣、硫酸亚铁、沸石、硫黄粉、煤矸石、泥炭等。一些人工合成的高聚物含有代换能力强的高价离子，施用后与碱土吸附的交换性钠进行离子交换，交换下来的钠离子溶于水中被排洗掉，从而达到降低盐碱的目的。

5. 土壤污染修复剂　土壤污染修复剂是指利用物理、化学、生物等方法，转移、吸收、降解或转化土壤污染物，即通过改变土壤污染物的存在形态或与土壤的结合方式，降低污染物生物有效性及其危害的一些物质。它包括 EDTA、DTPA、水杨酸、柠檬酸、蒙脱石、伊利石、高岭石、沸石、膨润土、硅藻土以及微生物制剂等。

目前，农业部登记产品的来源主要有三大类：一是以味精发酵尾液、餐厨废弃物、禽类羽毛等为原料的有机土壤调理剂，二是以牡蛎壳、钾长石、麦饭石、蒙脱石、沸石、硅藻土、菱镁矿、磷矿等为原料的矿物源土壤调理剂，三是以聚酯为原料的农林保水剂。

第二节　土壤调理剂的主要功能特点

一、土壤调理剂的主要功能

（一）改善物理性状

施用土壤调理剂后土壤变得疏松，土壤孔隙增多，容重下降。疏松的土壤有利于土壤中的水、气、热等的交换和微生物的活动，有利于土壤中养分对植物的供应，从而提高土壤肥力。

（二）改善化学性状

土壤调理剂施用后，可增加土壤有机质，全氮、有效氮、有效磷、速效钾。并且，还可调节土壤酸碱度，增强土壤的缓冲能力。

（三）降低土壤侵蚀

高分子聚合物类土壤调理剂改良土壤时，促进土壤水稳性团粒结构形成，表土的稳固性增强，使土壤不易被水、风冲走和吹走，起到保土、固土的作用，土壤抗侵蚀能力增强，水土流失相应减少。

(四) 调节土壤盐分

经调理剂处理后，会在土壤表面形成一层薄膜或碎块隔离层，使得土壤水分蒸发强度减弱，浅层土壤结构得到改善，使盐分上升的趋势减弱，向下淋洗的效果增强。某些土壤调理剂还可对碱化土壤起到中和作用。

(五) 改善生物特性

土壤调理剂施用后，还对土壤的微生态环境起到改善作用，促进有益微生物的繁殖，抑制病原菌和有害生物的发生，同时对一些传统的土传病害也有一定的防治效果。

二、土壤调理剂的主要缺点

(一) 潜在环境污染风险

固体废弃物类的土壤调理剂，含有一些有害成分，如 Cu、Zn、Ni、Mo、Cd、Pb 等重金属和多氯联苯、二噁英等难降解的有毒有机物质，可溶性盐含量也较高。如果这些固体废弃物未经或不完全无害化处理而直接用于制作土壤改良剂，极易引起土壤重金属污染、盐分累积、地下水污染和蔬菜重金属含量超标等问题。另外，污水污泥和土壤混合还能促进硝酸盐的淋溶，存在地下水污染的风险，尤其在秋季和冬季过多施用污泥会引起地下水和地表水的 N、P 污染；如果长期施用豆科绿肥，土壤中积累过量的 N 和 P，也可通过下渗和径流造成水体污染；风化粉煤灰可溶性盐含量高更易造成地下水污染。

(二) 潜在病虫害的传播

未经无害化处理的土壤调理剂，会含有大量的病原体、寄生虫卵，在土壤中存活时间较长，容易引起疾病传播。如农业废弃物中的畜禽粪便，常携带有大量的各种病原菌、寄生虫卵、病毒等。如果施用以未经无害化处理的畜禽粪便为原料的土壤调理剂，会引起蔬菜作物疫病或病虫害，使其调理土壤的功效大大降低，同时诱发出新的问题。

（三）诱发新的障碍问题

在利用土壤调理剂改良土壤时，如果施用不当，还会引起土壤板结，抑制作物生长发育等问题。如碱渣作为土壤调理剂时，由于其氯化物含量很高，其氯离子质量分数可达14％，忌氯作物不得使用。另外碱渣中有机质含量较少，有效磷含量极低，单独使用往往会造成土壤板结、作物缺磷等问题。泥炭施用量过高可能会影响土壤通透性，泥炭中的腐殖酸在分解过程形成有机酸和其他毒素可能会抑制植物根系的生长。秸秆作为土壤调理剂时应与氮肥配合施用，否则易引起蔬菜缺氮。

近年来，因在土壤改良方面的突出功效，土壤调理剂越来越受到人们的关注和重视。尤其在设施栽培中，由于多年连作，土壤的理化性状发生变化，不同程度地受到土壤环境恶化的制约，尤其是土壤酸碱度的影响，调节土壤环境条件，就显得十分重要。

第三节　土壤调理剂的质量检测

一、土壤调理剂的质量要求

以固体废弃物为原料制成的土壤调理剂，可含有重金属等污染物。这些污染物在土壤中难以被降解，如果长期大量施用，必然造成土壤污染物的累积，并最终通过食物链威胁人类健康。

土壤调理剂如果含有 P_2O_5、K_2O、CaO、MgO、SiO_2 成分，须按《土壤调理剂磷、钾含量的测定》（NY/T 2273—2012）和《土壤调理剂钙、镁、硅含量的测定》（NY/T 2272—2012）进行检验。其中，钙、镁含量的测定采用原子吸收分光光度法；硅含量的测定采用等离子体发射光谱法。其他技术指标按照肥料登记标准方法或认定的方法进行检验。

二、磷、钾含量检测

（一）试样的制备

固体样品经多次缩分后，取出约 100g，将其迅速研磨至全部通过 0.50mm 孔径筛（如样品潮湿，可通过 1.00mm 筛子），混合均匀，置于洁净、干燥容器中；液体样品经多次摇动后，迅速取出约 100mL，置于洁净、干燥容器中。

（二）磷含量测定——磷钼酸喹啉重量法

称取含有五氧化二磷（P_2O_5）250～500mg 的试样 0.5～4g（精确至 0.000 1g），至于 250mL 容量瓶中，加入 150mL 预先加热至 28～30℃的盐酸溶液，塞紧瓶塞，摇动容量瓶使试料分散于溶液中，保持溶液温度在 28～30℃，在 180r/min±20r/min 的振荡频率下振荡 30min，然后取出定容，冷却至室温，用水稀释至刻度，混匀、干过滤，弃去最初几毫升滤液后，滤液待测。

吸取 10.00mL 试样溶液，置于 500mL 烧杯中，加入 10mL 硝酸溶液，然后加水至 100mL 左右。盖上表面皿，在电炉上加热至微沸，取下烧杯，加入 35mL 喹钼柠酮试剂，盖上表面皿，在电炉上微沸 1min 或置于近沸水浴中保温至沉淀分层，取出烧杯，用少量水冲洗表面皿，冷却至室温。

用预先在 180℃±2℃干燥箱中干燥 45min 的玻璃坩埚式滤器抽滤，先将上层清液滤完，然后用倾泻法洗涤沉淀 1～2 次（每次用水约 25mL），将沉淀全部转移至滤器中，滤干后再用水洗涤沉淀多次（所用水共 125～150mL）。将沉淀连同滤器置于干燥箱内在 180℃下干燥 45min，取出移入到干燥器内，冷却至室温，称量。同时，做空白对照。根据沉淀重量计算磷的含量。

（三）钾含量测定——火焰光度法

称取 0.2～3g 试样（精确至 0.000 1g），至于 250mL 容量瓶中，加入 150mL 预先加热至 28～30℃的盐酸溶液，塞紧瓶塞，摇动容量瓶使试料分散于溶液中，保持溶液温度在 28～30℃，在 180r/min±20r/min 的振荡频率下振荡 30min，然后取出定容，冷却至室温，用水稀释至刻度，混匀、干过滤，弃去最初几毫升滤液后，滤液待测。

分别准确吸取钾标准溶液 0、2.50mL、5.00mL、10.00mL、15.00mL、20.00mL 于 6 个 100mL 容量瓶中，加水定容、混匀。

此标准系列钾的质量浓度分别为 0、2.50μg/mL、5.00μg/mL、10.00μg/mL、15.00μg/mL、20.00μg/mL。在选定工作条件的火焰光度计上，分别调节仪器的零点和满度，然后由低浓度到高浓度分别测定钾标准溶液的发射强度值，以标准系列溶液浓度钾的质量浓度为横坐标，相应的发射强度值为纵坐标，绘制工作曲线。

将试样溶液或经稀释一定倍数后在与测定标准系列溶液相同的条件下，测得钾的发射强度，在工作曲线上查出相应钾的质量浓度。同时，设空白对照，测算钾的含量。

目前，我国尚未单独制订土壤调理剂的无害化要求，有毒有害元素检验执行《肥料汞、砷、镉、铅、铬含量的测定》（NY/T 1978—2010）；限量指标暂按《水溶肥料汞、砷、镉、铅、铬的限量要求》（NY 1110—2010）的规定执行。

三、选购注意事项

目前，市面上销售的土壤调理剂产品种类繁多，质量参差不齐，功效宣传各式各样，个别调理剂的实际效果与其宣传大相径庭。选购时应仔细甄别产品功效的优劣。

在购买时，一是明确调理目标、调理条件，选用适宜对路的调理剂产品；二是检查产品包装的标签。标签上应注明产品名称、厂家名称、"三证号"、产品数量或体积、出产日期、生产批次、使用时期与方法、注意事项等，具体要求见表 11-1；三是了解产品副作用，应选用高效、无毒副作用、环保型品种，防止对作物、环境产生副作用；四是看产品外观是否规范，必须在保质期内，方可购买。

表 11-1 土壤调理剂产品的标签要求

编号	标注项目	标注内容
1	通用名称	同登记证"产品通用名"，如土壤调理剂、农林保水剂等
2	商品名称	同登记证"商品名"
3	有效成分及含量	同登记证"主要技术指标"，如 Ca、Mg、Si 标注要求：CaO、MgO 和 SiO$_2$

（续）

编号	标注项目	标注内容
4	剂型	同登记证"产品形态"，如水剂或粉剂
5	登记证号	同登记证，不能使用过期登记证、受理产品代码等
6	产品标准号	应标注质量技术监督部门备案的企业标准号，其中农林保水剂若执行农业行业标准，可直接标注行业标准号
7	企业名称及联系方式	同登记证"生产企业"。联系方式应标注生产地址和有效电话等
8	适用作物或土壤	土壤调理剂的适宜范围由作物调整为土壤类型和区域。土壤调理剂的适宜范围按照土壤障碍因素类型予以标注，包括酸性土壤、盐碱土壤、黏性土壤、沙性土壤及其他障碍土壤类型
9	使用说明	应包括产品主要功能、使用范围、用法、用量等
10	限量元素	标注汞、砷、镉、铅、铬限量
11	注意事项	应标注使用时的注意事项

第四节　土壤调理剂的合理施用

目前，蔬菜生产，特别是棚室蔬菜生产，由于盲目施肥、滥施化肥和耕作管理不善，造成土壤板结，盐渍化和污染程度加剧，蔬菜品质下降，甚至出现有毒元素富集等现象，土壤生产力呈衰退之势。可以说，土壤调理剂的问世和应用，为有效解决这些障碍问题，提供了新的技术手段。然而，土壤调理剂是一把双刃剑。若施用不当，不但起不到调理土壤的作用，还会造成蔬菜产品和环境污染，进而危害人类健康。因此，必须合理施用，才能确保蔬菜食品安全、生态环境安全。

一、合理施用的主要原则

（一）针对目标科学选用

土壤调理剂的选用，要根据土壤条件明确改土目标，针对改土目标科学选用，严禁盲目施用。例如，培肥改土可用加适量氨水或碳酸氢铵堆腐的风化煤；提高保水性能可用聚丙烯酰胺等。在选购土壤调理剂时，首先考虑土壤的实际条件和改土目标。其次，要充分利用廉价的天然矿物和有机物料，如石灰、石膏、草炭、秸秆等天然资源。天然矿物和有机物料的用量较大，应就近开发，就近施用。特别是近年来土壤调理剂新产品不断问世，选购前应仔细了解产品的特性，施用时认真按说明书的要求实施。

（二）力求避免二次污染

近年来，我国土壤调理剂行业快速发展，产品来源和种类越来越多。一些以"三废"为主要原料的土壤调理剂，如果加工处理不好或不当，会潜在二次污染的风险。例如，以钢渣或水淬渣等为原料的土壤调理剂，由于矿石原料或工艺过程中所用催化剂等物质重金属背景值较高，如果长期大量施用该类土壤调理剂，必然造成土壤重金属累积，引起二次污染。人工合成的高分子聚合物种类繁多，物理化学性质也千差万别，将其作为土壤调理剂施用后，降解的中间产物或最终产物是否有害，尚未研究清楚。此外，天然矿物源调理剂的施用也并非完全没有风险，有学者指出大量施用该类调理剂后，分解释放阳离子可能产生毒害作用。在实际生产中，要避免施用原料、成分来源不明的土壤调理剂；不得选用潜在二次污染的制品。选购土壤调理剂的产品，必须通过国家有关部门登记，重金属等有害物质含量必须达到相关标准的无害化要求。

（三）严禁盲目过量施用

土壤调理剂与肥料相比施用量较大。目前，市售产品推荐施用量一般为 $900kg/hm^2$ 左右，有的高达 $1\,500kg/hm^2$ 以上，并且需要多次或多季施用。然而，土壤调理剂过量施用，不但增加生产成本造成浪费，而且还会发生混凝土化现象导致土壤板结。例如，聚电解质聚合物改良剂，能有效改善土壤团粒结构，最低用量为被改良土重的 0.001%，一般适宜用量是 $100\sim2\,000mg/kg$，限量 $5\,000mg/kg$。超过这个极限，反而不利于土壤团粒结构的形成。因此，根据土壤条件及改良剂的性质，确定适宜用量是一个至关重要的环节。

(四) 合理搭配混合施用

不同土壤调理剂的功能、效果不同。调理剂与肥料合理搭配或不同调理剂混合施用，可显著提高土壤的改良效果。例如，在结构差、肥力低的土壤上，单独施用土壤调理剂或肥料效果不佳，二者合理搭配施用，可起到改良土壤物理性状、培肥土壤养分的双重作用，能显著提高蔬菜产量。如在酸化板结的菜田，沸石＋石灰＋氮磷钾化肥搭配施用，对油菜的增产效应最为显著，与单施氮磷钾处理相比增产 72.7% ～ 229.3%。改良钙质土壤，施用聚丙烯酰胺（PAM）$45kg/hm^2$ 与多聚糖 $90kg/hm^2$ 混合剂的改良效果最好，正交互作用显著。

二、土壤调理剂的施用方法

土壤调理剂一般分为固态和液态两种剂型。其中，固态土壤调理剂，可采用撒施、沟施、穴施、环施、拌施等施用方法；液态土壤调理剂，一般采用地表喷施、灌施等施用方法。具体施用方法应视调理剂的性质及当地的土壤环境条件而定。固态土壤调理剂直接施入土壤，虽可吸水膨胀，但难溶解进入土壤溶液，往往其改土效果不佳。但在相同条件下，将其调理剂溶于水后再施用，土壤的物理性状得到明显改善，可显著增强改良效果。例如，聚丙烯酰胺（PAM）可溶解成液体喷施地表，用圆盘耙翻土混匀施用，改善土壤团粒结构的效果，显著强于地表撒施耕翻覆土。

三、常用土壤调理剂的合理施用

目前，土壤调理剂的种类繁多，性质得到了改善，其具体用量各不相同。土壤调理剂的施用量多少直接影响改土效果，一般以占干土重的百分率表示。

如果是天然资源调理剂，施用量可大一些，且适宜用量的范围较宽；而人工合成的调理剂，因功效和成本均较高，则用量要少得多。许多土壤调理剂，不仅具有改良土壤结构的功能，还具备增强土壤肥力、活化土壤养分的作用，所以其用量变化很大，很多调理剂的用量都超过了 $1kg/m^2$。

（一）石灰

作为土壤调理剂施用石灰是改良酸化土壤一种行之有效的方法。其中，以生石灰中和酸性最强，熟石灰次之，石灰石最弱。中和速度以熟石灰为最快，但不持久；石灰石最慢，但比较持久。在施用时还要注意石灰物质的细度，不要太细或太粗，施入土壤时要和土壤充分混匀，并注意施用的时期，以避免对植物造成危害。在石灰施用量的确定上，可采用常用的氯化钙交换法和经验法。

1. 氯化钙交换法 用 $0.2mol/L$ $CaCl_2$ 溶液交换土壤胶体上的氢离子（H^+）和铝离子（Al^{3+}）而进入溶液，再用 $0.015mol/L$ $Ca(OH)_2$ 标准溶液滴定，用 pH 酸度计指示终点。根据 $Ca(OH)_2$ 的用量计算石灰施用量。

2. 经验法 根据土壤 pH 和土壤质地确定石灰粉用量，详见表 11-2。

表 11-2 改良酸化土壤石灰粉每 667m² 施用量

pH	沙土、沙壤土（kg）	轻壤土（kg）	中壤土（kg）	重壤土（kg）	黏土（kg）
4.5～5.5	30～50	40～60	50～80	70～110	100～150
<4.5	40～60	50～80	70～110	100～150	120～180

注：土壤 pH 测定采用酸度计法。称取试样 5g 于 100mL 烧杯中，加入 50mL 水，经煮沸驱除二氧化碳后，搅动 15min，静置 30min，用酸度计测量。

（二）免深耕土壤调理剂

免深耕土壤调理剂主要成分为 C_{12} 脂肪醇聚氧乙烯醚硫酸铵和 C_{12} 脂肪醇聚氧乙烯醚，属国内创新产品。它是一种能够打破土壤板结、疏松土壤、提高土壤透气性、促进土壤微生物活性、增强土壤肥水渗透力的生物化学制剂，适用于改良各种类型土壤和盐碱地。由于它疏松土壤深度达地表以下 80～120cm，可真正实现免深耕，免去了人工耕翻土地之苦和机械耕翻的高成本。同时还可提高肥料利用率 50% 以上，保水节肥，环保高效，深受广大农民欢迎，在全国各地已迅速推广。

免深耕土壤调理剂，对不同类型土壤均有调理作用。对黑土、沙壤土和各种免耕、少耕的土壤，每年应选择在春、夏、秋季节，每 667m² 用 200g 兑水 100～200kg 喷施地表 1～2 次即可；黄壤、红壤、棕壤等黏性大、土块硬、板结严重、水肥分布不均、耕作层较浅的土壤，每年应选择在春、夏、秋季节，每 667m² 用 300～400g 兑水 100kg 喷施地表 2 次。以上施用标准，适于一次土壤改良过程。以后可逐年减少施用量和次数，直至改良不施为止。

(三) 聚丙烯酰胺调理剂

聚丙烯酰胺（PAM）是目前推广应用较为广泛、人工合成的土壤调理剂。PAM 由丙烯酰胺单体聚合而成，是一种水溶性线形高分子物质。试验表明，喷施 PAM 后土壤容重减轻，总孔隙度增加 2.1%，透气性得到显著改善。在一些干旱半干旱地区，土壤结构不稳定，降水或灌溉期间常导致土壤闭结，造成入渗减少和表面径流增加，土壤侵蚀严重的类似地区，PAM 应用前景较好。PAM 适用于粉沙至黏质土壤，在沙性土壤上效果不大。

据美国研究表明，PAM 在低用量时具有较好的凝结作用，可稳定土壤结构，可作为土壤稳定剂。在坡度 3.5% 土壤上，PAM 配合沟灌使用时以 10mg/L 用量为最好，第一次灌水配用 PAM 最重要，并随每一次灌水使用，再次灌水配用 PAM 用量可逐步减少至 5～1mg/L。灌溉土壤上 PAM 用量为 1～4kg/hm²。雨养农业土壤上 PAM 用量较高。一般为 15～20kg/hm²。

(四) BGA 土壤激活剂

BGA 土壤激活剂是一种以天然有机物质为主要成分，用高新技术制成的土壤调理剂，适用于土壤和无种植条件的恶劣地理环境和气候条件，如高寒、干旱、沙漠、水泥地、废墟盐碱地等。BGA 土壤激活剂集化肥、复混肥、微生物肥、有机肥、保水剂和生根粉等产品之优势性能于一体，并克服了其他产品的弱点。

BGA 土壤激活剂能将无效态矿物质转化成植物可利用的有效养分，使土壤结构发生质的变化，快速培肥地力。同时，具有极强的保水抗旱功效。用 BGA 土壤激活剂种植的蔬菜，不仅外观好、畸形少，而且口感佳，无重金属污染和农药残留，是典型的绿色环保产品。

　　施用 BGA 土壤激活剂时，既不能与蔬菜根系直接接触，也不能将激活剂成团施入土壤。正确做法是应与细土或沙子混合施用。激活剂与细土或沙子的混配比例按需测定，一般为 1∶5、1∶8、1∶10、1∶40 或更大比例。一般来说，菜田每 667m^2 用量 300kg 左右，分为基施和追施两部分，均匀撒施深耕后起垄种植。实际生产中，根据当地土壤状况、环境条件、蔬菜品种、植株大小及施用方法，可进行适当的用量调整。

第十二章
植物生长调节剂的
安全高效施用

第一节　植物生长调节剂的发展概述

一、植物生长调节剂的基本概念

植物在生长发育过程中，除需要适宜的温度、光照、氧气等环境条件外，还需要一些对生长发育有特殊作用而含量极微的生理活性物质，这类物质称为植物生长物质，包括植物激素和植物生长调节剂。

植物激素是在植物特定的器官或组织内形成的，它是植物正常代谢的产物，能够移动到器官或组织发挥作用。

植物生长调节剂则是人工合成、人工提取的具有植物激素的生理活性外源物质，在植物体内有些可以移动，如防落素、多效唑等，有些移动性差或不能移动，如氯吡脲、6-苄基氨基嘌呤等。尽管植物激素和植物生长调节剂来源不同，但它们的生理作用相似，极微的含量都能促进或抑制、阻碍植物的生长发育。植物生长调节剂根据其作用方式，可以分为植物生长促进剂、植物生长延缓剂、植物生长抑制剂三大类；也可以根据作用的对象分为生根剂、壮苗剂、保鲜剂、催熟剂等。

二、植物生长调节剂的发展现状

自20世纪30年代，在世界农业领域开始使用植物生长调节剂。在分类管理上，我国曾按肥料管理，为确保其使用安全，借鉴国际通行做法，1997 年《农药管理条例》把它调整为农药管理。目前，我国登记使用的植物生长调节剂有 38 种，国际上登记使用的有 100 多种，其中欧盟允许使用的有乙烯利、氯吡脲等 40 多种。

近年来，我国植物生长调节剂产业稳步发展。已批准登记的植物生长调节剂产品 600 多个，生产企业 280 多家，年生产销售产品约 10 万 t，涉及 75 种作物，56 种用途，年生产应用面积 1.33 亿 hm^2 左右，形成了从原料供应、研究、生产、销售到推广应用的产业链，具有广泛的发展前景和空间。

三、植物生长调节剂的登记管理

在我国，主要采用联合国粮农组织（FAO）和世界卫生组织（WHO）农药安全评价标准和方法。登记审批时，对申请登记的植物生长调节剂进行科学试验和评审，当证明具良好功效、对人畜健康安全、环境友好时，方可批准登记。

批准登记的植物生长调节剂，都要制定安全使用技术，包括用药时期、用药剂量、施用方法、使用范围、注意事项和安全间隔期等，并在产品标签上明确标注，指导农民安全使用。此外，登记的产品都要进行一系列的残留试验，并根据残留试验等数据，制定残留限量标准和合理使用准则，确保农产品的质量安全。

四、对植物生长调节剂的客观认识

（一）发展蔬菜产业客观需要

由于气候、生产条件、运输距离和货架寿命的影响，有的农产品生产或储藏运输过程中，不得不使用植物生长调节剂。例如，我国长江流域以北地区，冬春季节的温室、大棚番茄生产，由于棚室内经常出现 15℃以下低温或 35℃以上高温，造成番茄不能正常坐果，需要用防落素等来保花保果。不然，就会难以保证这些地区冬春季节的番茄供应。

（二）取得了成功的应用范例

科学规范地使用植物生长调节剂，加强肥水管理，并合理控制产量，不仅不会影响水果风味品质，还能改善水果外观品质。例如，美国蛇果就是用赤霉素（GA₄＋GA₇）处理红星系列品种，形成外观非常漂亮的苹果；新西兰猕猴桃允许使用膨大素氯吡脲，但并未影响猕猴桃出口大国的地位。

（三）受应用条件的严格制约

植物生长调节剂并非在所有地区、所有作物上都能使用。实际上，它只能在特定区域、特定作物、特定生产方式和特定环节上使用，并不是普遍使用。并且，它仅在微量时才有良好的生理调节功能，每种植物生长调节剂对适用作物范围和使用时期、使用剂量和使用次数，都有严格的要求，使用不当会产生药害，造成经济损失。例如，番茄保花保果使用防落素过量时，易造成果脐凸起，或形成僵硬不长的小僵果。番茄催熟使用乙烯利过量，会造成果面失去光泽、颜色不正，商品性差。

（四）不能代替营养调控措施

植物生长调节剂具有很多生理作用，但它并不能代替植物的营养物质，二者之间存在着本质的区别。植物营养是指那些供给植物生长发育所需的矿质元素，如氮、磷、钾等，是植物生长发育不可缺少的。而植物生长调节剂不提供植物生长发育所需的矿质元素。因此，它不能代替肥料及光、温、水、气、肥等其他农艺调控措施。

（五）残留标准体系尚不完备

我国与发达国家在蔬菜、瓜果中植物生长调节剂的残留控制方面有很大差距。一是限量标准涉及植物生长调节剂的种类和指标较少。二是限量标准值偏高。欧盟标准最为严格，如2,4-D在大白菜上的限量值，我国标准是0.2mg/kg，日本标准是0.08mg/kg，欧盟标准为0.05mg/kg。三是标准与农药登记管理脱节。例如，在我国矮壮素单剂登记适用作物仅为小麦、玉米、棉花，却应用到了一些瓜果蔬菜，而相应的瓜果蔬菜中的限量却没有规定。应尽快完善相应标准，避免无限制的滥用，危及食品安全。

（六）畸形瓜果并不一定危害健康

瓜果蔬菜通常形成畸形果的原因很多，温度过高或过低、水分和施肥不合理都会引起畸形果，如番茄在花芽分化期若遇低温，就容易产生畸形果。当然，植物生长调节剂使用的时期不当，或浓度过高，也会引起畸形果。但植物生长调节剂属低毒、低残留农药，一般在蔬菜水果开花、坐果期使用，而且使用量极低，降解又非常快，不容易残留超标。因此，畸形果并不一定对健康有害。

（七）尚缺乏慢性与生态毒性数据

目前，登记的植物生长调节剂，常规毒理数据都比较完备，但其慢性毒性及生态毒性的数据很少。有必要深入研究植物生长调节剂在作物体内残留时间和程度、在土壤中移动速度和降解速度、药剂残留情况及对非靶标生物的危害等生态安全性问题，以消除食品安全和生态安全隐患。

第二节　植物生长调节剂的种类与作用

一、按作用方式划分的种类

（一）植物生长促进剂

植物生长促进剂能在适宜浓度下，促进植物细胞分裂和伸长、新器官的分化和形成，防止果实脱落等。目前生产上广泛使用的植物生长促进剂有赤霉素类、生长素类、细胞分裂素类、芸薹素甾醇类等 20 余种。

（二）植物生长延缓剂

植物生长延缓剂，是抑制茎顶端下部区域的细胞分裂和伸长生长，使生长速度减慢的一类化合物。可导致植物体节间缩短，诱导矮化、促进开花，但对叶片大小、叶片数目、节的数目和顶端优势相对没有影响。这类物质包括矮壮素、氯化胆碱、助壮素（缩节胺）、多效唑、烯效唑、噻苯隆（作为脱叶剂使用时）等。由于生长延缓剂主要是通过抑制赤霉素的合成来起作用，因而外施赤霉素可逆转其抑制效应。

（三）植物生长抑制剂

植物生长抑制剂与生长延缓剂不同，主要是抑制生长素的合成，可抑制茎顶端分生组织细胞的核酸和蛋白质的生物合成，从而抑制茎顶端分生组织中的细胞分裂、分化与生长，同时也影响正在生长和分化的侧枝、叶片和生殖器官，造成顶端优势丧失，使侧枝增加，叶片缩小，生殖器官的发育受阻等。外施生长素可以抑制这种效应，但不能被赤霉素所逆转。这类物质有脱落酸、增甘膦、马来酰肼（抑芽丹）、仲丁灵（止芽素）、二甲戊灵（除芽通）、TIBA（三碘苯甲酸）、氯甲丹（整形素）等。

二、按作用对象划分的种类

（一）生根剂

1. 吲哚乙酸（IAA） 又名生长素，化学名称为 β-吲哚乙酸。可促进细胞分裂，叶片扩大，茎伸长，雌花形成，单性结实，种子发芽，不定根和侧根形成，种子和果实生长，坐果等。

2. 吲哚丁酸（IBA） 化学名称为吲哚-3-丁酸。主要用于促进生根。其效果是生长素类调节剂中最好的一种，能有效地促进处理部位形成层细胞分裂而长出根系，从而提高扦插成活率。

3. 萘乙酸（NAA） 化学名称为 α-萘乙酸。主要作用是促进细胞扩大。从而促进生长。主要应用于刺激扦插生根、疏花疏果、防止落果、诱导开花及促进植物生长等方面。

4. 萘氧乙酸（NOA） 化学名称为 β-萘氧乙酸。主要用于促进生长、刺激生根、防止落果和诱导开花等。

5. ABT 生根粉 又名 ABT 增产灵。用于刺激生根，促进生长等。

6. 维生素 C 化学名称为抗坏血酸。用于插枝生根和抗病、增产等方面。

7. 吲乙·萘合剂 由吲哚乙酸和萘乙酸复合而成，用于促进生根。

8. 吲丁·萘合剂 由吲哚丁酸和萘乙酸复合而成，用于促进生根。

9. 萘·萘胺·硫脲合剂 由萘乙酸、萘乙酰胺和硫脲复配而成,用于促进插枝生根。

(二)催芽剂

1. 三十烷醇(TRIA) 又名蜂花醇。用于各种植物有增产效果,特别是在海带和紫菜调控方面。

2. 石油助长剂 又名长-751或C-751,化学名称为环烷酸盐(钠、铵)。用于刺激种子萌发,促进发根和植株茁壮,增强叶片光合作用,加速籽粒灌浆,提高作物产量。

(三)抑芽剂

1. 青鲜素(MH) 又名抑芽丹或马来酰肼。化学名称为顺丁烯二酸酰肼。其作用主要是抑制芽的生长和茎伸长,促进成熟。主要用于抑制鳞茎和块茎在储藏期的发芽,控制侧芽的生长。

2. 氯苯胺灵(CIPC) 用于马铃薯的抑芽作用。

3. 萘乙酸甲酯(NOAA) 主要用于延长果蔬和观赏树木芽的休眠期。

(四)矮壮剂

1. 矮健素 又名7102。化学名称为2-氯丙烯基三甲基氯化铵。用于抑制营养生长,使植株矮化,茎秆粗壮,叶色深绿。对防止麦类倒伏、棉花旺长和增强抗性等有很好效果。

2. 调节膦 又名蔓草膦或膦铵素。化学名称为乙基氨甲酰基磷酸盐。用于矮化和化学修剪,并可延长插花和某些植物的开花时间。

3. 三碘苯甲酸(TIBA) 化学名称为2,3,5-三碘苯甲酸。用于抑制茎顶端生长,使植株矮化,促进腋芽萌发和分枝,增加开花和结实。

4. 环丙嘧啶醇 又名三环苯嘧醇或嘧啶醇。能矮化植株,促进开花。

5. 芸·乙合剂 由油菜素内酯(芸薹素内酯)和乙烯利混合而成,能矮化植株。

6. 季铵·羟季铵合剂 由矮壮素和氯化胆碱混合而成,用于矮化植株。

7. 季铵·乙合剂 由矮壮素与乙烯利复配而成，用于矮化植株。

8. 季铵·哌合剂 由矮壮素与助壮素两种抑制剂复配而成，用于抑制伸长生长。

9. 嗪酮·羟季铵合剂 由氯化胆碱与抑芽丹组合而成，用于抑制腋芽或侧芽的萌发。

10. 唑·哌合剂 由多效唑与甲哌鎓复合而成，用于矮化植株。

11. 多效·烯效合剂 由多效唑与烯效唑复合而成，用于矮化植株。

12. 哌·乙合剂 由甲哌啶和乙烯利混合而成，用于抑制生长。

(五) 壮苗剂

1. 助壮素（DPC） 又名甲哌啶、调节啶、缩节安、壮棉素、健壮素或棉壮素。化学名称为 1，1-二甲基哌啶氯化物。用于抑制细胞伸长，延缓营养体生长，使植株矮化，株型紧凑。能增加叶绿素含量，提高叶片同化能力，调节同化产物在植株器官内的分配。

2. 油菜素内酯（BR） 又名芸薹素内酯、农乐利、天丰素或益丰素等。用于促进根系发育，茎叶生长，增加产量，提高品质和抗性。

3. 水杨酸（SA） 又名柳酸、沙利西酸或撒酸，化学名称为 2-羟基苯甲酸。用于促进生根，增强抗性，提高产量等。

4. 丰啶醇 又名7841，其化学名称为 3-（2-吡啶基）丙醇。用于使植株矮化，茎秆变粗，叶面积增大及刺激生根等。

5. 脱落酸（ABA） 又名休眠素或促熟丹。用于促进叶片脱落，诱导种子和芽休眠，抑制种子发芽和侧芽生长，提高抗逆性。

6. 诱抗素 即脱落酸的天然发酵产品的商品名，又名 S-诱抗素。可用于促进种子、果实的蛋白质和糖分积累，改善作物的质量，提高作物产量，控制发芽和蒸腾，调节花芽分化，保鲜等。

7. 乙·嘌合剂 由乙烯利和 6-苄基氨基嘌呤混合而成，用于促进生长发育。

8. 赤·吲合剂 由赤霉素（GA）和吲哚乙酸混合而成，用于促进幼苗生长。

（六）雌雄分化剂

1. 赤霉素（GA） 其中以 GA_3（赤霉酸）、GA_4 和 GA_7 等活性高，应用最广为 GA_3，又名九二〇。市售的赤霉素土要是赤霉酸及 GA_4、GA_7、$GA_4＋GA_7$ 的混合剂等。能打破种子、块茎和块根的休眠，促使其萌发；能刺激果实生长，提高结实率或形成无籽果实；可以代替低温，促使一些植物在长日照条件下抽薹开花，也可以代替长日照作用，使一些植物在短日照条件下开花；可诱导一些植物发生雄花等。

2. 乙烯利（CEPA） 又名一试灵，化学名称为 2-氯乙基膦酸。用于促进不定根形成，茎增粗，解除休眠，诱导开花，控制花器官性别分化，使瓜类多开雌花，少开雄花，催熟果实，促进叶片等衰老和脱落。

（七）疏果剂

1. 吲熟酯（IZAA） 又名丰果乐或富果乐，化学名称为 5-氯-1-氢吲哚-3-吲哚基醋酸。主要用于疏花疏果、促进生根、控制营养生长、促进果实成熟和改善品质等。

2. 西维因（NAC） 又名胺甲萘、甲萘威或疏果安等，化学名称为 1-萘-N¯甲基氨基甲酸酯。既是高效低毒的氨基甲酸酯杀虫剂，又是一种较好的疏果剂。

3. 萘乙酰胺（NAD） 可引起花序梗离层的形成，同时也有促进生根的作用。

（八）保果剂

1. 防落素（PCPA，4-CPA） 又名番茄灵、丰收灵、坐果灵或促生灵。化学名称为对氯苯氧乙酸。施用后，可防止番茄等茄果类蔬菜落花落果，促进果实发育，形成无籽果实，提早成热，增加产量，改善品质等。

2. 增产灵（PIPA） 化学名称为 4-碘苯氧乙酸。主要作用是促进生长和发芽，防止落花落果，提早成熟和增加产量等。

3. 丁酰肼（B9） 又名比久。化学名称为 N-二甲氨基琥珀酰胺酸。用于使植株矮化，促进翌年花芽形成，防止落花落果，调节养分，使叶片绿厚，增强抗旱、抗寒能力，增加产量，促进果实着色，延长储藏期。

（九）膨大剂

1. 羟季铵·萘合剂 由氯化胆碱与萘乙酸混配而成，用于膨大块根块茎。

2. 羟季铵·萘·苄合剂 由氯化胆碱、萘乙酸和 6-苄基氨基嘌呤混配而成，用于膨大块根块茎。

（十）催熟剂

乙二磷酸（EDPA）化学名称为 1，2-次乙基二膦酸。用于促进果实成熟，种子萌发，打破顶端优势等。

（十一）防衰剂

1. 激动素（KT，KN） 又名动力精。化学名称为 6-糠基氨基嘌呤。促进细胞分裂和调节细胞分化，还用于促进幼苗生长、促进坐果、延缓器官衰老和果蔬保鲜等。

2. CPPU 又名 4PU-30、KT-30S、氯吡脲或吡效隆等，化学名称为 N-（2-氯-4-吡啶基）-N-苯基脲。用于促进细胞分裂，器官分化，叶绿素合成，防衰老，打破顶端优势，诱导单性结实，促进坐果和果实肥大。

3. 硫脲 一种有弱激素作用的硫代尿素。可延缓叶片衰老，也可用于打破休眠，提高抗病性，增加产量。

（十二）保鲜剂

1. 1-甲基环丙烯（1-MCP） 其商品名是 Ethyl Bloc（乙烯封阻剂）。抑制乙烯与乙烯受体结合。用于果蔬、花卉保鲜。

2. 苄基氨基嘌呤（6-BA） 又名 6-苄基氨基嘌呤、6-苄基腺嘌呤、绿丹、BA、BAP 或细胞激动素等。可打破休眠，促进种子发芽，打破顶端优势等。用于提高坐果率，促进果实生长，蔬菜保鲜。

三、植物生长调节剂的作用

植物生长调节剂，只是在植物生长发育的某个环节起调节作用，而这种调节往往是一般农业措施不易完成，如化学杀雄等；或者费时费工才能完成，如控制徒长。因而，只有正确认识和把握植物生长调节剂的作用，才能把它摆在农业生产的正确位置。

（一）促进插条生根

生长素类调节剂中，2,4-D、α-萘乙酸、萘乙酰胺、吲哚乙酸、吲哚丁酸等，都具有不同程度促使插条形成不定根的作用。如吲哚乙酸、吲哚丁酸、萘乙酸、2,4-D均可促进大白菜、甘蓝、西瓜、甜瓜的扦插生根，其中以吲哚乙酸效果最好，仅将插条底部浸蘸药液即可。

（二）促使种子萌发

种子发芽，除了需要适宜的温度、水分和氧气等先决条件外，要使种子顺利发芽，须打破种子的休眠。利用植物生长调节剂，如赤霉素、细胞分裂素、油菜素内酯和三十烷醇等，可打破种子休眠，提高发芽率；也可促进马铃薯、甘薯等块根块茎的发芽。同时，青鲜素、氯苯胺灵等可抑制鳞茎和块茎在储藏期的发芽。

（三）促进细胞分裂和伸长

生长素、赤霉素、细胞分裂素和油菜素内酯等有促进细胞伸长的作用。赤霉素可促进茎、叶生长。在芹菜、菠菜和莴苣等蔬菜上已有大量应用。细胞分裂素除了促进细胞伸长，使茎向横轴方向扩大、增粗，更重要的是促进细胞分裂、组织分化、抑制衰老、防止生理落果等。

（四）诱导花芽分化与无籽果实的形成

细胞分裂素具有对养分的动员作用和创造"库"的能力，可促使营养物质向应用部位移动，抑制细胞的纵向伸长而允许横向扩大，因而可促进侧芽的萌发，这对于利用侧枝增大光合面积和结果的作物效果甚为显著。还可以提高坐果率，增加含糖量，改善果实品质。生长素和赤霉素类物质，还能够诱导无籽果实的形成。

（五）保花保果与疏花疏果

利用植物生长调节剂，可调节和控制果柄离层的形成，防止器官的脱落，达到保花、保果目的。生长素、细胞分裂素和赤霉素等，都具有防止器官脱落的功能，如防止生理落果，提高茄果类蔬菜的坐果率等。吲哚丁酸、萘乙酸、2,4-D 和赤霉素等，被广泛应用于蔬菜的保花和保果，以增加产量。同样，也可利用植物生长调节剂来疏花疏果，提高果实的品质。

（六）调控雌雄性别

调控植物花的雌雄性别，是植物生长调节剂的特有生理功能之一。应用最广泛、效果显著的是乙烯利和赤霉素。乙烯利的作用，在于当瓜类植株的发育处于两性期时，抑制雄蕊的发育，促进雌蕊的发育，使雄花转变为雌花。赤霉素抑制雌花的发育，促进雄花的发生，用赤霉素处理后，每节都不能生雌花，而只生雄花。

应用乙烯利和赤霉素调控雌雄性别已有成功的经验，如利用乙烯利控制瓠瓜、黄瓜雌花的发生，利用赤霉素诱导雄花的产生，在黄瓜的育种上，使全雌株的黄瓜产生雄花，然后进行自交或杂交，为黄瓜品种保存和培育杂种一代提供有效的措施。

（七）抑制植株徒长与矮化整形

植株由于环境因素的影响，诸如气候（日照、雨水、温湿度）、肥料（偏施氮肥）、灌溉（长期积水或者灌深水）等因素，以及植物品种的内在因素，都能引起植株徒长。如果营养生长过旺，影响生殖生长，就会因造成光合产物的消耗而减产。运用植物生长调节剂进行化学调控抑制徒长，调整株形，可收到良好的效果。

（八）增强植株的抗逆力

植物生长调节剂的应用，还可克服异常气候和环境条件对农业生产造成的不利影响，同时也充分显示出它在防灾、避灾方面的独特作用和效果。

（九）促使早熟丰产与改善品质

除了采用一系列的传统农艺手段之外，运用植物生长调节剂，促使蔬菜提早成熟，改善品质，已成为生产上广泛应用的技术措施。在番茄转色期用乙烯利处理后，可使番茄提早 6～8d 成熟，同时可增加早期产量和改善果实风味。在西瓜上应用细胞分裂素浸种及花期喷施，使西瓜提前 3～7d 成熟，并使含糖量提高 0.5～1.0白利度。植物生长调节剂在促进成熟、改善品质等方面起着重要的作用。

（十）储藏保鲜防衰老

植物生长调节剂可用于延长水果、蔬菜、花卉在采收后的保鲜期，防止衰老、变质和腐烂，提高食用品质和商品价值，减少在运输和储藏过程中的损失。例如，用 6-苄基腺嘌呤处理甘蓝、抱子甘蓝、花椰菜、芹菜、莴苣、菠菜、萝卜、胡萝卜等都能有效地保持其采收后的新鲜状态，对提高食用品质和商品价值十分有利。应用比久、矮壮素、2,4-D 等植物生长调节剂处理大白菜、洋葱、大蒜、马铃薯等作物，对防止在储藏期间变质、变色、发芽有较好的效果。

四、植物生长调节剂的作用特点

近年来，植物生长调节剂应用迅猛发展，为农业生产做出了巨大贡献。已有研究表明，植物生长调节剂的使用，可使果蔬增产5%～30%。在国际上，已把植物生长调节剂的应用，作为 21 世纪农业实现超产的主要措施之一。

（一）作用面广，应用领域多

植物生长调节剂几乎适于各种植物，可对植物的外部性状与内部生理过程进行双调控，涉及生根、促芽、抑芽、矮壮、防倒、壮苗、保花、保果、疏花、疏果、催熟、保鲜、着色、增糖、调节性别、分化花芽、提高抗逆等是几个领域，通过对植物的光合、呼吸、物质吸收与运转、信号转导、气孔开闭、渗透调节、蒸腾等生理过程的调节而控制植物的生长和发育，改善植物与环境的互作关系，增强作物的抗逆能力，提高作物的产量，改善农产品品质，使作物农艺性状表达按人们所需求的方向发展。

（二）用量小、见效快

植物生长调节剂的有效剂量低、用量少。使用的浓度很低，甚至不到百万分之一，就能调节植物的生长、发育和代谢，起到了重要的功能调节作用。操作简便易行，一般在特定时期通过喷洒、拌种、浸蘸等方法处理作物，使用 7～10d 后，就可见作物形态发生明显变化。

（三）效益高、残毒低

植物生长调节剂效果显著，残毒少，药剂用量与干物质增产量的比为 1∶10 000～100 000；经济效益的投入产出比为 1∶10～100。植物生长调节剂与杀虫剂、杀菌剂和除草剂不同，不是杀灭有害生物，而是调控作物本身，所以一般毒性低，植物体内天然存在或易于代谢，在作物、产品和环境中残留低，对生物和环境安全性高。从目前国内外农药安全性评价标准看，多属于微毒、基本无残留的安全级产品。一般对人畜无害，使用安全方便。

（四）针对性、专业性强

通过植物生长调节剂可解决其他措施难以解决的问题，如打破休眠、调节性别、促进开花、化学整形、防止脱落、促进生根、增强抗性、形成无籽果实、防止疯长、促进插条生根、果实成熟和着色、抑制腋芽生长、促进脱落等。

（五）受多因素影响，难达理想效果

植物生长调节剂的使用效果受气候条件、施药时间、用药量、施药方法、施药部位以及作物本身的吸收、运转、整合和代谢等多种因素的影响，难以达到最佳效果。

第三节　植物生长调节剂的应用条件

一、环境条件

植物生长调节剂的应用效果，直接受温度、湿度和光照等环境条件的影响。施用植物生长调节剂应对症下药。每种植物生长调节剂在生理作用上既有它的活性，又有它的特殊性，有一定的使用范

围和使用条件。在理论上,植物生长发育过程中的各个环节都可用生长调节剂调节,但事实并非如此。许多生长调节剂的应用,只有在不良环境条件下,才能表现出明显的作用和特殊的效果,即植物生长调节剂有利于植物克服不良环境条件的危害。例如,高温或低温条件下,番茄落花严重,施用防落素就能有效防止落花,提高坐果率和产量。在高肥水地区,作物易生长过旺,不利于产品器官的形成,且易倒伏,使用恰当的生长延缓剂,可有效控制旺长,降高防倒,大大提高产量。

(一) 温度

在一定温度范围内,植物使用植物生长调节剂的效果,一般随温度升高而增大。当叶面喷洒时,夏季往往比春季或秋季效果要好。比如在防止番茄落花使用防落素时,早春温度较低,在20℃以下,使用浓度为50mg/kg,效果好,且无药害;到4~5月,温度上升到20~30℃,防落素的使用浓度下降到25mg/kg;到6月之后,温度升高到30℃以上,其使用浓度降低到10mg/kg。可见,植物生长调节剂一般在高温下使用浓度要低些,在低温下使用时则浓度要高些。

有些植物生长调节剂如乙烯利,由于本身化学特性的原因,直接受温度的影响。在一定温度范围内,随温度升高乙烯利进入植物体后的分解速度加快,应用效果就好;反之,温度降低,乙烯利进入植物体后的分解速度缓慢,应用效果就差。当温度低于20℃时,应用效果便很差。

有些植物生长调节剂的应用,在非正常温度下效果更显著,而在正常温度下,却不需要使用。如番茄等在低温或高温下会大量落花,这时使用2,4-D或防落素,防止落花的效果非常明显。而在正常温度下,因落花不严重,使用2,4-D或防落素的效果也就不明显。

(二) 光照

光能促进植物光合效率的提高和光合产物的运转,并促进气孔张开,有利于对药液的吸收,同时还促进蒸腾,又有利于药液在植物体内的传导。因此，植物生长调节剂多在晴天使用。但光照过强，叶面药液易蒸发，留存时间短，不利于叶片吸收，因而夏季使用时，要注意避免在烈日下喷洒。

（三）湿度

空气湿度大，能使叶面角质层处于高度水合状态，延长药滴的湿润时间，有利于吸收与运转，叶面上的残留量相对较少，能够提高使用效果。

（四）刮风

风速过大，植物叶片的气孔可能关闭，且药液易干燥，不利于药液吸收。所以，一般不宜在强风时施用。

（五）降雨

施药时或施药后，下雨会冲刷掉药液。一般情况下，要求施用后 12～24h 不下雨，才能保证药效不受影响，否则应重施。

棚室蔬菜生产中，植物生长调节剂的应用效果，受刮风、下雨的影响较小。

二、农艺措施

大量实践表明，植物生长调节剂的应用效果直接受农艺措施的制约。植物生长调节剂的有效应用，必须与其他农艺措施配合，才能正确掌握使用的时期、浓度、次数和方法，才能取得良好的效果。

（一）肥水供应

用防落素、2,4-D、萘乙酸和比久等能防止落花落果，但必须加强肥水管理，保证营养物质的不断供给，才能获得高产。用乙烯利处理黄瓜，能多开雌花多结瓜，需要供给更多的营养，才能显著地增产黄瓜。如果肥水等营养条件不能满足，会引起黄瓜后劲不足和早衰，反而降低产量。

（二）施药浓度

植物对生长素的反应，一般是低浓度促进生长，中等浓度抑制生长，高浓度可杀死植物。如 2,4-D 在十万分之几的浓度内能促进植物生长，防止花果脱落；在万分之一左右浓度会抑制植物生长；千分之一浓度会杀死双子叶植物。

同一植物生长调节剂在不同浓度时有不同的作用。如生长素类，往往在低浓度下可作为生长促进剂，而在高浓度下又可作为生长抑制剂。例如 2,4 - D，用低浓度处理时，具有促进生根、生长和保花、保果等作用；高浓度时，能抑制植物生长；使用浓度再提高，便会杀死双子叶植物，具有除草剂的作用。

三、生长状况

(一) 生育时期

植物生长调节剂一般要在特定生育阶段使用才有效果。过早过晚用，不但不能达到理想效果，常会有副作用或药害。所以使用植物生长调节剂时，要严格遵照产品说明和要求的时间或发育期，不可随意改变。幼苗期植株较嫩，对药剂反应较敏感，需要浓度较小；而生长后期株体较大，木质化程度较高，对药剂反应较迟钝，则使用浓度相对较高。甚至同一药剂在不同时期使用，其效果截然相反。

在茎用莴苣和芹菜的幼苗期施用青鲜素，可促进抽薹开花，而在生长后期使用反而抑制抽薹。不同的生长发育阶段，植物生长发育状况不同，需要调控的方面也有差异。在苗期，一般应促进生长，如果要促进分蘖，培育壮苗，宜在苗期用药；在生长后期，一般应适当控制营养生长，促进生殖生长，如果要降高，促进果实的发育和催熟等，宜在中后期用药。因此，必须根据使用生长调节剂的目的、植株生长发育时期、药剂的种类及其浓度等确定适宜的使用方案，才能达到预期的增产效果。

(二) 不同器官

生长调节剂对植物的不同器官作用也不一样。植物不同器官对生长素的敏感度也有很大差别，根最敏感，芽其次，茎的敏感度最低。促进根系生长的浓度为 $10^{-5} \sim 10^{-4}$ mg/kg，促进芽生长的浓度为 $10^{-3} \sim 10^{-2}$ mg/kg，促进茎生长的浓度为 $10^{-4} \sim 10^{-3}$ mg/kg。

（三）作物长势

作物生育状况不同对植物生长调节剂的反应也不一样。一般来讲，生育状况良好的植株，使用植物生长调节剂的效果较好；反之，效果较差。

四、安全适量

（一）残留限量

目前，植物生长调节剂应用广泛，蔬菜生产中常用的植物生长调节剂主要有 2,4 -二氯苯氧乙酸（2,4 - D）、萘乙酸（NAA）、乙烯利、赤霉素、青鲜素（马来酰肼，MH）、多效唑等。《食品中农药最大残留限量》（GB 2763—2014）规定了 2,4 - D 等在一些蔬菜产品中的最大残留限量（表 12 - 1），针对植物生长调节剂的应用，提出了残留限量的技术指标，在施用中必须考虑这一限定条件。

表 12 - 1　植物生长调节剂在瓜菜中的最大残留限量

调节剂	主要用途	蔬菜	限量值（mg/kg）
2,4 - D	防止果实早期脱落剂	大白菜	0.2
		番茄	0.5
		茄子	0.1
		辣椒	0.1
		马铃薯	0.2
胺鲜酯	促进细胞的分裂和伸长，促进根系发育，壮苗剂	普通白菜	0.05
		大白菜	0.2
氯苯胺灵	抑芽剂	马铃薯	30
氯吡脲	保花保果，促进果实膨大	黄瓜	0.1
		西瓜	0.1
		甜瓜	0.1
萘乙酸 萘乙酸钠	促进生根、抽芽、开花、早熟，防落花落果	番茄	0.1

（续）

调节剂	主要用途	蔬 菜	限量值（mg/kg）
噻苯隆	促进坐瓜、防止化瓜	黄瓜	0.05
		甜瓜	0.05
噻节因	促进马铃薯蔓的干燥	马铃薯	0.05
四氯硝基苯	防腐、保鲜	马铃薯	20
		番茄	2
乙烯利	催熟剂	辣椒	5
		哈密瓜	1
		大蒜	15
抑芽丹	抑芽剂	洋葱	15
		葱	15
		马铃薯	50

（二）安全适量

不同作物甚至不同品种、不同器官，对同一种植物生长调节剂敏感性不同。剂量合适，效果好，过低过高效果不佳，甚至还会有副作用。所以在使用植物生长调节剂时，要严格掌握浓度和剂量，不可随意增加，以防止发生药害。药害是由于药剂使用不当而引起的与使用目的不相符的植物形态和生理变化。如使用保花、保果剂而导致落花、落果；使用生长素类调节剂引起植株畸形、叶片斑点、枯焦、黄化以及落叶、小果、劣（裂）果等一系列症状变化，均属于药害的范畴。

五、药剂质量

植物生长调节剂，一般具有较强的化学活性。如保管不善，常会产生降解和失效，降低或破坏药剂质量，从而影响正常调节作物生长功能，甚至会产生副作用，导致作物减产。因此，在使用之前，应鉴别其质量。

植物生长调节剂一般有结晶、粉剂、片剂、水剂和乳油等剂型，现根据不同剂型，分别介绍几种简易的验质方法。

（一）结晶

对于赤霉素结晶，要先观察生产日期、包装破损和结晶潮解情况。因为赤霉素易降解，遇水后分解较快，对储藏两年以上已潮解的赤霉素，则不能使用。检验这类药品的质量时，可观察赤霉素的溶解度，赤霉素易溶于乙醇（酒精）难溶于水，可用少量赤霉素各放于水和乙醇中观察溶解速度；也可取少量药剂放入盛有清水的杯中，搅拌均匀，静置半小时，若药液呈悬浮状混浊不清，杯底有微量沉淀物，说明药剂未失效；若药液呈半透明或清澈状态，则说明药剂已经失效，不能使用。其次，可观察结晶的色泽。一般情况下，结晶呈白色时，表明质量没有问题。

（二）粉剂

粉剂是植物生长调节剂的一种常见剂型，如活力素、强力增产素、绿丰素、多效唑等均为粉剂。这类干粉药剂应无吸潮结块现象，若手摸发潮，捏则成团，表明已经减效；若结成块状，则表明完全失效。另外，粉剂一般较稳定，色泽不易变化，若发现未能保持其"本色"，则表明药效发生了变化。目测鉴别时，一是要看包装上的农药品种名称，防止错用药，二是要检查粉剂有否潮解结块。对已潮解和储藏时间较长的药剂，需开展进一步化验分析后再考虑是否使用。

（三）片剂

片剂是植物生长调节剂的一种新剂型，如甘薯膨大素、助壮素，目前赤霉素已制成片剂。检测片剂质量最简便的方法是水溶性测定，将片剂放于少量水中，如迅速出现气泡，并随着气泡的产生片剂逐渐溶解，说明药剂质量较好。如果片剂放于水中无气泡又不分解，说明片剂已受潮，不宜在生产上使用。

（四）水剂

水剂是植物生长调节剂的常用剂型，如乙烯利、2，4-D、防落素和三十烷醇都有水剂包装。鉴别水剂最重要的是观察有无沉淀物，如三十烷醇水剂发现有乳析沉淀，说明该药剂直接加水喷施已失去效果。只有在乳析析出的三十烷醇中加乙醇助溶后，方可使用。对已沉淀的其他植物生长调节剂，应在化验分析的基础上，再确定是否使用。

（五）乳剂

乳剂鉴别首先要观察药剂有否分层，一旦出现分层情况，则应考虑进行化学分析加以鉴别。一般乳化性能较好的药剂，在水中的溶解性和扩散性均较好，通常情况下储存不分层、不沉淀。如果将药剂倒入水中不易溶解或者轻搅拌后，乳化粒子粗，出现上浮和下沉的情况，说明该药剂质量已很差，不宜使用。如2％或4％的赤霉素乳油、90％的"7841"（大豆激素）乳油，若见有分层或沉淀，可将药瓶上下震荡，使药液均匀后静置1h以上再观察，如果未发现沉淀，油和水混合均匀一致不分层，则说明未失效，仍可使用；若油、水分层明显，乳化粒子粗，出现上乳和下沉的情况，说明药剂质量已很差，不能使用。也可取药剂少量放在玻璃瓶中，再加水搅拌后静置0.5h，若水面有浮油，则说明药剂已减效，浮油越多，药效越差。

六、调控目标

使用植物生长调节剂要有明确的调控目标，如对症解决徒长、脱落、减轻劳动强度、调控花期花时、改善品质等生产问题。根据调控目标，选择有效的调节剂产品，不可滥用。不同的植物生长调节剂对植物起不同的调节作用，有的促进生长，有的抑制生长，有的延缓生长，有的促进脱落，有的抑制脱落，要根据生产上需要解决的问题、调节剂的性质、功能及经济条件，选择合适的调节剂种类。

第四节　植物生长调节剂使用的关键技术

一、选用合格的药剂品种

在我国，植物生长调节剂的生产和使用管理被归入了"农药"。

植物生长调节剂产品须按"农药"登记。它的合法生产必须具有农业部核发的"农药登记证"、国务院工业品许可部门颁发的生产许可证或生产批准文件以及省级化工厅和技术监督局审查备案的"产品企业标准",有产品质量标准并经质检附具质量控制合格证。

植物生长调节剂产品必须有标签或说明书。上面应注明植物生长调节剂名称、企业名称、产品批号、调节剂登记证号(临时登记证号)、调节剂生产许可证号或生产批准文件号、调节剂有效成分、含量、重量、产品性能、毒性、用途、使用技术、使用方法、生产日期、有效期和使用中注意事项。分装品还应注明分装单位。

目前,市场上销售的植物生长调节剂不仅种类繁多,而且药效存在明显差异,决不能盲目购买使用。购买前,应先弄清使用目的,即用其解决什么问题。购买时,根据目的选购。否则,不仅不能发挥其应有的作用,而且会适得其反。例如九二〇(赤霉素),能促进植株茎叶伸长;而矮壮素的作用则与赤霉素恰恰相反,它能使植株矮化,节间缩短,茎秆变粗。

二、开展小规模预备试验

由于植物生长调节剂的应用效果,受品种、气候、药剂来源和质量、使用技术、其他农艺措施等多方面的影响,因此,不同年份、不同栽培措施和不同环境条件下,植物生长调节剂的效果有差异,在使用时不能按统一的标准。即使同一作物、同一品种也会因气候、土壤的不同而有差异,在大面积处理前,一定要先做小规模的预备试验,以供试药液的供试浓度处理供试作物3~5株,3~5d后观察,如无烧伤或其他异常现象,即可田间大规模应用。如有异常反应,则应降低浓度或剂量,再行试验,直到安全无害为止。生长调节剂因浓度不同,效果可能完全相反,甚至能烧伤或烧死作物。因此,通过预备试验可确定适宜的调节剂种类、浓度、剂型,这个环节非常重要,能切实保证合理使用,发挥药效、提高效益。否则,容易造成药效不稳、无效,甚至产生药害。

有许多药剂会产生同一个效果,如化学整形,有丁酰肼、矮壮素、多效唑、嘧啶醇等多种延缓剂可供选择。不同植物对不同药剂的反应不同。对所要使的药剂，最好做一次对比试验，一周后就能观察到效果。然后，选用一种药效显著、没有副作用、使用简便、价格便宜的药剂大面积应用。特别是市售的新药剂或应用效果有争议的药剂，不能盲目大面积应用，必须先进行多点试验，确定有效浓度与剂量后，并经示范验证后才可推广应用。有的药剂药效期短，往往需要多次处理，那就选择药效期长的一次处理即可，可节省劳力。但如一次使用后出现药害，如叶色发黄、有枯萎现象等，则不如选用低剂量、多次处理更好。

三、选择适宜的使用时机

使用植物生长调节剂的时期至关重要。只有在适宜的时期内使用，才能收到应有的效果，使用时期不当，则效果不佳，甚至还有副作用。

植物生长调节剂的适宜使用期，主要取决于作物的发育阶段和应用目的。过早或过晚都得不到理想的效果。不同时期使用甚至可能得到完全相反的结果，如萘乙酸在幼果期使用起疏果作用，而在采果前使用为保果剂。乙烯利诱导黄瓜雌花形成，必须在幼苗1～3叶期喷洒，过迟，则早期花的雌雄性别已定，达不到诱导雌花的目的。果实的催熟，应在转色期处理，可提早7～15d成熟，过早，影响果实品质，反之则作用不大。因此，一定要选择适宜时期使用，同时注意使用的时间。一般在晴朗无风的10：00前较好，雨天不要使用，施药后4h内遇雨要补施。

四、明确正确的处理部位

蔬菜根、茎、叶、花、果实和种子等，对同一种生长调节剂或同一大小剂量的反应不同。同样的浓度对根有明显的抑制作用，而对茎则可能有促进作用；对茎有促进作用的浓度往往比促进芽的高些。如10～20mg/kg 2,4-D药液对果实膨大生长有促进作用，而对于幼芽和嫩叶却有明显的抑制作用，甚至引起变形。施药前，应根据调控目标明确处理部位。如用2,4-D防止落花落果，就要把药剂涂在花朵上，抑制离层的形成；若用2,4-D溶液处理幼叶，则会造成伤害。然后，在使用时选择适当的用药工具，对准所需用药的部位施药，否则会产生药害。

五、采用合适的剂型用法

植物生长调节剂有原药及水剂、粉剂、油剂、熏蒸剂等剂型。使用方法通常有喷雾、浸泡、涂抹、灌注、点滴及熏蒸等。原药通常难溶或微溶于水，要选择相应的溶剂溶解后稀释使用。利用水剂叶面喷洒时，通常加一定量的表面活性剂（如肥皂水、洗衣粉等，但不能使药液的酸碱度有过大的变化），使之易于在叶表面黏着和展布。可湿性粉剂配成的悬浊液比水剂的均匀性差，在喷雾时要注意摇动防止沉淀。根据调节剂进入植物体内作用途径选择施用方式，例如，多效唑通过根部吸收，可施入土中；比久在土壤中稳定，残效期长，而易从叶面进入，可用喷洒方式。根据处理部位选用处理方式，若用2,4-D防落花落果，要把药剂涂在花朵上，抑制离层的形成，若用2,4-D处理幼叶则易造成伤害。

六、控制使用浓度与剂量

植物生长调节剂的一个重要特点，就是其效应与浓度紧密相关。在使用中一定应注意剂量。它直接涉及使用调节剂的效果、成本以及农产品与环境的安全。有些调节剂在不同浓度下可能起着完全相反的作用，如2,4-D、抑芽丹、调节膦和增甘膦等药剂，在较低浓度时起调节植物生长的功能，而在高浓度时则可起除草剂的作用。生长素类，低浓度促进生长，高浓度抑制生长，甚至杀死植物。通常情况下，植物生长调节剂在关键时期施用一次，就会有明显的效果，多次施用不但费工费药，而且效果不一定比一次施用好。但是，在使用植物生长延缓剂时，低浓度多次施用要比高浓度一次施用效果好。因为低浓度多次施用不仅可以保持连续的抑制效果，而且还能避免对植株产生毒副作用。

七、洗净配置药剂的容器

不同的调节剂有不同的酸碱度等理化性质，配置药剂的容器一定要干净、清洁。盛过碱性药剂的容器，未经清洗盛酸性药剂时会失效；盛抑制生长的调节剂后，又盛促进剂也不能发挥效果。例如，生产上使用青鲜素，一般浓度较高，若有残留，不经清洗，用来处理低剂量防止落果时，将引起落叶落果，效果恰恰相反。

八、注意长势和气候变化

一般而言，植株长势好的浓度可稍高，长势一般的用常规浓度，长势弱的浓度要稍低，甚至不用。温度高低对调节剂影响也很大，温度高时反应快，温度低时反应慢，故在冬夏季节使用的浓度应有所不同。在干旱气候条件下，药液浓度应降低。反之，雨水充足时使用，应适当加大浓度。

九、巧妙慎重地混配使用

几种植物生长调节剂混用或与农药、化肥混合使用，可发挥综合效应，同时解决生产上存在的几个问题。调节剂之间混用要做到混用的目的与生长调节剂的生理功能相一致，不能将两种生理功能完全不同的调节剂进行混用，如多效唑、矮壮素和比久等，不能与赤霉素混用。使用乙烯利催熟时，为避免引起落果，可与萘乙酸混合使用。但在进行几种植物生长调节剂混用或与农药、化肥混合使用时，必须充分了解混用的药剂之间是否存在协同或拮抗作用。例如，丁酰肼与乙烯利混合使用，可促进花芽分化，但不宜与其他碱性药剂混用，否则影响效果；叶面宝、喷施宝呈酸性，不能与碱性农药、肥料混用；赤霉素遇碱易分解；抑芽丹与细胞分裂素混用，其效果就会相互抵消。

十、与农艺措施相互配合

植物生长调节剂仅在植物生长发育的某个环节起作用，不能离开良种，不能代替肥料、农药和其他耕作措施。要使其在农业生产上应用获得理想效果，一定要与其他农艺措施相配合。例如，用萘乙酸、吲哚乙酸处理插条促进生根，必须保持苗床内一定湿度和温度，否则生根难以保证。植物生长调节剂是生物体内的调节物质，使用它不能代替肥水，即便是促进型的调节剂，也必须有充足的肥水条件才能发挥作用。

十一、妥善储存生长调节剂

（一）储存温度

储存温度对植物生长调节剂的影响较大。一般温度越高，影响越大。温度的变化，会使植物生长调节剂产生物理变化或化学反应，使其活性下降，甚至丧失调节功能。如三十烷醇水剂，在20～25℃下呈无色透明，若长时间在35℃以上的环境中储藏，则易产生乳析致使变质。赤霉素结晶在低温、干燥的条件下可以保存较长时间，而在温度高于32℃以上时开始降解，随着温度的升高，降解的速度越来越快，甚至会丧失活性。

（二）储存湿度

储存湿度严重影响生长调节剂的质量。因为调节剂在湿度较大的空气中易潮解，逐渐发生水解反应，使药剂质量变劣，甚至失效。例如，防落素、萘乙酸、矮壮素、调节膦等药剂吸湿性较强；制作成片剂、粉剂、可湿性粉剂、可溶性粉剂的植物生长调节剂，往往吸湿性也较强，特别是片剂和可溶性粉剂，如果包装破裂或储藏不当，很易吸湿潮解，从而降低有效成分含量。如赤霉素片剂一旦发生潮解，必须立即使用，否则可失去调节功能。为避免药剂受潮，一般储存在相对湿度75%以下的环境中。

（三）储存光照

光照条件也可对植物生长调节剂产生一定影响。因为日光中的紫外线可加速调节剂分解。如萘乙酸和吲哚乙酸都有遇光分解变质的特性。用棕色玻璃瓶包装的透光率为23%，绿色玻璃瓶的透光率为75%，无色玻璃瓶的透光率达90%。用棕色玻璃瓶可以减少日光对药剂的影响。应储存在阴凉的干燥处。

（四）储存器具

储存器具也是影响药剂质量的一个重要因素。一些调节剂不能用金属容器存放，如乙烯利、防落素对金属有腐蚀作用，比久易与铜离子作用而变质。大多数农药与碱易反应，如赤霉素遇碱迅速失效。有些植物生长调节剂遇碱易分解，如乙烯利在 pH4 以上时就可分解而释放乙烯。

（五）储存时间

目前市售的植物生长调节剂，为便于农户应用，多数加工成粉剂、水剂、乳剂等剂型。如 2, 4 - D 配制成含量为 1.5％的水剂，赤霉素等配以辅料制成粉剂，乙烯利为含量 40％的醇剂，矮壮素为含量 50％的水剂等。这些植物生长调节剂的储藏期不宜太长，一般在 2 年左右，有的甚至更短。

第五节 植物生长调节剂的施用方法

植物生长调节剂的施用方法较多。一种植物生长调节剂具体采用何种使用方法，随生长调节剂种类、应用对象和使用目的而异。方法得当，事半功倍，方法不妥，则适得其反。在实际应用中，要根据实际情况灵活选择。

一、喷施法

喷施法是植物生长调节剂常用的施用方法。根据应用目的，可以对叶、果实或全株进行喷洒。先按需要配制成相应的浓度，然后用喷雾器喷洒，要细小均匀，以喷洒部位湿润为度。为了使药液易于黏附在植物体表面，可在药液中加入少许乳化剂或表面活性剂等辅助剂，如中性皂、洗衣粉、烷基磺酸钠，或表面活性剂如吐温- 20、吐温- 80，或其他辅助剂，以增加药液的附着力。

喷施多用于田间，少用于盆栽。为使药液被充分吸收，最好在傍晚喷施，这时，气温不高，药剂中的水分不致很快蒸发。否则，容易造成大量未吸收的药剂沉积在叶表，对组织有害。如处理后4h内下雨，叶面的药剂易被冲刷掉，需重新喷药。

应根据使用量，选择不同型号的喷雾器。同时，要注意尽量喷在作用部位上。如用乙烯利催熟果实，要尽量喷在果实上。

二、浸泡法

浸泡法常用于种子处理，促进插条生根、催熟果实和储藏保鲜等。浸种时，药液要没过种子，浸泡时间为 6～24h。如果室温较高，药剂容易被种子吸收，浸泡时间可以缩短到 6h；温度低时，则时间适当延长，但一般不超过 24h。要等种子表面的药剂晾干后才能播种。

将插条基部 2.5cm 左右浸泡在药液中，药液浓度决定浸泡时间，可快蘸。浸泡后，将插条直接插入苗床中。也可用粉剂处理，先将苗木在水中浸湿，再蘸拌有生长素的粉剂处理。

催熟果实，是将快成熟的果实采摘下来后，浸泡在事先配制好的药液中，浸泡一段时间，取出晾干后，放在透气的筐内。如用乙烯利催熟，果实吸收乙烯利后，有充分的氧气才能释放出乙烯并诱导生成内源乙烯，达到催熟的目的。

三、涂抹法

涂抹法是用毛笔或其他工具，将药液涂抹在植株某一部位的施药方法。如将 2,4-D 涂布在番茄花上，可防止落花，并可避免药液对嫩叶及幼芽产生危害。这样，便于控制施药的部位，避免其他器官接触药液。一些处理部位要求高、容易伤害其他器官的药剂，涂抹法是一个比较理想的选择。例如，用羊毛脂处理时，将含有药剂的羊毛脂直接涂抹在处理部位，大多涂在切口处，有利于促进生根，或涂芽促进发芽。

四、浇灌法

浇灌法是将药液直接浇灌于土壤中，使根部充分吸收的施用方法。盆栽药液用量须根据植株与盆的大小而定。直径 9～12cm 盆一般 100mL，直径 15cm 以上的盆需 200～300mL。用量不宜过大，以免药剂从盆底泄水口流失，降低药效。在育苗床中应用时，可叶面喷洒，也可进行土壤浇灌。如果是液体培养，可将药剂直接加入培养液中。大面积应用时，可按一定面积用量，与灌溉水一同冲施，也可按一定比例，将生长调节剂与细土或肥料混合、撒施。另外，土壤的性质和结构，尤其是土壤有机质含量的多少，对药效的影响较大，施用时要根据实际情况适当增减用药剂量。

五、熏蒸法

熏蒸法是利用气态或在常温下容易汽化的熏蒸剂，在密闭条件下施用的方式。熏蒸剂的选择是取得良好效果的前提。温度和熏蒸容器的密闭程度，是制约熏蒸效果的两个重要因素。气温高、处理容器的密闭性好，药剂的汽化效果好，处理效果好；气温低、容器的密闭性不好，则相反。

萘乙酸甲酯可用于窖藏马铃薯、大蒜和洋葱等的处理。将萘乙酸甲酯倒在纸条上，待充分吸收后，将纸条与受熏体放在一起，置于密闭的储藏窖内。取出时，抽出纸条，将块茎或鳞茎放在通风处，待萘乙酸甲酯全部挥发即可。

六、签插法

签插法一般用于移栽。将浸泡过生长素类药液的小木签，插在移植后的苗木或幼树根际四周的土壤中。木签中的药剂溶入土壤水中，被根系吸收，有助于长新根，提高移栽成活率。

七、高枝压条切口涂抹法

高枝压条切口涂抹法主要用于名贵难生根植株的繁殖。先在枝条上环割，露出韧皮部，将含有生长素类药剂的羊毛脂，涂抹在切口处，用苔藓等保持湿润，外用薄膜包裹，防止水分蒸发。当枝条长出根来以后，可切下生根枝条进行扦插。

八、拌种法与种衣法

拌种法与种衣法是专门用于种子处理的施用方法。用杀菌剂、杀虫剂或微肥等处理种子时，可适当添加植物生长调节剂。

拌种法是将药剂与种子混合拌匀，使种子外表沾上药剂，如用喷壶将药剂洒在种子上，边洒边拌，搅拌均匀，晾干即可。

种衣法是用专用剂型种衣剂，将其包裹在种子外面，形成有一定厚度的薄膜，可同时达到防治病虫害、增加矿质营养、调节植物生长的目的，省工、省时，效率高。

九、注意施用"六忌"

(一) 忌以药代肥

植物生长调节剂的作用是功能调节物质，不能代替水肥施用以及其他农艺措施。即便是促进型的植物生长调节剂，也必须在有充分的水肥条件下才能发挥其作用。

(二) 忌不顾浓度

植物生长调节剂的施用浓度不是越大越好。如果施用浓度过大，就会造成植物的叶片增厚变脆乃至变形，或叶片干枯脱落，甚至死亡；浓度过小，则达不到应有的效果。

(三) 忌不求时效

施用植物生长调节剂，要根据其植物种类、栽培需要、药剂的有效持续时间等，决定植物生长调节剂的喷施时期，避免造成浪费，甚至引起药害。

(四) 忌违背时节

施用植物生长调节剂，在干旱的气候条件下，施用浓度应适当降低。反之，在潮湿、雨水充足的条件下，施用浓度应适当降低。植物生长调节剂的施用时间，应掌握在 $10:00\sim16:00$ 以前。如果施药后4h内遇雨，需进行补施。

(五) 忌制种施用

蔬菜制种田施用植物生长调节剂，如乙烯利、赤霉素等，易导致其不孕穗增多，种子发芽率严重降低等。

（六）忌随便混用

叶面宝等酸性植物生长调节剂，不能与碱性农药、肥料混用；植物动力2003只能兑清水后用在作物上，如果与其他农药、肥料混用，会使肥效降低，难以显著增产，造成施药浪费。

第六节　常见植物生长调节剂的应用

植物生长调节剂自问世以来，在农业上得到了广泛的应用，在调控蔬菜生长发育及其生理功能方面，取得了一系列成功的经验做法。

一、促进扦插生根

（一）番茄扦插生根

番茄容易产生不定根，采用普通方法进行扦插繁殖育苗，虽然可以成活，但成活率较低，利用植物生长调节剂对插条进行处理，可明显调高成活率。

选取番茄植株生长健壮的侧枝8～12cm作插条，将其下端用锋利的小刀削成斜面，再用50～100mg/L萘乙酸或50mg/L萘乙酸与100mg/L吲哚丁酸混合液，浸泡处理10min，然后将其插入准备好的用沙与蛭石或与珍珠岩混合而成的基质中，可促进发根成活。也可将侧枝直接插入50～100mg/L萘乙酸溶液中进行浸泡处理，直至生根后进行移栽。

（二）辣椒扦插生根

为促进辣椒移栽苗生根及扦插成活，在辣椒幼苗移栽时，用50mg/L多效唑溶液浸泡根部1min，能明显提高成活率，缩短缓苗时间，有壮苗增产效果。辣椒扦插繁殖时，也可用2 000mg/L萘乙酸溶液，在扦插前浸泡插枝3～5s，能促进插条生根。还可用ABT生根粉，它能有效促进辣椒植株地下生根和地上发枝，有效提高单株挂果数及单位面积产量。使用方法是在辣椒苗移栽时，用

10mg/L ABT 4 号溶液浸泡幼苗根 30min，或将辣椒苗用 10mg/L ABT 10 号溶液浸根 15min。

（三）茄子插条生根

茄子苗期较长，可达 70～120d。利用插条繁殖，可大大缩短育苗时间，提高生产效率。但插条也存在着缓苗时间长、成活率低等问题，而用 2 000mg/L 萘乙酸溶液，浸泡枝条 3～5s，晾干后进行扦插，可以提高成活率和缩短缓苗时间。

二、打破种子休眠

（一）打破莴苣种子休眠

在高温下，莴苣种子处于休眠状态，不能发芽。秋季莴苣播种期为 7～8 月，此时正是炎热季节，直接播种，种子发芽率很低，不足 15%，需要用井窖、冰箱等低温处理种子，打破休眠，才能发芽。若用 1 000mg/L 6 - BA（6 - 苄基腺嘌呤）浸泡莴苣种子 3min，30℃条件下 16h 后可萌发；若用 1 000mg/L 赤霉素浸种 2～4h，发芽率可提高到 70%。也可用 5mg/L 6 - BA 或 5mg/L 赤霉素浸种 8h，再用自来水冲洗干净，即可播种，发芽率提高到 80% 左右，若将 6 - BA 和赤霉素混合使用，效果更好。

使用 6 - BA 和赤霉酸处理种子时，应注意浓度不超过 7.5mg/L，否则会降低发芽率，甚至造成药害。

（二）打破马铃薯休眠

马铃薯块茎收获后有一定的休眠期，对马铃薯的储藏非常有利，但这时如果用这些块茎作种，就会出现发芽障碍。秋播马铃薯必须用植物生长调节剂解除休眠。

1. 赤霉素处理 将种茎切块后放在 0.5～1.0mg/L 赤霉素溶液中浸泡 5～10min，取出之后，将切面向上，晾干切片上面的水分就可直接下种。或用 10～20mg/L 赤霉素溶液喷施马铃薯块茎，喷至薯块表面完全湿润为止，8h 后，再喷施 1 次，晾干后下种。在采收前 1～4 周内，用 10～50mg/L 赤霉素溶液喷洒全株，也有促进种薯萌发的作用。

2. 石油助长剂处理　播种前，用 10mg/L 石油助长剂浸泡种薯 2h，取出后晾干后下种。

3. ABT 5 号处理　播种前用 10～15mg/L ABT 5 号溶液，浸薯 0.5～1h，取出晾干后下种。

4. 硫脲处理　将薯块放在 500～1 000mg/L 硫脲溶液中浸泡 4h，取出后密闭 12h，然后将其埋在湿沙中 10d，薯块就可以发芽。

5. 氯乙醇处理　将薯块放在 1.2% 氯乙醇溶液中，浸湿后立即取出，密闭 16～24h，即可直接播种，也可用 0.1%～0.2% 高锰酸钾浸种 10～15min，促使种薯打破休眠。

三、抑制种子萌发

植物生长调节剂可抑制洋葱、大蒜、马铃薯、萝卜、胡萝卜等采收后的萌芽，延长储藏期。使用方法是于采收前喷洒叶片，萘乙酸钠盐、2，4-滴钠盐均可，但以青鲜素处理效果较好，青鲜素与2，4-滴混合使用效果更好。

（一）抑制块茎发芽

马铃薯在储藏和运输过程中，必须控制马铃薯发芽。马铃薯发芽容易造成重量损失，外皮皱缩，甚至腐烂，同时还会产生龙葵碱，对人畜有毒，不能食用。用生长调节剂可延迟储藏期，并能有效防止马铃薯发芽。

在马铃薯采收前 15～20d，在田间喷施青鲜素、萘乙酸或萘乙酸甲酯，可抑制储藏期间马铃薯块茎发芽。在田间喷洒 2 000～3 000mg/L 青鲜素，也可用 100g 萘乙酸钠盐兑清水 10L，摇匀后喷施马铃薯植株，以喷湿为宜。然后，在马铃薯块茎收获后的储藏期间，用萘乙酸甲酯抑制马铃薯块茎发芽。将萘乙酸甲酯溶液喷洒在干土或纸片上，然后将土或纸片与马铃薯混合，100～500g 萘乙酸甲酯处理 5 000kg 马铃薯。该方法简便，适合大量处理，且容易控制，储藏期长。

氯苯胺灵（CIPC）是世界上应用最广泛的马铃薯抑芽剂，它可自动升华为气体，然后作用于萌动的幼芽，抑制细胞有丝分裂，使萌动的芽很难发芽生长。将马铃薯分成若干层后，用喷粉器轻轻把药粉吹入薯堆中，一般每吨无泥土的清洁马铃薯用 0.7％氯苯胺灵粉剂 1.4kg。用 1％氯苯胺灵溶液浸泡薯块，也可起到抑芽的作用。

青鲜素对马铃薯发芽的抑制效果也很好，使用的方法是在收获前 2～3 周，用 25％青鲜素一份加水 70～90 份，对生长期马铃薯叶片进行喷洒，过早过晚药效都不明显。青鲜素在春作薯叶上需要 48h，秋作薯叶上需要 72h 才能被吸收，喷药后若遇雨需重喷。

(二) 抑制鳞茎发芽

洋葱、大蒜收获前开始叶枯时喷洒青鲜素，晒干后储存能延长休眠至 6 个月。处理方法是在洋葱、大蒜采收前 15d 左右用 2 500mg/L 青鲜素 (抑芽丹) 进行茎叶喷雾，即洋葱头直径 5～7cm，蒜头 3～5cm，外部已有 2～3 片叶枯萎，而中间叶尚青绿时进行。为使青鲜素效果更佳，可加入 0.2％～0.3％洗衣粉作黏着剂，使药液充分黏在叶面上。

(三) 抑制块根发芽

萝卜、胡萝卜等根菜类，在采收前 4d 用 1 000～5 000mg/L 萘乙酸喷洒叶面，采收后在较低气温下储藏，可有效抑制块根萌芽。

四、促进植株健壮

(一) 促进芹菜生长

在芹菜采收前 15d，喷施 50mg/L 赤霉素，每 667m² 喷药液 40～50L，可增强芹菜的抗寒力，使叶色变淡，可食用部分的叶柄变长，纤维素减少，产量增加 20％左右。

(二) 促进莴苣生长

莴苣植株长有 10～15 片叶时，用 10～40mg/L 赤霉素液喷洒，处理后心叶分化加速，叶数增加，嫩茎快速生长，可提早 10d 采收，增产 12％～44.8％。叶用莴苣采收前 10～15d，用 10mg/L 赤霉素处理，植株生长快，可增产 10％～15％。

(三) 促进叶菜生长

菠菜、韭菜、茼蒿等绿叶菜类，在采收前 10～20d 全株喷洒 15～25mg/L 赤霉素溶液 1～2 次，同时加强肥水管理，可增加株高和分枝数，增产 10%～30%。花椰菜 6～8 叶、茎粗 0.5～1.0cm 时用 100mg/L 赤霉素喷洒，可使其提早形成花球，提前 10～25d 采收。

(四) 增强番茄抗性

200～300mg/L 助壮素喷施，能增强番茄的抗寒性；番茄苗期用 500～800mg/L 助壮素进行叶面喷施，可促进壮苗，增强其抗寒、抗旱能力。番茄 5～8 叶期，10～20mg/L 多效唑叶面喷施，可使抗寒性增强；种衣剂中加入一定量矮壮素，可使苗矮化、抗旱能力增强；番茄花期，0.1% 芸薹素内酯溶液叶面喷施，可提高其耐地温能力，增加果重，减轻疫病危害；利用 0.15% 芸薹素内酯溶液，可有效防止番茄病毒病。0.1mg/L 硫脲喷布果实，可有效防治灰霉病；用 0.5mg/L 三十烷醇溶液在苗期和花果期喷洒 1～2 次，可减轻枯萎病害和增加果实糖分。

(五) 促进豆类生长

四季豆用 10mg/L 赤霉素喷 1 次可增产，后期如与 0.2% 磷酸二氢钾混合喷施，效果更好。

(六) 促进蒜薹生长

大蒜抽薹前 3～5d，用 40mg/L 赤霉素叶面喷洒，可增薹产量 20% 以上。

五、抑制秧苗徒长

茄果类、瓜类、根茎类蔬菜，在育苗期间往往出现徒长现象，用多效唑、矮壮素、乙烯利等生长抑制剂处理，可达到控制徒长、壮苗或矮化植株的目的。

(一) 抑制茄果类徒长

采用生长抑制剂能有效抑制幼苗徒长，使植株矮化、叶色浓绿、茎秆矮缩粗壮。例如，在茄子 8 叶期、辣椒 11 叶期、番茄 6

叶期，喷施 150mg/L 多效唑，能有效抑制秧苗徒长，促进生殖生长。在番茄 4～6 叶期，用 100～250mg/L 矮壮素喷施处理，也可有效控制番茄秧苗生长。使植株矮壮、叶色浓绿、叶片硬挺。

番茄 3～4 叶期到定植前 1 周，用 250～300mg/L 矮壮素叶面喷施，或定植前用 500mg/L 矮壮素浸根 20min；茄子苗期用 300mg/L 矮壮素叶面喷施，均可防止苗期徒长。茄子 5～6 片真叶期、辣椒苗高 6～7cm 时，用 10～20mg/L 多效唑叶面喷施，可有效控制秧苗徒长。

（二）抑制瓜类徒长

用 1～2mg/L 乙烯利稀释液处理黄瓜 1～3 叶期幼苗 1～3 次，能有效地抑制幼苗徒长，增加雌花数。用 50～100mg/L 多效唑浸根，能有效抑制幼苗徒长，促进根部生长，提高产量。

（三）抑制根茎类徒长

在马铃薯开花初期，用 300mg/L 比久喷洒植株 1 次，可抑制地上茎徒长，加快块茎生长。在胡萝卜肉质根形成期，用 100～150mg/L 多效唑叶面喷施，药液每 667m² 用量为 30～40kg，可有效控制地上部徒长，促进地下部块根生长。

六、调控瓜类雌雄花

（一）调节黄瓜雌雄花

早春大棚或秋延后黄瓜栽培中，在幼苗 2～3 片真叶期，喷施 100～200mg/L 乙烯利 1 次，隔 7d 再喷 1 次；或 0.01%萘乙酸溶液或 0.5%吲哚乙酸溶液或 1 500～2 000mg/L 比久喷洒叶片，可促进雌花分化，抑制雄花的形成，能明显增加雌花数，提高早期产量。反之，当低温、土壤干燥以及使用乙烯利浓度过高而形成花打顶时，可用 50～100mg/L 赤霉素处理，使雄花增多，恢复正常生长发育。

（二）调节西葫芦多开雌花

在西葫芦 3 叶 1 心期，用 160～200mg/L 乙烯利或 1 500～2 000mg/L 比久喷洒叶片，可使雌花发生早而多，并提早开花结瓜率。喷施增瓜灵和黄瓜灵等，也可促使西葫芦多开雌花。

（三）调节瓠瓜多开雌花

应用乙烯利处理瓠瓜，可促进瓠瓜雌蕊形成，而使雄蕊形成受到抑制，达到化学去雄的目的。在瓠瓜 5～6 片真叶时，用 150mg/L 乙烯利叶面喷施，经 7～10d 后再喷第二次，这样可使全株 10 节以上均有雌花形成，但需留未经乙烯利处理的植株，便于授粉。当瓠瓜秧苗有 6～8 片真叶时，用 100～120mg/L 乙烯利滴于瓠瓜的心叶，或将瓠瓜苗的顶端在乙烯利溶液中浸一下，使乙烯利仅作用于顶端心叶，而对下端萌生的侧蔓不发生影响。

七、调控抽薹开花

（一）促进萝卜和胡萝卜抽薹开花

对于未经过低温春化而要求抽薹开花的萝卜和胡萝卜，可用 20～50mg/L 赤霉素溶液滴生长点，使其未经过低温春化就能抽薹开花。

（二）促进叶用莴苣抽薹开花

当叶用莴苣长有 4～10 片叶时，喷洒 5～10mg/L 赤霉素药液，可促进叶用莴苣在结球前就抽薹开花，提早种子成熟，增加种子产量。

（三）抑制甘蓝抽薹开花

甘蓝在 10℃ 以下低温下经过 30～50d，便可诱导花芽分化，然后在温暖长日照条件下抽薹。夏甘蓝越冬，中熟甘蓝越冬时茎粗在 10cm 以上，都有抽薹开花的危险，可在抽薹前用矮壮素、青鲜素处理。抽薹前 10d，用 4 000～5 000mg/L 矮壮素，每 667m² 叶面喷施 50L，具有延缓抽薹的作用。在花芽分化后尚未伸长时，使用 2 000～3 000mg/L 青鲜素溶液叶面喷洒，每 667m²50L 左右，可抑制薹的伸长，减少裂球，增加甘蓝的商品率。

（四）抑制茎用莴苣抽薹开花

当茎用莴苣开始伸长生长时，用 4 000～8 000mg/L 丁酰肼液喷洒植株 2～3 次，每隔 3～5d 喷 1 次，可明显抑制抽薹，提高商品价值。在茎用莴苣幼苗生长期间，用 100mg/L 青鲜素药液处理，也能抑制抽薹开花。

（五）抑制萝卜抽薹开花

用 4 000～8 000mg/L 矮壮素或比久叶面喷施，连喷 2～4 次，可明显抑制抽薹开花，避过低温危害，也可在抽薹前用 1 000～3 000mg/L 青鲜素溶液叶面喷洒，每 667m² 50L，也可在采收前用 1 000～2 000mg/L 青鲜素溶液喷洒一次，可抑制二年生萝卜抽薹，减少养分消耗，保持原有色泽与品质。

八、化控形成无籽果

（一）化控无籽西瓜

用 1％或 2％萘乙酸羊毛脂，或 1％萘乙酸加 1％吲哚乙酸羊毛脂涂雌花，就可得到无籽的西瓜果实。如果在开花期，西瓜雌花已经有少量授粉，但产生激素量仍少，仍不能使子房膨大，可补充供给植物激素，同样能促进果实膨大，产生少籽的西瓜。

（二）化控无籽番茄

在番茄授粉前，用 10～25mg/L 2,4-D 溶液浸花，或用 10～50mg/L 防落素、50～100mg/L 萘乙酸喷花，可刺激子房膨大，加快果实生长，产生无籽果实。

（三）化控无籽茄子

在茄子开花期，用 5～30mg/L 2,4-D 溶液，或 10～40mg/L 防落素溶液，浸花或者喷花，可以产生无籽果实。

（四）化控无籽辣椒

在辣椒开花初期，用 1％萘乙酸羊毛脂或 500mg/L 萘乙酸水溶液处理花朵，能获得正常的无籽果实。

（五）化控无籽黄瓜

在黄瓜开花时，用 1％、2.5％、5％萘乙酸羊毛脂和 500mg/L 萘乙酸水剂处理雌花，可产生无籽果实。

九、保花保果

（一）防止菜豆落花落荚

用 1～5mg/L 防落素溶液，或 5～25mg/L 萘乙酸（也可用萘乙酰胺）溶液，在菜豆盛花期喷洒处理，可抑制菜豆落花。也可喷施 15μL/L 的吲哚乙酸溶液，降低落花率。豆类作物一般开花量较大，由于栽培管理等技术措施不能及时跟上，再加上高温干旱等原因，落花落荚现象较严重，在结荚后用 10～20mg/L 赤霉素喷荚，可使菜豆、扁豆等保荚增产。

（二）防止辣椒落花落果

防止辣椒落花落果可采用的植物生长调节剂及用法用量为：应用 20～25mg/L 2,4 - D 进行点花处理；辣椒生长中后期，采用 40～50mg/L 防落素，或开花后 3d 用 20mg/L 防落素对花朵喷施；辣椒开花初期，用 100mg/L 助壮素水溶液叶面喷施；从始花期开始，每隔 10 天用 0.5mg/L 的三十烷醇叶面喷施，每 667m² 喷50L，连喷 3～4 次；在着果后期到采收后期，用 50mg/L 多效唑喷洒叶面，每 667m² 喷 50L。

（三）防止番茄落花落果

番茄开花时，用 10～15mg/L 2,4 - D 药液浸花 2～3s，逐花处理，注意不可重复，不要洒到嫩叶上，通常在 9：00～11：00，花朵半开、温度 20～25℃时进行。果实膨大特别快，可提早 5～7d 成熟，且果实大、种子小，糖分含量高，但易产生药害。为防产生药害，可用 10～15mg/L 防落素喷花。

（四）防止西瓜落花化瓜

西瓜从开花到花后 1～2d，用 20～30mg/L 防落素喷花，可防止落花落果。

十、催熟与保鲜

（一）番茄催熟

番茄果实由绿熟期转破色期，用小毛巾放在 4 000mg/L 乙烯利中浸湿后在番茄上揩一下或摸一下；或用 2 000mg/L 乙烯利溶液喷施或浸果 1min 进入破色期的果实，再将番茄置于温暖处或室内催熟，但不如植株上所催熟的果实鲜艳；还可大田喷果，全株喷1 000mg/L 乙烯利溶液，可加速果实成熟。

在番茄第一花序开花、第二花序开花时，用 $250\sim1\,000mg/L$ 调节膦喷施 2 次，分别喷施 35L 和 45L，能使乙烯释放量的高峰提前，促进果实早熟。

把番茄转色期的果实采下，放在 $2\,000\sim4\,000mg/L$ 乙烯利溶液中浸泡 1min，捞出沥干后放置于 $20\sim25℃$ 条件下，经 $2\sim3d$ 也可由青转红。

（二）西瓜催熟

西瓜在开花后 $20\sim30d$，瓜已定个，用纱布蘸 $200\sim300mg/L$ 乙烯利药液擦瓜表皮，能提早 $5\sim7d$ 成熟。但西瓜品种不同要求的浓度不同，如中育 1 号、新澄 1 号等品种用 $100\sim300mg/L$，密宝、浙密 1 号等用 $300\sim500mg/L$。使用乙烯利催熟不可用高浓度注射于西瓜果实内，防止瓜瓤成熟过度而不能食用。

（三）辣椒转红

采收红辣椒，有 1/3 辣椒果实转红时，用 $200\sim1\,000mg/L$ 乙烯利喷洒在植株上，经 $4\sim6d$ 后果实全部转红。果实转红自然与温度有关，温度高转红快，若低于 $15℃$ 就不易转红。

（四）根菜类化控保鲜

萝卜在储藏期间易生根发芽而萎缩，并随之而引起空心、木质化等问题。采前 $15\sim20d$，用 $30\sim80mg/L$ 2，4 - D 溶液喷施，或对去叶带顶的萝卜在储藏前喷洒，可抑制发芽，防止糠心，提高萝卜品质和保鲜。在萝卜采收前 $4\sim5d$，用 $1\,000\sim5\,000mg/L$ 萘乙酸钠盐叶面喷洒；或在采收后以 $1g：35\sim40kg$ 的萘乙酸甲酯处理都可达到保鲜效果。对胡萝卜、萝卜等根菜类，采收前 $4\sim14d$ 用 $2\,500\sim5\,000mg/L$ 青鲜素喷洒叶面，可延长储藏期和供应期 3 个月。

（五）莴苣的化控保鲜

收获前用 $5\sim10mg/L$ 6 - BA 进行田间喷洒，可使莴苣包装后保持鲜绿的时间延长 $3\sim5d$；收获后 1d 用 $2.5\sim10mg/L$ 6 - BA 喷洒莴苣，效果最佳。用 60mg/L 矮壮素和 120mg/L 丁酰肼浸渍莴苣的叶片，也能获得很好的保鲜效果，但在高温条件下储藏时，浓度需低些。

（六）荸荠化控保鲜

在采前对荸荠全株喷洒 10mg/L 6 - BA 溶液，或在采后用 10～30mg/L 6 - BA 溶液进行浸泡或喷施，均可有效地使荸荠保持采收后的新鲜状态，延长储藏期。

（七）叶菜化控保鲜

大白菜收获前 5～7d 喷施 40～50mg/L 2，4 - D；甘蓝收获前 5d 用 100～250mg/L 2，4 - D 喷施，能减轻储藏期脱帮。花椰菜收获后，与用萘乙酸甲酯浸过的纸屑混堆，每 1 000 个花球用药 50～200g，能减少储藏期落叶，并延长储藏期 2～3 个月。另外，花椰菜、芹菜、莴苣分别用 10～50mg/L、10mg/L、5mg/L 6 - BA 喷洒，然后采收，在一定时间内可保鲜嫩、保色泽。冬储花椰菜，用 50mg/L 2，4 - D 溶液储前喷叶，可促花球在储藏期继续生长。

第十三章
主要蔬菜的安全高效施肥

目前，河北瓜菜种植面积 130 万 hm²，其中设施蔬菜面积已达 63.33 万 hm²；总产量 8 100 万 t，在全国位居第二，仅次于山东，商品率达 84.5%，在京、津市场占有率分别为 53% 和 42%。夏季张家口、承德两地大白菜、胡萝卜、白萝卜等错季蔬菜，在上海、深圳、广州等大城市的市场占有率高达 70%。蔬菜产业已成为种植业中发展较快、效益较高的产业之一，发展潜力巨大。

第一节　河北省蔬菜种植产业布局

河北省现辖 11 个省辖市、23 个县级市、115 个县（其中有 6 个自治县），35 个市辖区。目前，全省各地市均有蔬菜种植，种植面积较大的蔬菜主要有番茄、黄瓜、辣椒、茄子、豇豆、菜豆、西甜瓜、西瓜、西葫芦、甘蓝、花椰菜、白菜、芹菜、莴苣、白萝卜、胡萝卜、马铃薯、洋葱、大蒜等 20 余种。

一、石家庄

石家庄是一个蔬菜生产大市，目前有部分品种形成了区域化特色种植。如藁城市的甜椒、无极县的黄瓜、正定县的番茄、赵县的芦笋、新乐市的西瓜、辛集市军齐的韭菜、深泽县的大蒜。无极县、赵县、栾城县、正定县等县也有一定的蔬菜种植面积，主要是叶菜、番茄、黄瓜、西瓜等品种。

二、邯郸

邯郸蔬菜种植面积较大的县主要是曲周县、永年县、馆陶县、鸡泽县、肥乡县等。目前，邯郸蔬菜以黄瓜、番茄、西葫芦、芹菜、茄子、豇豆、西瓜、甜瓜、韭菜、白菜、甘蓝等瓜菜为主。

三、邢台

邢台蔬菜种植较多的是任县、南和县、巨鹿县、威县、南宫市、隆尧县等地，主要蔬菜种植番茄、黄瓜、芦笋、西瓜、西葫芦、胡萝卜、茄子、大白菜、黑皮大冬瓜等。就西瓜的种植习惯来说，当地的西瓜需要抗重茬性好的品种，当地种植西瓜没有尚无嫁接的习惯。所有西瓜种植均是棉花间作套种，种植时间在清明前后，采取直播加地膜覆盖的种植模式。就品种要求来说，主要是西农八类型、郑杂系列。邢台地区也是大白菜的主要生产基地，以高桩叠抱型白菜为主。

四、衡水

衡水地区种植面积最大的是西瓜，种植面积 1.33 万 hm^2，主要分布在阜城县、故城县、武邑县、饶阳县等地，西瓜大都采用嫁接育苗栽培，西瓜种植以京欣系列品种为主，占种植面积的 80% 左右。

当地种植面积最大的是饶阳县，主要种植的是厚皮甜瓜和温室番茄。其中，温室番茄在 0.67 万 hm^2 左右。甜瓜以景甜为主；厚皮甜瓜以伊丽莎白以及台湾农友品种为主。

五、沧州

沧州的主要蔬菜种植比较集中，呈明显的区域化分布。例如，青县为黄瓜生产基地，任丘市为茄果类蔬菜生产基地，肃宁县为韭菜生产基地，东光县为天鹰椒生产基地，沧县为大白菜生产基地等。

六、保定

保定蔬菜种植面积较大的县、市主要是定州市、徐水县、定兴县、望都县、清苑县。望都县是全国闻名的辣椒之乡，主要种植干椒和鲜椒两大类型的品种；定州市是国内洋葱种植面积较多的县市之一，当地洋葱种植正向着高圆类型的紫皮洋葱发展。此外还有春花椰菜、秋花椰菜、茎用莴苣、西葫芦和甜椒；徐水县蔬菜以早春茬番茄为主；定兴县主要种植尖椒、黄瓜、芹菜、番茄等蔬菜品种；清苑县主要发展的蔬菜是西甜瓜、春夏秋甘蓝。

七、廊坊

廊坊地区蔬菜种植面积大，以厚皮甜瓜、京欣类型西瓜、胡萝卜、黄瓜、番茄、甘蓝等种植为主。永清县和固安县是全市两个规模最大的重点蔬菜产业县，在县政府机构中专门设有县蔬菜管理局。香河县以菠菜、香菜、韭菜等叶菜类蔬菜为主。

八、唐山

滦南县、乐亭县、玉田县3个县既是唐山蔬菜种植区域最为集中的地方，也是唐山面积最大的区域。主要种植马铃薯、西瓜、甘蓝、番茄、豇豆、朝天椒、黄瓜、甜瓜等品种。

九、秦皇岛

秦皇岛蔬菜种植区大县主要是昌黎县、抚宁县两县。其中昌黎县蔬菜规模最大，主要种植甘蓝、花椰菜、西葫芦、胡萝卜等。抚宁县主要种植温室番茄。

十、承德

承德蔬菜种植面积比较大的区域主要是围场满族蒙古族自治县、丰宁满族自治县、平泉县等地，主要种植胡萝卜、马铃薯、春白菜、甘蓝、花椰菜、西葫芦、西瓜、甜瓜等。

十一、张家口

张家口市是环京津地区重要蔬菜生产基地，该区蔬菜生产种植结构区域化。形成以赤城县、怀来县、涿鹿县为主的甘蓝、豇豆、大蒜及特菜生产基地；以宣化县、万全县、怀安县、下花园区为主的茄果类蔬菜生产基地；以张北县、尚义县、沽源县、康保县、崇礼县为主的胡萝卜、芹菜、甘蓝、白萝卜、彩椒生产基地。

第二节 主要蔬菜的植物营养特征

蔬菜作为一类高度集约化栽培的作物，品种多、产量高、施肥量大、菜田土壤肥沃，既要求高产，又要求优质。具体地说，就是将施肥的养分供给与蔬菜的养分需求相协调，通过养分的高效利用实现高产。同时，采取有效措施，控制硝酸盐、重金属等有害物质污染，切实保障蔬菜安全高效生产。

一、蔬菜需肥的共性特点

蔬菜需肥的共性特点是用量大、种类多。番茄、黄瓜、大白菜、萝卜、冬瓜等许多蔬菜，每 $667m^2$ 产量高达 15 000kg 以上。同时，设施蔬菜周年生产、复种指数高，从土壤中带走的养分相当多，需肥量远高于粮食作物。一般蔬菜氮、磷、钾、钙、镁的平均需求量，比小麦分别高出 4.4 倍、0.2 倍、1.9 倍、4.3 倍和 0.5 倍。蔬菜除需要较多的氮、磷、钾，还需补充中微量元素盐分，尤其需要植株内移动性差的钙和硼。

二、不同蔬菜的需肥特点

不同种类蔬菜生物学特性各异，食用器官不同，对营养元素的需求存在较大差异（表 13－1），了解不同种类蔬菜的需肥特点，合理安排施用肥料的养分配比，有助于蔬菜安全高效施肥。首先，要了解各种蔬菜的元素吸收量，减去土壤中各种营养元素的含量，然后考虑肥料的利用系数，一般施肥量比蔬菜对养分吸收量要大，氮为养分吸收量的1～3倍，磷为2～6倍，钾为1.5倍。

表 13-1　不同蔬菜需肥的养分配比

序号	蔬菜	N：P₂O₅：K₂O	序号	蔬菜	N：P₂O₅：K₂O
1	番茄	1：0.26：1.80	15	辣椒	1：0.21：1.43
2	黄瓜	1：0.52：1.40	16	甜椒	1：0.21：1.41
3	茄子	1：0.27：1.42	17	甘蓝	1：0.31：1.20
4	甜瓜	1：0.49：1.94	18	莴苣	1：0.33：1.52
5	西瓜	1：0.37：1.18	19	芹菜	1：0.43：1.80
6	丝瓜	1：0.21：1.63	20	菠菜	1：0.52：1.12
7	南瓜	1：0.41：1.40	21	韭菜	1：0.36：1.22
8	冬瓜	1：0.53：1.13	22	茼蒿	1：0.69：0.83
9	草莓	1：0.34：1.38	23	洋葱	1：0.37：1.66
10	豇豆	1：0.62：2.16	24	大葱	1：0.30：1.28
11	菜豆	1：0.67：1.76	25	大蒜	1：0.26：0.93
12	萝卜	1：0.29：1.81	26	香菜	1：0.26：0.68
13	胡萝卜	1：0.44：2.56	27	大白菜	1：0.45：1.57
14	西葫芦	1：0.46：1.21	28	花椰菜	1：0.30：0.70

（一）瓜果类蔬菜

这类蔬菜主要包括番茄、黄瓜、茄子、甜（辣）椒、南瓜、西葫芦、甜瓜、西瓜等食用果实的蔬菜。这类蔬菜的吸钾量最高，其各元素的吸收量大小顺序是钾＞氮＞钙＞磷＞镁。苗期需氮较多，磷、钾的吸收相对较少；进入生殖生长期后对磷的吸收量猛增，而氮的吸收量略减。

这类蔬菜施肥既要保证茎、叶、根的扩展，又要满足开花、结果和果实膨大成熟的需要,使两者平衡生长,保证前期不早衰。一般要多施基肥,生长前期需氮量较多,磷、钾的吸收相对较少;进入开花结果阶段,对磷的需求量剧增,氮、磷、钾肥要配合使用。如果前期养分供应充足,既有利于叶面积增加,提高光合效率,促进营养生长,又有利于协调营养生长和生殖生长的矛盾,提高产量,改善品质。若前期氮肥不足,则植株矮小;磷、钾肥不足,则开花晚,产量和品质下降。后期氮肥不足,则开花数减少,花发育不良,坐果率低,影响果实膨大。若氮肥过多而磷不足,则茎叶徒长,开花结果延迟,影响结果。但也要防止水、肥过多,使茎叶生长过旺,开花结果推迟。

(二) 叶菜类蔬菜

这类蔬菜主要包括小白菜、芹菜、菠菜、生菜、莴苣、大白菜、甘蓝等食用嫩叶、嫩茎的蔬菜。全生育期需氮量最多,充足供应氮肥是该类蔬菜施肥的关键。生长前期应以高氮配方复合肥为主,后期磷、钾肥要充足,必要时适量施用微量元素。一般由于生长期短,施肥要多施基肥,在生长期多次追肥。通常用低浓度化肥或冲施肥多次追肥,无论基肥还是追肥均可用高氮含量的复合肥。但到了生长盛期则需增施钾肥和适量磷肥。若前期氮肥不足,则植株矮小,组织粗硬,产量低,品质差。大白菜和结球甘蓝到了莲座期和包心期,除施用大量速效氮肥外,增施磷肥和钾肥,否则会影响叶球的形成。叶面喷施 0.25%~0.5%硝酸钙溶液,可显著降低大白菜因缺钙而引起的干烧心发病率。微量元素要以铁为主,钙、锌、硼、锰次之,铜最少。

(三) 根菜类蔬菜

这类蔬菜包括萝卜、胡萝卜、芜菁等食用肉质根、肉质茎的蔬菜。施肥关键是调控地上部和地下部的平衡生长。一般幼苗期需较多的氮、适量的磷和较少的钾。到根茎膨大期,需求较多的钾,适量的磷和较少的氮。全生育期对钾肥需求量最多。若前期氮肥不足,则生长受阻,发育慢;后期氮肥过多而钾肥不足,则植株地上部易引起徒长,消耗养分过多,影响肉质根茎的膨大。

（四）葱蒜类蔬菜

这类蔬菜主要包括大葱、韭菜、大蒜、洋葱等食用鳞茎、假茎（叶鞘）等茎叶的蔬菜。葱蒜类蔬菜是一种需肥较多又耐肥的作物。施足基肥很重要，一般用有机肥配施磷、钾化肥或用三元复混肥料均可。这类蔬菜的营养特性既喜钾又喜硫，并且还需要锰、硼等微量元素。因此，在平衡施肥的前提下，重视施用硫酸钾，可显著提高产量和改善品质，防止叶片缺硫发黄、缺乏辛辣味。另外，缺锰易引起洋葱植株倒伏；缺硼易引起洋葱鳞茎不紧实而发生心腐病；应注意微量元素的配合施用。

三、蔬菜养分的特殊需求

（一）喜硝态氮

蔬菜是喜硝态氮的作物。一般作物能同时利用铵态氮和硝态氮，但蔬菜对硝态氮特别偏爱。当土壤铵态氮供应过量时，则可能抑制其对钾、钙的吸收，使蔬菜生长受到影响，产生不同程度的生理障碍。一般蔬菜生产中硝态氮与铵态氮的比例以 7∶3 较为适宜。当铵态氮施用量超过 50％时洋葱产量显著下降；菠菜对硝态氮更敏感，在 100％硝态氮供给条件下产量最高。在蔬菜施肥中，鉴于这种需氮特性，既要实现氮素高效利用，又要控制蔬菜硝酸盐超标，应合理调控铵态氮向硝态氮的转化进程。尤其注意叶菜类蔬菜，绝不盲目追求产量，而滥用硝态氮肥。

（二）喜钾

茄果类、瓜果类等蔬菜在所需养分中钾素营养居第一位。许多蔬菜需钾量显著超过需氮量，表现出明显的喜钾营养特性。这类蔬菜缺钾，不仅会降低产量，而且会影响外观品质，降低营养品质。例如，番茄果实着色不均，出现"绿背"，还会出现棱角果；黄瓜出现大头瓜；甜菜的含糖量下降；草莓口感差且不易储存等。蔬菜植株缺钾外观表现为老叶叶缘发黄，逐渐变褐，焦枯似灼烧状；叶片有时出现褐色斑点或斑块，但叶片中部叶脉和靠近叶脉处仍保持绿色；有时叶呈青铜色，向下卷曲，表面叶肉组织突起，叶脉下陷。

（三）喜钙

蔬菜是喜钙作物。一般喜硝态氮的作物吸钙量都很高，蔬菜吸收二价钙离子比较多，一般比小麦高4倍。有的蔬菜植株体内含钙可高达干重的2%～5%。然而，钙在植物体内移动速度较慢，容易引起钙营养失衡。缺乏时，多表现在心叶，尤其在生长末期，根系活力减弱，体内钙运输受阻，常常发生钙的生理性病害。设施蔬菜要特别注意钙的配合施用。

（四）喜硼

蔬菜需硼量高，是谷类作物的几倍到几十倍。在根菜类中，甜菜需硼量最高，萝卜、胡萝卜次之；豆类蔬菜需硼量也比较高；在叶菜类中，甘蓝需硼量最高，菠菜需硼量最低。硼在作物体内移动性很差，在植株体内再利用程度很低，容易引起缺硼的生理性病害。如甜菜的心腐病、芹菜的茎裂病、芜菁及甘蓝的褐腐病、萝卜的褐心病等。

四、特色蔬菜的需肥要点

（一）青花菜

青花菜在全生育期所需养分中，特别在花球膨大期最需要氮磷，在花芽分化后需钾。在微量元素中，最需要硼和钼。生产1 000kg青花菜需纯氮2.5kg、五氧化二磷1.1kg、氧化钾2.9kg。定植前每667m² 施有机肥2 500kg、生物有机复合肥100kg、尿素50kg、过磷酸钙20～25kg、硫酸钾30kg。进入莲座期，进行第一次追肥，每667m² 施纯氮4kg、氧化钾6kg。莲座后期进行第二次追肥，每667m² 施纯氮2.5kg、氧化钾4kg。花球形成初期，可根外喷施0.2%～0.5%硼砂。

（二）樱桃番茄

樱桃番茄除需施氮、磷、钾外，注意增施钙、硼肥。生产1 000kg樱桃番茄樱桃番茄需纯氮3.85kg、五氧化二磷1.15kg、氧化钾

4.44kg。定植前，每 667m² 施有机肥 5 000kg、生物有机复合肥 200kg、尿素 50kg、过磷酸钙 30～50kg、硫酸钾 40kg、钙肥 100kg、硼砂 1.5kg。一般在第一穗果开始膨大时，可进行第一次追肥，每 667m² 施纯氮 5kg、氧化钾 6kg。第二次追肥是在第一次穗果即将采收，第二穗果膨大时，每 667m² 施纯氮 5kg、氧化钾 6～7kg。第三次追肥在第二穗果即将采收，第三穗果膨大时，每 667m² 施纯氮 4kg、氧化钾 5～6kg。

(三) 荷兰豆

荷兰豆苗期补施氮肥，生长盛期补施磷、钾肥，注意增施钼肥和锰肥。生产 1 000kg 荷兰豆需纯氮 2.4kg、五氧化二磷 0.8kg、氧化钾 5.7kg。播种前每 667m² 施有机肥 2 500kg、生物有机复合肥 100kg、尿素 20kg、过磷酸钙 25～30kg、硫酸钾 40kg、硫酸锰 0.5～1kg。进入伸蔓发棵期，进行第一次追肥，每 667m² 施纯氮 3kg、氧化钾 4～6kg。开花结荚期进行第二次追肥，每 667m² 施纯氮 2～2.5kg、氧化钾 3～5kg。花期喷施 0.02%～0.05%钼酸铵溶液。

(四) 美国西芹

美国西芹对硼的需求量较大，增施锌肥可降低鲜菜体内硝酸盐和亚硝酸盐含量。生产 1 000kg 西芹需纯氮 2kg、五氧化二磷 0.93kg、氧化钾 3.9kg。定植前每 667m² 施有机肥 4 000～5 000kg、生物有机复合肥 150kg、尿素 40kg、过磷酸钙 25～35kg、硫酸钾 40kg、硫酸锌 1～1.5kg。植株进入旺盛生长期，进行第一次追肥，每 667m² 施纯氮 3kg、氧化钾 5～6kg。经半个月进入第二次追肥，每 667m² 施纯氮 2～2.5kg、氧化钾 4～5kg。旺盛生长期可根外喷施 0.2%～0.5%硼砂溶液。

五、蔬菜污染的分类防控

目前，蔬菜污染主要是农药、硝酸盐和重金属。我国对农药污染已实现了源头控制，但硝酸盐和重金属污染日益凸现。施肥是导致蔬菜硝酸盐和重金属污染的重要原因。

（一）硝酸盐污染防控

瓜果类、根茎类、叶菜类蔬菜硝酸盐蓄积特征各异，可按其分类特征防控硝酸盐污染。

1. 瓜果类蔬菜　番茄、黄瓜、辣椒、茄子、丝瓜等瓜果类蔬菜，硝酸盐含量在 243.6～770.2mg/kg，虽然有的超过 432mg/kg 的污染临界值（依据 WHO 和 FAO 制订的 ADI 值推算的限量），但一般低于盐渍损失后 785mg/kg 的限量，远低于烹煮损失后 1 440mg/kg 的限量，表现出低度蓄积特征。

2. 根茎类蔬菜　萝卜、胡萝卜、大葱、大蒜等根茎类蔬菜，突出的特征是硝酸盐含量较高，一般在 941.4～1 356.7mg/kg，超过污染临界值 1～2 倍，但低于烹煮损失后的限量，表现出中度蓄积特征。

3. 叶菜类蔬菜　大白菜、小白菜、韭菜、芹菜、菠菜、茴香、茼蒿、香菜、生菜等叶菜类蔬菜，突出的特征是硝酸盐含量一般在 1 789.6～4 769.8mg/kg，超过污染临界值 3 倍以上，普遍超过了烹煮损失后的限量，甚至超过了人体中毒的剂量 3 100mg/kg，表现出重度蓄积特征。

通常以叶菜类、根茎类蔬菜硝酸盐含量较高。降低蔬菜硝酸盐含量的有效途径：一是控制施肥种类、数量和氮肥的硝化速率等调节蔬菜氮素吸收来降低吸收量；二是改善植物营养代谢水平，增强硝酸盐还原酶活性，加速植物体内硝酸盐的还原。因此，控制蔬菜硝酸盐污染，关键是采用科学的施肥技术，包括有机、无机肥料配合，选择合理的肥料品种，氮磷钾素及中微量元素比例，选取适宜的施肥时期和施肥方式等。

（二）重金属污染防控

不同蔬菜对重金属的蓄积能力不同，可划分为轻度、中度、重度和极重度 4 种蓄积类型，按瓜果类、根茎类、叶菜类分类指导防控蔬菜重金属污染。

1. 低度蓄积型　主要包括番茄、黄瓜、茄子、丝瓜、辣椒等瓜果类的蔬菜，对重金属的蓄积能力较弱，有利于防范重金属污染风险，可作为开发绿色食品蔬菜的优选对象。

2. 中度蓄积型 主要包括萝卜、胡萝卜、莴苣、大葱等根茎类蔬菜，对重金属蓄积能力居中等，同瓜果类蔬菜相比，易于受重金属污染；但同叶菜类蔬菜相比，对重金属蓄积能力弱，受污染的风险低，在重金属污染临界区可以种植。

3. 重度蓄积型 主要包括芹菜、茴香、香菜、茼蒿等叶菜类小叶蔬菜，对重金属蓄积能力很强，易受重金属污染。

4. 极重度蓄积型 主要是大白菜、油菜等叶菜类大叶蔬菜，对重金属蓄积能力极强，极易受重金属污染。

重度和极重度蓄积型均为叶菜类蔬菜，同其他两类蔬菜相比，对重金属蓄积能力强，受重金属污染风险高、防范难度大，在潜在重金属污染菜田应避免种植。

第三节　瓜果豆类蔬菜安全高效施肥

一、番茄安全高效施肥

番茄是以成熟多汁浆果为产品的草本植物。番茄喜温，白天适宜的温度为25～28℃，夜间16～18℃。低于10℃，生长缓慢，生长发育受到抑制，5℃时茎叶停止生长，2℃则受到冷害，0℃即被冻死。高于35℃生长发育受到影响，高于40℃生理紊乱而热死。充足的光照、适宜的温差利于养分的积累和转熟，促进植株健康发育，防止徒长，增强番茄的抗病、抗逆能力，提高产量。

（一）番茄的需肥特点

番茄是连续开花结果的蔬菜，生长期长，产量高，需肥量大。一般每生产1 000kg商品番茄需吸收氮（N）3.9～5.7kg、磷（P_2O_5）1.2～1.8kg、钾（K_2O）4.4～6.6kg、钙（CaO）1.6～2.1kg、镁（MgO）0.3～0.6kg，对氮、磷、钾、钙、镁5种营养元素的吸收比例约为1：0.26：1.80：0.74：0.18。番茄对肥料十分敏感，追肥过早过迟，过多过少，过于集中，均不利于番茄生产。

番茄不同生育期对养分的吸收不同，吸收量随植株的生长发育增加。在幼苗期以氮为主；在开始结第一穗果时，对氮、磷、钾的吸收量迅速增加，氮在三要素中占 50%，钾只占 32%；到结果盛期和开始收获期，氮占 36%，而钾已占 50%。氮素可促进番茄茎叶生长，叶色增绿，有利于蛋白质的合成。磷能够促进幼苗根系发育，花芽分化，提早开花结果，改善品质，番茄对磷的吸收不多，但对磷敏感。钾可增强番茄的抗性，促进果实发育，提高品质。番茄缺钙果实易发生脐腐病、心腐病及空洞果。番茄对缺铁、缺锰和缺锌都比较敏感。

（二）番茄追肥要领

番茄在足施底肥基础上，追肥的要领是"一控、二促、三喷、四忌"。

1. 一控　番茄自定植至坐果前这一时期，应视苗控制追肥。若追肥过早、过多、过于集中，则茎粗叶大，叶色浓绿，造成植株徒长，甚至引起落花落果。

2. 二促　番茄幼果期和采收期应重施追肥，促进生长发育。在第一花序坐果以后，且果实有核桃大时，植株要分枝，幼果要膨大，又要继续开花结果，养分消耗大，此时要迅速施用速效肥料 1～2 次，以保证植株不脱肥，促进幼果迅速长大；在第二、三穗果迅速膨大时，必须不断供给养分，否则会造成后期脱肥，造成植株早衰。此阶段，应勤追猛保，每隔 10～14d 追 1 次肥，对肥力高的棚室，可灌 1 次空水追 1 次肥。

3. 三喷　番茄不仅可由根部从土壤中吸收养分，而且可由叶片吸收矿质营养及糖分，以促进果实及种子的发育。在果实生长期间，特别是前期连续阴雨不能进行地下追肥时，应进行 2～3 次叶面喷肥，叶面喷肥可用磷酸二氢钾 0.2%～0.5%、尿素 0.2%～0.3%、葡萄糖 0.5%～1.0% 混合液喷施，效果良好。同时在开花期和结果期，还可多次喷施 0.05%～0.2% 硼砂或硼酸溶液、1% 过磷酸钙或 0.1% 硝酸钙溶液，喷施间隔 7～10d，以减少番茄果实的缺素症，保证果实的品质。

4. 四忌 番茄追肥，忌用高浓度肥料，忌湿土追肥，忌在中午高温追肥，忌过于集中施肥。追肥浓度太高和过于集中施肥，一则易使植株徒长，二则易产生肥害。湿土施肥，往往引起落花、落叶和落果等生理性病害。在高温条件下施肥，由于土壤气温高，植株蒸发量大，施肥后，会妨碍植株根系正常吸收养分，引起植株死亡。湿土施肥和高温条件下施肥，还易引起青枯病发生，施肥应在清晨或傍晚冲施或喷施。

（三）推荐施肥方案

1. 每 667m² 产 5 000～7 500kg 番茄推荐施肥方案

（1）养分需求 全生育期每 667m² 施 N 19.5～28.5kg、P_2O_5 6.0～9.0kg、K_2O 22.0～33.0kg。

（2）适宜茬口 适于日光温室短季节栽培模式。7月上中旬育苗，8月上中旬定植，到收获结束6个月左右。

2. 每 667m² 产 10 000～15 000kg 番茄推荐施肥方案

（1）养分需求 全生育期每 667m² 施 N 39.0～57.0kg、P_2O_5 12.0～18.0kg、K_2O 44.0～66.0kg。

（2）适宜茬口 适于日光温室长季节栽培模式。9～10月育苗，11月定植，到收获结束10个月以上。

3. 施肥时期与施肥量 根据番茄目标产量和茬口安排，用腐熟的鸡粪、牛粪，配施尿素（N 含量 46%）、过磷酸钙（P_2O_5 含量 16%）和硫酸钾（K_2O 含量 50%）作基肥；用生物磷钾肥（$6×10^8$ CFU/mL）、含腐殖酸水溶肥料等作追肥，在定植期每 667m² 追施生物磷钾肥（$6×10^8$ CFU/mL）5 000mL，以提高养分利用率，防治盐渍化。自初花期每隔 10～15d，每 667m² 追施 1 次含腐殖酸水溶肥料（腐殖酸 ≥ 30g/L，$N+K_2O$ ≥ 200g/L）35～40L，随浇水冲施。这样，可有效控制蔬菜硝酸盐含量。具体施肥方案见表 13 - 2。在第一穗果至第三穗果膨大期，叶面喷施 0.3%～0.5% 尿素和磷酸二氢钾 2～3 次；在缺钙、缺硼时，可叶面喷施 0.5% 硝酸钙、1% 过磷酸钙溶液和 0.03%～0.05% 硼酸或硼砂溶液 2～3 次。

表 13 - 2　番茄合理的施肥时期与每 667m² 施肥量

茬口	基肥（整地期间）	追肥		
		初花期	初果期	盛果期
短季茬	腐熟畜禽粪肥 3～4m³；基肥总量：N 4.0～6.0kg、P₂O₅ 6.0～9.0kg、K₂O 4.5～6.5kg	以控为主，根据情况追肥 1 次 N 2.0～3.0kg、K₂O 2.5～3.5kg	第一穗果开始膨大时追肥 1 次，N 3.0～4.0kg、K₂O 3.5～4.5kg	每穗果开始膨大时随浇水追肥，分 3～4 次，共追肥 N 10.5～15.5kg、K₂O 11.5～18.5kg
长季茬	腐熟畜禽粪肥 6～8m³；基肥总量：N 7.5～11.5kg、P₂O₅ 12.0～18.0kg、K₂O 9.0～13.0kg	以控为主，根据情况追肥 1 次 N 2.0～3.0kg、K₂O 2.5～3.5kg	第一穗果开始膨大时追肥 1 次，N 3.0～4.0kg、K₂O 3.5～4.5kg	每穗果开始膨大时随浇水追肥，分 8～10 次，共追肥 N 26.0～38.5kg、K₂O 29.0～45.0kg

4. 注意事项

（1）注重后期叶面肥　进入盛果期以后，根系吸肥能力下降，可进行叶面喷肥，有利于延缓衰老，延长采收期。设施番茄施肥要防止施肥过多引起的盐分障碍。

（2）注重冲施配方肥　番茄进入开花结果期后，对氮磷钾肥料的需求量增大，这时要注重冲施配方肥，满足番茄的养分需求。冬季因为地温较低，冲施普通化肥会降低地温，加重伤根，可选用全水溶性冲施肥，如芳润、乐吧、保利丰等，每 667m² 施 6～10kg。

（3）注重喷施中微量肥　开花坐果后，番茄对营养元素的需求量大，大量冲施氮磷钾肥料会造成某些中微量元素的吸收失调。因此，要注意通过叶面喷施加以补充，如喷施含钙叶面肥可以减少脐腐病的发生，喷施含硼的叶面肥可提高坐果率，喷施核苷酸、氨基酸、甲壳素等，不仅可为番茄补充营养，还可有效提高番茄的抗逆性。

二、黄瓜安全高效施肥

黄瓜是消费量最大的一种果菜。黄瓜生长快、结果多，喜肥，根系耐肥力弱，对土壤营养条件要求比较严格。黄瓜适宜在肥沃的沙壤土或黏壤土上生长。

黄瓜根系浅，分布稀疏，吸收水分能力不强，抗逆性较差，断根不易再生，对水肥要求比较严格。近年来，日光温室栽培黄瓜采用嫁接苗，充分利用了黑籽南瓜的发达根系，强大的吸收能力和具有高抗枯萎病的特点，一般施肥量超过自根苗栽培，增强了植株抗病性、抗寒性，提高了产量。

（一）黄瓜的需肥特点

黄瓜是多次采收的蔬菜，产量高，需肥量大，喜肥而不耐肥。一般每生产 1 000kg 商品黄瓜，需吸收氮（N）2.7～3.2kg、磷（P_2O_5）1.2～1.8kg、钾（K_2O）3.3～4.4kg、钙（CaO）2.1～2.2kg、镁（MgO）0.6～0.8kg，N：P_2O_5：K_2O 约为 1：0.5：1.4。黄瓜需要养分量多少的顺序是钾＞氮＞钙＞磷＞镁。

黄瓜喜腐熟的优质农家肥，重施农家肥是促根壮苗高产的基础。并且，黄瓜是一种高产蔬菜，结果期长，需长期满足生长发育所需养分，应及时分期追肥。氮、磷、钾充足但钙不足，或钙运转受阻，易成肩性果，果实成弓背状；氮、钾不足时，易产粗尾果；硼供应不足，易产蜂腰果。应注意及时补施钙、硼。

（二）黄瓜的施肥要领

黄瓜施肥本着"控氮、稳磷、攻钾、补微、足底、轻追、勤追"的原则，施肥的要领是"施足底肥，土施追肥，补施追肥"。

1. 推荐施肥方案

（1）每 667m² 产 5 000～7 500kg 黄瓜施肥方案

养分需求：全生育期每 667m² 施 N 40～55kg、P_2O_5 13～16kg、K_2O 35～45kg。

适用茬口：适于短季节栽培模式，从定植到收获结束 6 个月左右。

（2）每 667m² 产 10 000～15 000kg 黄瓜施肥方案

养分需求：全生育期每 667m² 施 N 70～85kg、P_2O_5 18～24kg、K_2O 45～60kg。

适用茬口：适用于长季节栽培模式，从定植到收获结束 10 个月以上。

（3）施肥时期与施肥量　根据黄瓜目标产量和茬口安排，用腐熟的鸡粪、牛粪，配施尿素（N 含量 46%）、过磷酸钙（P_2O_5 含量 16%）和硫酸钾（K_2O 含量 50%）作基肥；用生物磷钾肥（6×10^8 CFU/mL）、含腐殖酸水溶肥料等作追肥，在定植期每 $667m^2$ 追施生物磷钾肥（6×10^8 CFU/mL）5L，以提高养分利用率，防治盐渍化。自初花期每隔 $10 \sim 15d$，每 $667m^2$ 追施 1 次含腐殖酸水溶肥料（腐殖酸 $\geqslant 30g/L$，$N + K_2O \geqslant 200g/L$）$35 \sim 40L$，随浇水冲施。这样，可有效控制蔬菜硝酸盐含量。具体施肥方案见表 13-3。

表 13-3　黄瓜合理的施肥时期与每 $667m^2$ 施肥量

茬口	基肥（定植前）	追肥			
		定植期	初花期	初瓜期	盛果期
短季茬	有机肥 $3 \sim 4m^3$、N $8.0 \sim 11.0kg$、P_2O_5 $13.0 \sim 16.0kg$、K_2O $12.0 \sim 16.0kg$	生物磷钾肥 5L	以控为主，根据情况追施 1 次，N $4.0 \sim 5.5kg$，K_2O $3.5 \sim 4.5kg$	第一腰瓜开始膨大时追施 1 次，N $4.0 \sim 5.5kg$，K_2O $5.0 \sim 6.5kg$	按照每腰瓜开始膨大的时间开始追肥 $6 \sim 8$ 次，N $24.0 \sim 33.0kg$，K_2O $14.5 \sim 18.0kg$
长季茬	有机肥 $6 \sim 8m^3$、N $7.0 \sim 8.5kg$、P_2O_5 $18.0 \sim 24.0kg$、K_2O $9.0 \sim 12.0kg$	生物磷钾肥 5L	以控为主，根据情况追施 1 次，N $7.0 \sim 8.5kg$，K_2O $4.5 \sim 6.0kg$	第一腰瓜开始膨大时追施 1 次，N $7.0 \sim 8.5kg$，K_2O $7.0 \sim 9.0kg$	按照每腰瓜开始膨大的时间开始追肥 $10 \sim 12$ 次，N $49.0 \sim 59.5kg$，K_2O $24.5 \sim 33.0kg$

2. 施肥方法

（1）施足底肥　新棚提倡增施优质腐熟的鸡粪和有机无机复合肥；老棚应少施畜禽粪肥，提倡施用生物有机肥，含腐熟秸秆多的复合肥和含有益微生物的菌肥。每 $667m^2$ 可施生物磷钾肥颗粒 $25 \sim 30kg$，结合整地，撒施或条施。

（2）土施追肥　遵循少量多次的灌溉施肥原则，冲施肥以含氮、钾的水溶性复合肥为主，重视生长中后期追肥。

（3）补施追肥 在低温或果实旺盛生长期，应辅助叶面喷施0.3%～0.5%尿素和磷酸二氢钾等叶面肥3～4次，低温时主要喷施含磷、钾、钙及糖分的叶面肥；旺果期主要喷施含微量元素硼、锌的叶面肥。如缺钙、缺硼时，可叶面喷施1%过磷酸钙溶液和0.03%～0.05%的硼酸或硼砂溶液2～3次。

3. 注意事项

（1）忌过量集中施肥 大棚黄瓜定植后，忌过量集中施肥，比如氮肥在大棚内相对温暖的空气中，会产生大量的气体，导致黄瓜出现烧根死苗现象。

（2）忌施未腐熟有机肥 黄瓜忌施未完全腐熟的有机肥，因为未腐熟的有机肥施入土壤后高温发酵产生大量的热量和氨气，造成烧苗现象。

（3）忌采收后期忽视追肥 在采收后期要及时施肥，以免造成早衰，影响黄瓜的品质。

三、茄子安全高效施肥

茄子，是茄科茄属多年生草本植物，热带为多年生。茄子生育期长，采摘期长，产量高，养分吸收量大，适于富含有机质、土层深厚、保水保肥能力强、通气、排水良好的土壤。茄子的生育周期大致分为发芽期、幼苗期和结果期。

（一）茄子的需肥特点

茄子是喜肥作物，生育期长，需肥量大，从定植开始到收获逐步增加，盛果期至末果期养分的吸收量占全生育期的90%以上，其中盛果期占2/3。每生产1 000kg商品茄子，需吸收氮（N）2.6～3.3kg、磷（P_2O_5）0.6～1.0kg、钾（K_2O）4.7～5.6kg、钙（CaO）1.2kg、镁（MgO）0.5kg，其吸收比例为1∶0.27∶1.42∶0.39∶0.16。对主要养分的吸收顺序是钾＞氮＞钙＞磷＞镁。茄子喜中性至微酸性肥料。

从定植到采收结束，茄子对氮的吸收量呈直线增加趋势，在生育盛期氮的吸收量最高，充足的氮素供应可以保证叶面积，促进果实的发育。磷影响茄子的花芽分化，前期要注意满足磷的供应。随着果实的膨大和进入生育盛期，茄子对磷素的吸收量增加，但茄子对磷的吸收量较少。茄子对钾的吸收量到生育中期都与氮相当，以后显著增高。在盛果期，氮和钾的吸收增多，如供给不足，植株生长受阻。注意在生育后期不能追施含磷肥料，以保持茄子的食用品质。

（二）茄子推荐施肥方案

茄子施肥本着"前期攻氮，后期攻钾、控磷，及时补微"的原则，施肥的要领是"重施基肥，适时追肥，补施叶面肥"。

1. 每 667m² 产 7 000～8 000kg 茄子推荐施肥方案

（1）养分需求　　全生育期每 667m² 施 N 23.0～26.5kg、P_2O_5 5.5～7.0kg、K_2O 31.5～36.0kg。

（2）适宜茬口　　适于日光温室长季节栽培模式。7 月上旬育苗，8 月定植，到收获结束 11 个月以上。

2. 施肥时期与施肥量　　根据茄子目标产量和茬口安排，用腐熟的鸡粪、牛粪，配施尿素（N 含量 46%）、过磷酸钙（P_2O_5 含量 16%）和硫酸钾（K_2O 含量 50%）作基肥；用生物磷钾肥（6×10^8 CFU/mL）、含腐殖酸水溶肥料等作追肥，在定植期每 667m² 追施生物磷钾肥（6×10^8 CFU/mL）5L，以提高养分利用率，防治盐渍化。自门茄"瞪眼"期每隔 10～15d，每 677m² 追施 1 次含腐殖酸水溶肥料（腐殖酸 ≥30g/L，N＋K_2O ≥200g/L）35～40L，随浇水冲施。这样，可有效控制蔬菜硝酸盐含量。具体施肥方案见表 13－4。

表 13－4　茄子合理的施肥时期与每 667m² 施肥量

茬口	基肥（整地期间）	追肥	
		门茄"瞪眼"期	盛果期
长季茬	腐熟畜禽粪肥 10～15m³；基肥养分量：N 5.0～5.5kg，P_2O_5 5.5～7.0kg、K_2O 6.5～7.5kg	结合浇水追肥 1 次，N 2.5～3.0kg，K_2O 3.5～4.0kg	第一次追肥后，每隔 10～15d 浇一水，随水追肥，视苗情追肥 15～20 次，总追 N 15.5～18.0kg、K_2O 21.5～24.5kg

3. 注意事项

（1）注重施叶面菌肥　注重施用叶面菌肥，定植后 20～30d 喷施 1 次，初花期喷施 1 次，果实开始膨大期连续喷施 2～3 次，果实采收前喷施 1 次。

（2）注重因地调整施肥　土地贫瘠、病害严重的地块，应加大生物有机肥和生物叶面肥施用量，如结合整地，每 667m² 撒施或条施生物磷钾肥颗粒 25～30kg，可预防土传病害，提高产量，改善品质。

四、辣椒安全高效施肥

辣椒，是茄科辣椒属一年或有限多年生草本植物。苗期要求温度较高，白天 25～30℃，夜晚 15～18℃ 最好，幼苗不耐低温，要注意防寒。温度达到 35℃时，会造成落花落果。辣椒对水分要求严格，既不耐旱也不耐涝；喜欢比较干爽的空气条件。

辣椒是主要夏秋蔬菜品种之一。辣椒主根不发达，根量少，根系主要分布在 10～15cm 的表土层，而且根系再生能力弱，不耐浓肥；辣椒忌与茄科作物连作。

（一）辣椒的需肥特点

辣椒需肥量较多，耐肥能力强，喜 pH5.6～6.8 的弱酸性肥料。幼苗期吸收养分量较少，结果期吸收养分较多，一般每生产 1 000kg 商品辣椒，需吸收氮（N）3.0～5.2kg、磷（P_2O_5）0.6～1.1kg、钾（K_2O）5.0～6.5kg、钙（CaO）1.5～2.0kg、镁（MgO）0.5～0.7kg，吸收比例为 1∶0.21∶1.4∶0.43∶0.15。盛果期吸收最多，如钾素不足，容易引起落叶，缺镁会引起叶脉间叶肉黄花。

（二）辣椒的施肥要领

1. 重施有机肥　施用完全腐熟的鸡粪等有机肥。老龄大棚，可增施一些酵素菌肥类生物有机肥。土传病害，特别是死棵病严重的大棚，应增施一些芽孢杆菌类生物有机肥。

2. 合理选用肥料　化肥作底肥用时，尽量选用单质肥料，如尿素、过磷酸钙、硫酸钾。追施复合肥时尽量选用含硝态氮复合肥。在育苗、移栽、定植期施用生物磷钾肥和其他一些生根的调节剂，生根快、毛根多，可缩短辣椒缓苗时间，增强幼苗对不良环境的抵抗能力，增强辣椒连续坐果能力，落花少，产量高，提升品质。

3. 适量调配施肥　有机肥和磷肥全部作为基肥施用；氮肥、钾肥的 20% 作为基肥施用，80% 作追肥；短季茬分 4～5 次追施，长季茬分 9～11 次追施。微量元素缺乏，如缺硼可叶面喷施 0.03%～0.05% 硼酸 2～3 次。

（三）辣椒推荐施肥方案

1. 每 667m² 产 2 000～3 000kg 辣椒推荐施肥方案

（1）养分需求　全生育期每 667m² 施 N 10.4～15.6kg、P_2O_5 2.2～3.3kg、K_2O 13.0～19.5kg。

（2）适宜茬口　适于日光温室短季节栽培模式。10 月上中旬育苗，11 月上中旬定植，到收获结束 5 个月左右。

2. 每 667m² 产 6 000～7 000kg 辣椒推荐施肥方案

（1）养分需求　全生育期每 667m² 施 N 31.2～36.4kg、P_2O_5 6.6～7.7kg、K_2O 39.0～45.5kg。

（2）适宜茬口　适于日光温室长季节栽培模式。7 月上旬育苗，8 月定植，到收获结束 10 个月以上。

3. 施肥时期与施肥量　根据辣椒目标产量和茬口安排，用腐熟的鸡粪、牛粪，配施尿素（N 含量 46%）、过磷酸钙（P_2O_5 含量 16%）和硫酸钾（K_2O 含量 50%）作基肥；用生物磷钾肥（$6×10^8$CFU/mL）、含腐殖酸水溶肥料等作追肥，在定植期每 667m² 追施生物磷钾肥（$6×10^8$CFU/mL）5L，以提高养分利用率，防治盐渍化。自门椒膨大期每隔 20～30d，每 667m² 追施一次含腐殖酸水溶肥料（腐殖酸≥30g/L，N＋K_2O≥200g/L）35～40L，随浇水冲施。这样，可有效控制蔬菜硝酸盐含量。具体施肥方案见表 13-5。

表 13-5　辣椒合理的施肥时期与每 667m² 施肥量

茬口	基肥 （整地期间）	追肥	
		门椒膨大期	盛果期
短季茬	腐熟畜禽粪肥 3～4m³； 基肥养分量：N 2.0～3.0kg、 P₂O₅ 2.2～3.3kg、K₂O 2.5～4.0kg	结合浇水追肥 1 次， N 2.0～3.0kg、K₂O 2.5～4.0kg	第一次追肥后，每隔 10～15d 浇一水，两水追 1 次肥，视苗 情追肥 3～4 次，总追 N 6.4～ 9.6kg、K₂O 8.0～11.5kg
长季茬	腐熟畜禽粪肥 8～10m³； 基肥养分量：N 6.0～7.0kg、 P₂O₅ 6.6～7.7kg、K₂O 8.0～9.0kg	结合浇水追肥 1 次， N 2.0～3.0kg、K₂O 2.5～4.0kg	第一次追肥后，每隔 10～15d 浇一水，两水追 1 次肥，视苗情 追肥 8～10 次，总追 N 23.2～26.4kg、K₂O 28.5～32.5kg

4. 注意施肥"四忌"　控制氮肥过量施用，尤其从第一朵花开放到第二个结果枝坐果期间，要注意控制氮肥施用，防止落叶、落花、落果。一忌过量施氮肥，二忌湿土追肥，三忌中午高温追肥，四忌过量集中追肥。

五、草莓安全高效施肥

草莓属须根系浅根性作物，根系分布的范围较窄，大部分根系分布于地表下 15～30cm 土层内。根系分布与草莓品种、土壤条件及种植密度等密切相关，在良好的土肥条件下，根系分布深达 45cm，甚至更深。

草莓根系对水分的要求很高，干旱时土壤盐分浓度高，导致根系中毒，土壤含水量过高时整个根系功能衰退。草莓根系适于在中性和微酸性土壤中生长。一般以 pH5.8～6.5 为宜，pH 小于 4 或大于 8 时，根系生长受阻，需进行改良。

（一）草莓的需肥特点

草莓以土壤中的氮、磷、钾需求量较多。一般每生产 1 000kg商品草莓，需要吸收氮（N）6～10kg、磷（P₂O₅）2.5～4kg、钾（K₂O）9～13kg，其吸收比例约 1∶0.34∶1.38。草莓对氯非常敏感，施含氯肥料会影响草莓品质，应控制含氯化肥的施用。

草莓根系较浅，吸肥能力强，养分需要量大，对养分非常敏感，施肥过多或不足都会对生长发育和产量、品质带来不良影响。草莓生长初期吸肥量很少，自开花以后吸肥量逐渐增多，随着果实不断采摘，吸肥量也随之增加，特别是对钾和氮的吸收量最多。定植后吸收钾量最多，其次是氮、钙、磷、镁、硼。钾和氮的吸收随着生育期的生长进展而逐渐增加，当采摘开始时，养分需要量急剧增加，磷和镁呈直线缓慢吸收。缺磷时草莓枯叶较多，新生叶形成慢，产量低，糖分含量少。

（二）草莓的施肥要领

草莓施肥应本着"喜肥忌氯，控氮、攻磷、增钾"的原则，施肥的要领是"精施育苗肥，足施基肥，适时追肥，忌施含氯肥"。

1. 精施育肥肥　草莓育苗多采用匍匐茎繁殖方法。繁殖地块一般每 $667m^2$ 施腐熟的优质农家肥 4 000～5 000kg 和专用肥 50～80kg 或饼肥 50～80kg、尿素 5kg、过磷酸钙 80～100kg。

2. 足施基肥　草莓生长期较长，应施足底肥，一般每 $667m^2$ 施腐熟的优质有机肥 5 000～8 000kg 或腐熟发酵鸡粪 2 000～3 000kg、饼肥 50～80kg 和专用肥 50～60kg，施肥均匀，翻耕 20～30cm，使土肥充分混匀，准备定植。为减少重茬土传病害，应施含有益微生物的生物有机肥，如生物磷钾肥颗粒 25～30kg，可活化土壤中的磷、钾，增强草莓的抗病性，提早开花结实 7～10d，且可以改善草莓的适口性。

3. 适时追肥

（1）露地栽培　在定植成活后，即定植后 10d 左右，每 $667m^2$ 施专用肥 15～25kg 或 45％的氮磷钾复混肥（16-9-20）20kg，施肥结合浇水，以促进幼苗迅速生长为壮苗，为花芽分化打下基础。花芽分化后再追施一次，施肥量与前次相同。土壤封冻前结合浇水施专用肥 15～20kg。早春萌芽前结合浇水每 $667m^2$ 施专用肥 15～20kg，以促进根系发育。开花前结合浇水每 $667m^2$ 施专用肥 20～30kg，以促进坐果和果实发育。

（2）设施栽培　在定植成活后和花芽分化后追肥，施肥与露地栽培追肥相同。扣棚前每 667m² 施专用肥 15～20kg 或氮磷钾含量 45％的复混肥（16 - 9 - 20）20kg，以促进植株健壮生长。开花前每 667m² 追施专用肥 15～20kg 或尿素和硫酸钾各 10kg、腐熟的人粪尿 200～300kg 加尿素和硫酸钾各 5～6kg，以促进开花坐果和果实发育。在幼果膨大时，可追施专用肥 10kg，以后随果实膨大和采收时都应分别追肥。在草莓整个生育期一般追肥 3～4 次。

在草莓开花结果盛期，每 7～10d 喷施 1 次含磷酸二氢钾、尿素、钙、硼、锰等元素的农海牌氨基酸叶面肥，对提高草莓产量和品质有明显的效果。也可根据需要喷施其他营养元素。

六、菜豆安全高效施肥

菜豆是豆科一年生缠绕性草本植物。菜豆根系发达，宜生长在疏松肥沃、排水、透气性良好的土壤中，耐盐碱能力差，忌连作。菜豆整个生长期吸氮、钾较多，磷较少。

（一）菜豆的需肥特点

菜豆生育期中吸收氮钾较多，一般每生产 1 000kg 商品菜豆，需要吸收氮（N）3.37kg、磷（P_2O_5）2.26kg、钾（K_2O）5.93kg，吸收比例为 1∶0.67∶1.76。菜豆根瘤菌不甚发达，固氮能力较差，合理施氮有利于增产和改进品质，但氮过多会引起落花和延迟成熟。施用无机氮肥以硝态氮为好；铵态氮较多时，菜豆根系发黑，根瘤减少，结荚数和单荚重均减少。菜豆对磷肥的需求虽不多，但缺磷使植株和根瘤菌生育不良，开花结荚减少，荚内籽粒少，产量低，生长前期要有充足的磷素供应，中后期及时补充钾肥，可促进豆荚膨大，增加籽粒，延缓根系衰老。施钙肥有提高菜豆抗病能力和防治叶片脱落的作用，硼、钼对菜豆生长发育和根瘤菌活力有良好的促进作用。

菜豆用肥的酸碱度以 pH6.0～6.7 为宜。应施富含有机质的肥料，为根瘤菌生长繁殖创造良好环境。菜豆根瘤菌对磷敏感，适量的磷可达到以磷增氮的效果。

(二) 菜豆合理施肥要领

菜豆需肥中等，应本着"控氮、攻磷、增钾，补微"的原则，施肥的要领是"基肥为主，追肥为辅，补施叶面肥"。

1. 基肥为主　菜豆生长期和豆荚采收期都比较长，养分吸收量大，要施足基肥。这不仅可促进植株早分枝、发芽，还可减少落花，提早开花结果。一般每 $667m^2$ 施腐熟有机肥 3 000～4 000kg，配施三元复混肥料 30～40kg 和生物磷钾肥颗粒 25～30kg，定植前结合耕翻整地，将肥料混匀施入土壤。

2. 追肥为辅　一般菜豆苗期不需要追肥，但在土壤速效氮含量较低的瘦土上，可适当追施以速效氮肥为主的提苗肥，以保证苗期正常生长。在团棵期，为促进植株发生侧根，增加开花数和提高结荚数，每 $667m^2$ 可追施高氮钾复合肥 10～15kg。在结荚期，嫩荚形成后，为促进植株生长健壮，加速嫩荚肥大，增加产量，每 $667m^2$ 可追施高浓度复合肥 15～20kg。

3. 补施叶面肥　菜豆出苗后，每 $667m^2$ 可喷施 1.9% 硫酸锌 2～3 次；开花结荚期，喷施 0.02%～0.05% 钼酸铵溶液，连喷 2～3 次；盛花期和终花期，喷施 0.5%～1.0% 尿素溶液和 0.2%～0.3% 磷酸二氢钾溶液 1～2 次。

七、豇豆安全高效施肥

豇豆属豆科属一年生蔬菜。豇豆的适应性强，既可露地栽培，也可保护地种植，同时还可周年生产，四季上市。豇豆富含蛋白质、胡萝卜素，营养价值高，口感好，是我国北方广泛栽培的大众化蔬菜之一，其普及程度在各类蔬菜中居第一位。

豇豆是一种可以共生固氮的作物，需氮量相对较少，但是对磷钾营养需求较多。豇豆根系对土壤的适应性广，但以肥沃、排水良好、透气性好的土壤为好，过于黏重和低湿的土壤，不利于根系的生长和根瘤的活动。

(一) 豇豆的需肥特点

豇豆需钾最多，氮次之，磷最少。一般每生产 1 000kg 商品豇豆，需吸收氮（N）12.16kg、磷（P_2O_5）2.53kg、钾（K_2O）8.75kg，所需氮素仅有 4.05kg 是从土壤中来的，占所需氮素的33.3%。从土壤肥料中吸收的氮、磷、钾比例为 1：0.62：2.16。

豇豆在开花结荚之前对肥水要求不高，它的根瘤菌远不及其他豆科作物发达，需要供给一定数量的氮肥；氮肥不能偏施过多，如前期氮肥过多，叶蔓徒长，会使开花结荚节位升高，花序数目减少，侧芽萌发，形成中下部空蔓，延迟开花结荚。因此，前期宜控制肥水，抑制生长；开花结荚以后需要增加养分，应及时追肥，以促进生长，多开花，多结荚；豆荚盛收时，需要更多肥水，如脱肥、脱水，会落花、落荚，茎蔓生长衰退，应重施追肥，促进开花，可延长采收期半月。

（二）豇豆的施肥要领

豇豆的施肥应本着"控氮、稳磷、增钾，前期补氮，后期攻钾，适量水肥耦合"的原则，施肥的要领是"重施基肥，巧施追肥"。

1. 重施基肥 豇豆以施用腐熟的农家肥为主，重施基肥。一般每 667m^2 施腐熟的优质农家肥 3 000～4 000kg，配施高磷钾复混肥 30～40kg。豇豆忌连作，为减少重茬病害，可撒施含有益微生物的生物有机肥，如生物磷钾肥颗粒 25～30kg，结合整地，与肥料均匀混合，撒施或条施。在施用基肥时，应注意根据土壤肥力，适度调整施肥量。

2. 巧施追肥 定植后以蹲苗为主，控制茎叶徒长，促进生殖生长，以形成较多的花序。结荚后，结合浇水、开沟，每 667m^2 施用硫基复合肥（20 - 9 - 11）等类似的复混肥 5～18kg，以后每采收两次豆荚追肥一次，追施硫基复合肥（17 - 7 - 17）等类似的复混肥料 8～12kg。为防止植株早衰，第一次产量高峰出现后，一定要注意肥水管理，促进侧枝萌发和侧花芽的形成，并使主蔓上原有的花序继续开花结荚。

八、甜瓜安全高效施肥

甜瓜属葫芦科甜瓜属一年生蔓性草本植物。甜瓜根群集中分布在地下 15～25cm，根系所占土壤体积范围大。甜瓜生长发育的适宜 pH 为 6.0～6.8，能耐轻度盐碱；喜通透性良好的沙壤土，耐旱力强；但在沙壤土上种植甜瓜，植株生育后期容易早衰，影响果实的品质和产量，应增施有机肥，改善土壤的保水、保肥能力。

(一)甜瓜的需肥特点

甜瓜需肥量大，一般每生产 1 000kg 商品甜瓜，需吸收氮（N）2.5～3.5kg、磷（P_2O_5）1.3～1.7kg、钾（K_2O）4.4～6.8kg、钙（CaO）5.0kg、镁（MgO）1.1kg，吸收比例为 1：0.49：1.94：1.39：0.3。

施氮充足时，甜瓜叶色浓绿，生长旺盛，氮不足时则叶片发黄，植株瘦小。但生长前期若氮素过多，易导致植株疯长，结果后期植株吸收氮素过多，会延迟果实成熟，且果实含糖量低。磷能促进蔗糖和淀粉的合成，提高甜瓜果实的含糖量，缺磷会使植株叶片老化、早衰。钾有利于植株进行光合作用及原生质的生命活动，促进糖的合成，施钾能促进光合产物的合成和运输，提高产量，并能减轻枯萎病的危害。钙和硼不仅影响果实糖分含量，而且影响果实外观，钙不足时，果实表面网纹粗糙，泛白，缺硼时果肉易出现褐色斑点。

甜瓜对养分吸收以幼苗期吸肥最少，开花后氮、磷、钾吸收量逐渐增加，氮、钾吸收高峰在坐果后 16～17d，坐果后 26～27d 氮、钾吸收就下降，磷、钙吸收高峰在坐果后 26～27d，并延续至果实成熟。开花到果实膨大末期的 1 个月左右时间内，是甜瓜吸收养分最多的时期，也是肥料的最大效率期。一般果实成熟期不宜浇水追施氮肥，施氮会降低含糖量及维生素 C 含量，成熟期延迟。甜瓜喜硝态氮，铵态氮肥比硝态氮肥肥效差，铵态氮会影响含糖量，因此应尽量选用硝态氮肥。甜瓜为忌氯作物，不宜施用氯化铵、氯化钾等肥料。

(二)甜瓜的施肥要领

甜瓜施肥应本着"控氮、稳磷、增钾，适量追肥，喜钾忌氯"的原则，施肥要领是"重施基肥，少施追肥，忌施含氯肥，喷施钙硼肥"。

1. 重施基肥 甜瓜定植前 15d，结合扣棚整地施足基肥。每 $667m^2$ 施用充分腐熟农家肥 6 000～8 000kg、磷酸二铵 20kg、硫酸钾 20kg、尿素 10kg。在耕翻整地时均匀撒施。为减少重茬病害，促进土壤磷钾、活化利用，可混合撒施生物磷钾肥颗粒 25～30kg，增强甜瓜的抗病性，可提早开花结实 7～10d，且提高含糖量，改善甜瓜适口性。

2. 少施追肥 浇足缓苗水。如果土壤不是太旱，直到坐瓜时，不要再灌水，适当蹲苗，促进瓜秧根系下扎。瓜坐稳后，浇催瓜水。果实膨大期，一般浇 3～4 次水，浇水时既要灌足，又要防止大水漫灌。甜瓜定个后，停止灌水，促进果实成熟。甜瓜进入膨瓜期后，需肥量大增，可结合浇膨瓜水，每 $667m^2$ 冲施磷酸二铵 15kg、硫酸钾 15kg。不要在膨瓜后期施用速效氮肥，以免降低含糖量。

3. 根外追肥 甜瓜坐果后，可每隔 7d 左右喷 1 次 0.3% 磷酸二氢钾溶液和 0.5% 尿素，连喷 2～3 次。土壤微量元素供应不足时，可叶面喷施微量元素水溶肥料。膨瓜期如出现缺钙、缺硼现象，应及时叶面喷施 1% 过磷酸钙溶液和 0.03%～0.05% 硼酸或硼砂溶液。

九、西瓜安全高效施肥

西瓜是双子叶开花植物，枝叶形状像藤蔓，叶子呈羽毛状。它所结出的果实是瓠果，为葫芦科瓜类所特有的一种肉质果。西瓜喜强光、耐旱，适宜沙质土壤栽种。

（一）西瓜的需肥特点

西瓜是喜温、耐旱、需肥较多的高产经济作物，全生育期吸收钾最多，氮次之，磷最少。氮肥是优质、高产的基础，足施磷肥可促进植株生长、花芽分化，使其早开花、早坐瓜、早成熟，而钾可促进光合作用和蛋白质的合成，增加糖分含量，改善西瓜品质。一般每生产 1 000kg 商品西瓜，需氮（N）2.5～3.2kg、磷（P_2O_5）

0.8～1.2kg、钾（K_2O）2.9～3.6kg，吸收比例为 1：0.49：1.94。

西瓜全生育期经历发芽期、幼苗期、伸蔓期、开花期和结瓜期。不同时期对养分的需求是不同的。一般幼苗期氮、磷、钾的吸收量仅占总吸收量的 0.6％，伸蔓期占总吸收量的 14.6％，结瓜期占总吸收量的 84.8％。

（二）西瓜的施肥要领

西瓜施肥应本着"控氮、稳磷、增钾，适期追肥，喜钾忌氯"的原则，其施肥要领是"足施有机底肥，巧追壮蔓肥，重追膨瓜肥，补追叶面肥，忌施含氯肥"。

1. 足施有机底肥　有机肥不仅为西瓜全生育期的养分供应奠定基础，而且能提供最全面的养分。底肥是西瓜优质、高产的基础。西瓜喜腐熟的农家肥，以农家肥为主施足底肥，是培养根系、壮蔓的基础，是西瓜高产优质的主要措施之一，对西瓜优质、高产影响极大。一般每 $667m^2$ 施腐熟的优质农家肥 3 000～5 000kg、饼肥 100kg、三元素复混肥料 50～60kg，或尿素 15～20kg、过磷酸钙 35～50kg、硫酸钾 25～30kg，结合整地，耕前撒施，深翻覆土；或按播种行、定植行开 15～20cm 深沟，均匀条施覆土。

为减少重茬病害，可撒施含有益微生物的生物有机肥，每 $667m^2$ 施生物磷钾肥颗粒 25～30kg，可有效增强抗病性，显著降低重茬死苗率，可提早开花结实 7～10d，且提高含糖量，改善西瓜的适口性。

2. 巧追壮蔓肥　壮蔓肥要根据长势进行，一般在瓜蔓长到 40～50cm 时，结合浇水，以腐熟农家肥为主，配合适量化肥，每 $667m^2$ 施农家肥 750kg，西瓜专用肥 15kg，也可用腐熟饼肥 50～75kg，加入过磷酸钙 10kg、硫酸钾 10～12kg、尿素 10kg 或高氮复合肥 20～25kg，混匀后精巧条施，距植株根部 20cm 处开 20cm 深施肥沟，施肥封沟后及时浇水，保持土壤见干见湿，以促进瓜蔓的生长。

3. 重追膨瓜肥　在坐瓜后 6～7d，即第一批幼瓜长至鸡蛋大小且褪去茸毛时，及时重追膨瓜肥，每 $667m^2$ 施三元复混肥料

18-12-20、16-12-20、15-10-20 40～50kg，或含腐殖酸水溶肥料（腐殖酸≥30g/L，N+K_2O≥200g/L）30～40L，结合浇水穴施或条施，以促进果实膨大和果实内容物如糖分的积累。

4. 补追叶面肥　在抽蔓期和开花坐瓜期，每隔7～10d喷施0.3%～0.5%磷酸二氢钾、0.2%硼砂、0.5%尿素1次，以弥补根系吸收养分不足。在西瓜果实膨大至成熟期，喷施0.5%硝酸钙，以补充后期钙素的相对不足，防止发生黄带果或粗筋果。

十、西葫芦安全高效施肥

西葫芦是一年生草质粗壮藤本（蔓生），有矮生、半蔓生、蔓生三大品系。多数品种主蔓优势明显，侧蔓少而弱。茎粗壮，圆柱状，具白色的短刚毛。喜湿润，不耐干旱，特别是在结瓜期土壤应保持湿润，才能获得高产。高温干旱条件下易发生病毒病；但高温高湿也易造成白粉病。对土壤要求不严格，沙土、壤土、黏土均可栽培，土层深厚的壤土易获高产。

西葫芦根系发达，直播时入土深达2m以上，育苗移栽时，主根入土深达1m以上，横向扩展范围2m左右。西葫芦根系吸水吸肥能力强。根系生长快，木栓化较早，受伤后再生能力较弱，故西葫芦宜直播栽培。育苗移栽时，要加大株距，并采取护根措施。苗龄不宜过长，以减少定植时的伤根量。西葫芦抗旱、抗瘠薄能力强，对土壤要求不严格，但以土层深厚、肥沃疏松的沙壤土为宜，以利根系在低温下保持较强的生长势和吸收能力，提早收获和延长结果期。适宜土壤pH5.5～6.8。

（一）西葫芦的需肥特点

西葫芦根系强大，吸肥能力强，抗旱耐肥，对养分的吸收以钾最多，氮次之，钙、镁、磷最少。一般每生产1 000kg商品西葫芦，需吸收氮（N）3.92～5.47kg、磷（P_2O_5）2.13～2.22kg、钾（K_2O）4.09～7.29kg，吸收比例为1：0.46：1.21。

西葫芦生育前期对氮、磷、钾、钙、镁的吸收量少，生育中期吸收量显著增加，在生育后期生长量和吸收量还在继续增加，栽培中应施大量腐熟有机肥，中后期及时追肥。

（二）西葫芦的施肥要领

西葫芦施肥应本着"有机肥为主，控氮、稳磷、攻钾，及时补追"的原则，施肥的要领是"足施基肥，巧施追肥"。

1. 足施基肥 为防止冬季低温追肥不及时发生脱肥，应足施底肥。以优质腐熟有机肥与少量氮磷钾复合肥配合施用，有利于协调营养生长和生殖生长，实现优质、高产。一般每 $667m^2$ 施腐熟的优质农家肥 5 000～6 000kg、磷酸二铵 30～40kg、硫酸钾 20～30kg，或复合肥 40～50kg。为减少土传病害，促进土壤磷、钾活化利用，每 $667m^2$ 可施生物磷钾肥颗粒 25～30kg，与肥料混匀，撒施深翻或条施。

2. 巧施追肥 缓苗后及时浇一水，可结合浇水每 $667m^2$ 冲施尿素 10kg，然后控水蹲苗。进入结瓜期，营养生长与生殖生长同时进行，关键是用平衡施肥协调好二者关系。当根瓜开始膨大时，结合浇水第二次追肥，每 $667m^2$ 追施氮磷钾复合肥 10～15kg 或含腐殖酸水溶肥料（腐殖酸≥30g/L，N＋K_2O≥200g/L）20～30L。追肥时，将肥料先溶于水再随水灌于地膜下的暗沟。灌水后封严地膜加强放风排湿。

进入盛果期，肥水管理非常重要。西葫芦采收频率高，每株可采收 7～9 个果实。15d 左右追肥 1 次，每次每 $667m^2$ 随水冲施氮磷钾复合肥 35kg 左右，或尿素、硫酸铵 20～30kg。最好将化肥与有机肥交替配合施用。同时，叶面交替喷施 0.1％尿素加 0.2％磷酸二氢钾加 100 倍糖水或爱多收、叶面宝等叶面肥，以弥补根系吸收养分的不足。结瓜后期，植株衰老，适当减少肥料用量。

十一、南瓜安全高效施肥

南瓜是葫芦科南瓜属植物。南瓜嫩果味甘适口，是夏秋季节的瓜菜之一。

南瓜根系发达，主根入土可深达 2m，一级侧根有 20 余条，长约 50cm，最长可达 140cm，并可分生出三四级侧根，形成强大的根群，主要根系群密布于 10～40cm 耕层。由于南瓜根入土深，分布广，故吸收肥水的能力也很强，具有较强的抗旱力和耐瘠薄性。对土壤要求不严格，适宜土壤 pH 6.5～7.5。

(一) 南瓜的需肥特点

南瓜根系发达，主根可入土深达 2m，形成强大的根群，吸肥能力很强，需肥量多，全生育期吸收钾和氮最多，钙居中，镁和磷最少，对养分的吸收量为钾＞氮＞钙＞磷＞镁。一般每生产 1 000kg 商品南瓜，需吸收氮（N）3.5～5.5kg、磷（P_2O_5）1.5～2.2kg、钾（K_2O）5.3～7.3kg，吸收比例为 1∶0.41∶1.40。

南瓜适合厩肥和堆肥等有机肥，基肥应以有机肥为主，化肥为辅；在生长前期不宜施氮素太多，否则会引起茎叶徒长，头瓜易脱落；氮素施用过晚则影响果实膨大。南瓜不同生育期对养分的吸收各异。幼苗期需肥较少，果实膨大期需肥量最大，尤其是对氮素的吸收急剧增加，钾素也有相似的趋势，磷吸收量增加较少。南瓜在生长前期氮肥过多，易引起茎叶徒长，头瓜易脱落；过晚施用氮肥则影响果实膨大。

(二) 南瓜的施肥要领

南瓜施肥应本着"控氮、稳磷、增钾，前控后促"的原则，施肥的要领是"施足有机肥，及时巧追肥，补施叶面肥"。

1. 施足有机肥 南瓜基肥以有机肥为主，配合氮、磷、钾复合肥。常用的基肥有厩肥、堆肥或绿肥等，用量较大，一般占总施肥量的 1/3～1/2。每 667m² 施腐熟的优质农家肥 3 000～5 000kg。磷、钾肥全部或大部分作为基肥，并与有机肥混合一起施入土层中，在有机肥不足的情况下，每 667m² 补施氮磷钾复混肥 15～20kg。一般结合整地，采用开沟集中条施覆土或撒施深翻。

2. 及时巧追肥 在全生育期可视苗情，结合浇水追施，追肥量一般占总施肥量的 1/2～2/3。在南瓜移栽缓苗后，如果苗势较弱，叶色淡而发黄，可追施发棵肥，结合浇水，每 667m² 冲施复混肥 8～10kg。当植株进入生长中期，坐住 1～2 个幼瓜时，应在封行前重施催果肥，一般每 667m² 随水冲施三元复混肥 15～20kg。

在果实开始采收后，为防植株早衰，增加后期产量，还可追施少量有机肥。如果不收嫩瓜，而准备以收成熟瓜为主，后期不必追肥。

3. 补施叶面肥　在南瓜生长的中后期，根系吸收养分的能力减弱，为保证南瓜正常生长发育，可利用根外追肥方式来补充养分。可喷施 0.2%～0.3%尿素、0.2%～0.3%磷酸二氢钾，一般每 7～10d 喷施 1 次，几种肥料可交替施用，连喷 2～3 次。

十二、冬瓜安全高效施肥

冬瓜属葫芦科一年生草本植物。

冬瓜喜温耐热，喜强光，在强光条件下植株生长旺盛，是夏秋的重要蔬菜品种之一。光照不足，极易化瓜。冬瓜喜水、怕涝、耐旱，要求适宜的土壤湿度为 60%～80%，适宜的空气相对湿度为 50%～60%。冬瓜适宜在富含有机质的偏沙质土壤中生长。

(一) 冬瓜的需肥特点

冬瓜生长期长，产量高，需肥水量较大。一般每生产 1 000kg 商品冬瓜，需吸收氮（N）1.0～3.6kg、磷（P_2O_5）0.6～1.5kg、钾（K_2O）1.5～3.0kg，吸收比例为 1：0.53：1.13。

冬瓜根系粗壮发达，吸肥能力强，全生育期需肥量较大，耐肥能力强。施肥以有机肥为主，配合追施复合专用肥。生育前期需肥量较少，根系吸收以氮素为主；开花结瓜期是需肥高峰，需要吸收大量的磷、钾元素；氮素的吸收高峰期在开花结瓜期，磷素的吸收高峰期在种子发育期，钾素的吸收高峰期在冬瓜膨大期。

冬瓜幼苗期养分吸收少，抽蔓期较多；开花结果期为营养生长和生殖生长并行阶段，是最大养分期。后期需肥量逐渐减少。

(二) 冬瓜的施肥要领

冬瓜生长期较长，根系发达，肥水反应敏感。施用腐熟的畜禽粪便、人粪尿等优质农家肥，果实肉厚、味浓、耐储存。但偏施氮肥，则果肉薄、味淡、不耐储存。因此，冬瓜施肥应本着"控氮、攻磷、增钾，前轻后重"的原则，施肥的要领是"重施基肥，巧施追肥，不偏氮肥"。

1. 重施基肥 冬瓜生育期长，需肥的高峰期也长，耐肥但不耐瘠，应以优质有机肥为主重施基肥。一般每 667m² 施腐熟的优质农家肥 3 000～5 000kg、过磷酸钙 30～40kg、氯化钾 15kg。结合整地撒施深翻或条施覆土，也可将农家肥和磷、钾肥混合，在播种前按株距开穴，每穴施 1～1.5kg，然后盖土并混合，再施入清粪水，便可播种。

2. 巧施追肥 冬瓜追肥应本着"前期轻追，中后期重追"的原则，一般引蔓上架前追肥量占 30％左右，授粉至吊瓜追肥量占 70％左右，采收前 15d 停止施肥。一般需追肥 4 次，在冬瓜出苗后第三片真叶展平时施第一次；在蔓长 1m 与 2m 左右时，分别追施第二次、第三次肥；在开花结果期追第四次肥。前期以尿素等氮肥为主，每 667m² 追施 20～30kg；中后期以速效三元复混肥料为主，每次每 667m² 追施 30～40kg。

第四节　叶菜类蔬菜安全高效施肥

一、甘蓝安全高效施肥

甘蓝为十字花科芸薹属一年生或两年生草本植物。甘蓝根系浅，茎短缩，叶丛着生短缩茎上。球茎甘蓝按球茎皮色分绿、绿白、紫色 3 个类型。按生长期长短可分为早熟、中熟和晚熟 3 个类型。球茎甘蓝喜温和湿润、充足的光照。较耐寒，也有适应高温的能力。生长适温 15～20℃。肉质茎膨大期如遇 30℃以上高温，肉质易纤维化。

甘蓝对土壤的适应性比较强。结球甘蓝适于微酸到中性土壤，也能耐一定的盐碱，在土壤含盐量达 0.75％～1.20％的盐渍土上仍能正常生长发育。但以选择土质肥沃、疏松、保水保肥的中性土壤种植甘蓝为好。

（一）甘蓝的需肥特点
甘蓝是喜肥耐肥作物，产量高，需肥量大。一般每生产 1 000kg

商品甘蓝，需吸收氮（N）3.0～6.5kg、磷（P_2O_5）1.2～1.9kg、钾（K_2O）4.9～6.8kg，吸收比例在 30～40d 内，为 1∶0.31∶1.20。

甘蓝不同生育期对肥料的反应各不相同。在其营养生长过程中，历经幼苗期、莲座期，后进入结球期形成产品。生长前半期，对氮的吸收较多，至莲座期达到高峰。叶球形成对磷、钾、钙的吸收较多。结球期是大量吸收养分的时期，在 30～40d 内，吸收氮、磷、钾、钙可占全生育吸收总量的 80%。

（二）甘蓝的施肥要领

甘蓝施肥应本着"前稳后促，前期攻氮，后攻磷钾"的原则，施肥的要领是"足施底肥，巧施追肥，适喷钙硼肥"。

1. 足施底肥　甘蓝喜肥耐肥，应足施底肥。一般每 $667m^2$ 施腐熟的优质农家肥 4 000～5 000kg，并将过磷酸钙 50～70kg 与之混合堆集，腐熟后施用，做到磷肥全部底施。在做畦时撒施 60%，到定植种苗时再条施或穴施 40%。这样，可提高早春甘蓝小苗根区土温和改变营养状况，对其早缓苗有利。

2. 巧施追肥　根据甘蓝的生育习性，缓苗至心叶开始包合前需要蹲苗，在莲座期和结球初期分两次适时按需每 $667m^2$ 追施含腐殖酸水溶肥料（腐殖酸≥30g/L，$N+K_2O$≥200g/L）30L，随浇水冲施。

3. 适喷钙硼肥　对往年干烧心严重的菜田，注意减少铵态氮施用并适度补钙，在莲座期至结球后期，叶面喷施 0.3%～0.5% $CaCl_2$ 溶液 2～3 次；对于缺硼菜田，叶面喷施 0.2%～0.3%硼砂溶液 2～3 次。同时，可配合喷施 0.5%磷酸二氢钾溶液，以提高甘蓝的净菜率和商品率。

二、莴苣安全高效施肥

莴苣是菊科莴苣属一年生或二年生草本植物。它一种很常见的食用蔬菜，有叶用和茎用两种，前者宜生食，故称生菜；茎用莴苣又称莴笋、香笋，可生食、熟食、腌渍及干制。莴苣在有机质丰富、疏松通气的土壤上根系发育快，有利于水分、养分的吸收。

莴苣是半耐寒的蔬菜，喜冷凉，稍耐霜冻，怕高温，炎热季节生长不良，是长日照作物。莴苣的根系浅而密集，多分布在20～30cm耕层，吸收能力弱，对氧气要求较高。莴苣对土壤的酸碱性反应敏感，适于在有机质丰富、保水保肥力强的微酸性沙壤土和壤土种植为佳。

(一) 莴苣的需肥特点

莴苣全生育时期需钾量最大，氮次之，磷最少，同时还需钙、镁、硫、铁等多种中微量元素。一般每生产1 000kg莴苣，需要从土壤中吸收氮（N）2.1kg、磷（P_2O_5）0.7kg、钾（K_2O）3.2kg，吸收比例为1∶0.33∶1.52。

莴苣是需肥较多的作物，在生长初期生长量和吸肥量均较少，随生长量的增加对三要素的吸收量也逐渐增大，尤其到结球期吸肥量呈直线猛增趋势。

(二) 莴苣的施肥要领

莴苣生长期较短，应本着"前期攻氮，后期攻钾，轻施勤施"的原则，施肥的要领是"基肥为主，适量追肥"。

1. 基肥为主 施足基肥是莴苣早发壮苗的基础。一般结合翻耕整地，每667m² 施充分腐熟的优质农家肥1 500～2 000kg、过磷酸钙30～50kg、通用型硫酸钾复混肥（17-17-17、15-15-15）40～50kg。

2. 适量追肥 茎用莴苣的追肥方法根据春莴苣和秋莴苣而又不同。

（1）春莴苣 春莴苣一般在9月以后播种。第一次追肥在移植后15d左右，每667m² 追施硫酸钾型高氮复混肥（25-15-5）8～10kg，兑水条施或穴施，施后覆土；立春后，植株开始迅速生长，此时可进行第二次追肥，每667m² 追施硫酸钾型高氮复混肥10～15kg，结合中耕浇施；在植株封垄并开始抽茎时，应追施钾肥，每667m² 施硫酸钾型高钾复混肥（如史丹利17-6-22）15～20kg。以后不再施肥，以免基部迅速膨大而开裂，并注意年内控制施肥，避免徒长，提高抗寒能力。

（2）秋莴苣　一般在 6 月以后播种，生长期长达 3 个月左右，除施足基肥外，定植后要适量追肥。缓苗后应以速效性氮肥为主，每 667m^2 追施硫酸钾型高氮复混肥（25 - 15 - 5）8～15kg；团棵时第二次追肥，结合浇水每 667m^2 追施硫酸钾型高氮复混肥 15～20kg，以加速叶片分化和叶片扩大；封垄以前，茎部开始肥大时进行第三次追肥，结合浇水每 667m^2 追施硫酸钾型高氮钾复混肥（24 - 10 - 14、17 - 6 - 22）15～20kg，同时，每 667m^2 可用 0.3% 磷酸二氢钾溶液 50～60L 进行叶面喷施。

三、芹菜安全高效施肥

芹菜属伞形科植物。有水芹、旱芹两种。根据叶柄的颜色分为青芹、白芹和黄芹 3 种类型。

芹菜性喜冷凉、湿润的气候，属半耐寒性蔬菜；不耐高温。干燥可耐短期 0℃ 以下低温。种子发芽最低温度为 4℃，最适温度 15～20℃，15℃ 以下发芽延迟，30℃ 以上几乎不发芽，幼苗能耐 -7～-5℃ 低温，属绿体春化型植物，3～4 片叶的幼苗在 2～10℃ 的条件下，经过 10～30d 通过春化阶段。西芹抗寒性较差，幼苗不耐霜冻，完成春化的适温为 12～13℃。

芹菜对土壤水分要求严格，耐旱性差，因此适于有机质丰富、保水保肥能力强的黏碱土或沙壤土。缺少有机质，在易漏水肥的沙土、沙壤土易产生空心现象。

（一）芹菜的需肥特点

芹菜对氮、磷、钾的需求较大，一般每生产 1 000kg 商品芹菜，需氮（N）1.8～3.6kg、磷（P$_2$O$_5$）0.7～1.7kg、钾（K$_2$O）3.9～5.9kg、钙（CaO）1.5kg、镁（MgO）0.8kg，吸收比例为 1：0.43：1.80：0.56：0.30。实际的施肥量要大于吸收量的 2～3 倍，因为芹菜为浅根系，吸肥能力弱，在含肥量较高的土壤中才能充分吸收养分。

芹菜生育初期和后期对氮的需要量均很大，初期需磷较多，后期需钾较多。生育期缺氮易使细胞产生老化现象，最终导致叶柄产生空心现象。需肥量的高峰出现在旺长期，其氮、磷、钾、钙、镁的吸收量占总吸收量的 84％ 以上，其中钙和钾高达 98.1％ 和90.7％。氮素对芹菜产量起决定作用，其次是钾和磷。钾是芹菜的品质元素。芹菜对硼和钙的需求也较多。

（二）芹菜的施肥要领

从芹菜营养特性来看，每次施氮、钾肥用量不宜过多，土壤氮、钾浓度过高会影响硼、钙的吸收，造成芹菜心叶幼嫩组织变褐，并出现干边，严重时枯死，在灌水不足、土壤干旱和地温低时更加严重。应控制氮肥和钾肥的用量，增加硼肥和钙肥的施用，保持土壤湿润，避免土温过低。因此，芹菜施肥应本着"少量多次，精控氮钾，注意补微"的原则，把握的施肥要领是"施足底肥，精巧追肥，补施钙硼肥"。

1. 施足底肥 芹菜为根系浅，栽培密度大，在定植前整地时必须施足底肥。每 667m² 施腐熟优质农家肥 2 000～3 000kg、过磷酸钙 30～35kg、硫酸钾 25～20kg，对于缺硼土壤每 667m² 可施硼砂 0.5～0.7kg。为促进土壤磷、钾活化利用，减轻土传病害，可撒施含有益微生物的生物有机肥，每 667m² 施生物磷钾肥颗粒25～30kg，与底肥混合撒施耕翻。

2. 精巧追肥 一般在定植缓苗期间，为促进新根和叶片生长，当苗高 10cm 左右时，开始第一次追肥，每 667m² 随水追施含腐殖酸水溶肥料（腐殖酸≥30g/L，N＋K₂O≥200g/L）35～40L。新叶大部分长出，进入旺盛生长期，叶面积迅速扩大，叶柄迅速伸长，叶柄薄壁组织增生，芹菜需肥量大，吸肥速率快，须适时多次追肥。即第一次追肥后，每隔 10d 左右视苗情追肥 1 次，共追 3～4 次。每次每 667m² 随水追施含腐殖酸水溶肥料（腐殖酸≥30g/L，N＋K₂O≥200g/L）35～40L。注意追肥氮（N）、钾（K₂O）配比，前期为 1：1.5，后期为 1：3.0，多施钾。若追施用化肥，要注意边施肥边灌水，以水在畦面上淹没心叶为宜，可防止落入心叶上的化肥烧坏生长点。浇水冲肥后，应加强棚室放风，保持畦面湿润。

3. 补施钙硼肥 芹菜缺钙会引起烧心，缺硼会引起空心、叶柄开裂等生理病害。进入旺盛生长期，可视苗情叶面喷施 0.5％氯化钙或硝酸钙水溶液，可防止芹菜烧心；可叶面喷施 0.3％～0.5％硼砂溶液，防止芹菜空心、叶柄开裂。

四、大白菜安全高效施肥

大白菜是十字花科芸薹属叶用蔬菜。大白菜属半耐寒性植物，喜温和冷凉的气候，不耐炎热和严寒，适宜生长温度为 10～22℃，高于 25℃生长不良，超过 30℃难以形成叶球；10℃以下生长缓慢，5℃以下生长停止；需中等强度的光照，光合作用光的补偿点较低，适于密植。

大白菜对土壤有较严格的要求，以肥沃、疏松、通气、保水、保肥的粉沙壤土、壤土及轻黏土最为适宜。大白菜连作容易发病，所以要进行轮作，特别提倡粮菜轮作、水旱轮作。在常年菜地上栽培则应避免与十字花科蔬菜连作，可选择与前茬早豇豆、早辣椒、早黄瓜、早番茄轮作。

（一）大白菜的需肥特点

大白菜产量高，需肥多。一般每生产 1 000kg 大白菜，需氮（N）1.8～2.6kg、磷（P_2O_5）0.9～1.1kg、钾（K_2O）3.2～3.7kg、钙（CaO）1.6kg、镁（MgO）0.2kg，吸收比例为 1：0.45：1.57：0.7：0.1。苗期养分吸收量较少，幼苗期至莲座期占总需肥量的 10％～20％；进入莲座期生长加快，养分吸收也较快；结球期是生长最快、养分吸收最多的时期，占总需肥量的 80％～90％。

大白菜对氮、磷、钾、钙的要求较高，前期以氮肥为主，进入结球期后，钾占主导地位。在结球期，若土壤缺钙或过于干旱，容易出现"干烧心"。

（二）大白菜的施肥要领

氮肥对大白菜生长影响很大。氮素充足时，可使叶片大而厚，色泽浓绿，有利于光合作用，实现高产。如氮肥供应不足时，植株矮小，叶片小而薄，叶色淡绿发黄，组织粗硬，生长速度降低，产量和品质下降。过量施用氮肥，不仅大白菜包心质量差，而且不耐储存。包心期施磷钾不足不易结球。但实际生产中往往忽略钾肥的施用。因此，大白菜施肥应本着"适氮、稳磷、增钾、补钙"的原则，其要领是"施足基肥，精巧追肥，补施钙肥"。

1. 施足基肥 施足基肥是获得大白菜丰收的基础。在老菜地上，土壤肥力高，可适量少施有机肥。复合肥养分比例以氮、钾为主，配合施用磷肥。在新菜地上，要重施有机肥，配合施用三元复混肥，首选 18－12－20、18－12－18、16－16－16 等硫基型复混肥，也可用 19－19－19、18－18－18、17－17－17 等氯基型复混肥。磷肥应全部作基肥，与有机肥混合施用为宜。一般每 $667m^2$ 施腐熟好的优质农家肥 3 000～5 000kg，混配适宜的复混肥 30～40kg；大白菜需硼较多，对缺硼的土壤，每 $667m^2$ 施硼砂 0.7～1kg；为减轻土传病害，促进土壤钾活化增效，可撒施含有益微生物的生物有机肥，每 $667m^2$ 施生物磷钾肥颗粒 25～30kg；与其他肥料一起拌匀；结合整地，在翻地前撒施，做到土肥相融。

2. 精巧追肥 大白菜追肥应掌握"前轻后重"的原则，施足基肥的幼苗期可不追肥。关键是抓住莲座期和结球期。在莲座初期、结球初期和结球中期分 3 次追肥，每次每 $667m^2$ 随水追施含腐殖酸水溶肥料（腐殖酸≥30g/L，$N＋K_2O$≥200g/L） 35～40L 或优质磷钾复合肥 15～20kg。注意追肥的氮（N）、钾（K_2O）配比，前期为 1∶1.0，后期为 1∶2.0，增施钾。采收前 15d，不宜追施氮肥。

3. 补施钙肥 大白菜是一种喜钙作物，缺钙易引起干烧心病，严重影响大白菜品质。但土施钙往往效果不好，应采取叶面喷施补充。一般可喷施 0.3％～0.5％氯化钙或硝酸钙溶液，每隔 7d 喷施 1 次，连续 2～3 次即可奏效。由于钙在体内移动性较差，在喷钙时，加入萘乙酸（NAA），可促进钙的吸收。

五、花椰菜安全高效施肥

花椰菜，是一种十字花科蔬菜，为甘蓝的变种。花椰菜生育习性喜冷凉，属半耐寒蔬菜，它的耐热、耐寒能力均不如结球甘蓝，既不耐高温干旱，也不耐霜冻。

花椰菜喜光，但应避免阳光直射花球，否则会使花球变黄，常用束叶或遮盖的方法保护花球。生育适温比较狭窄，对环境条件要求比较严格。适宜生长温度为 15～20℃，超过 25℃植株和花蕾发育不良，6℃以下生长缓慢，0℃即受害。对湿度的要求比较严格，土壤湿度 70％～80％，空气相对湿度 80％～90％时最适宜。对土壤的适应性较强，但以富含有机质、保水的沙壤土最好。适宜的土壤酸碱度为 pH5.5～6.6。

（一）花椰菜的需肥特点

花椰菜喜水喜肥，属高氮蔬菜类型，全生育期以氮肥为主，其需肥特性与甘蓝大致相似。除氮、磷、钾营养元素外，硼、镁、钙、钼 4 种元素对花椰菜的生长也起着很重要的作用。一般每生产 1 000kg 商品花球，需吸收氮（N）13.4kg、磷（P_2O_5）3.93g、钾（K_2O）9.6kg，吸收比例约为 1：0.3：0.7。

花椰菜产量随施氮量增多而增加，特别是花蕾发育期，养分的吸收与施肥量呈正比。如果氮供应不足，会使下部叶片变黄，甚至脱落。在花蕾形成期应施足肥料，在多雨的地区和年份多施钾肥，效果很好。对硼、镁等微量元素有特殊要求，缺硼时常引起花茎中心开裂，花球变为锈褐色，味苦。缺镁时，叶片变黄。

（二）花椰菜的施肥要领

花椰菜施肥应本着"以氮为主，少量磷钾，注意补微"的原则，应把握的要领是"施足基肥，适度追肥，叶面喷肥"。

1. 施足基肥 一般每 667m² 施腐熟的优质农家肥 3 000～5 000kg、硫酸铵 20～30kg、过磷酸钙 35～40kg、钾镁肥 25kg、硼砂 2kg、硫酸钾 15～25kg。可将化肥与农家肥混合后，60％结合整地做畦撒施，余下 40％待移栽时条施或沟施。

2. 适度追肥 花椰菜从移栽到收获需追肥 2～3 次。第一次追肥应在花球直径长到 3～5cm 时，及时施肥浇水，每 667m² 追施硫酸铵 15kg。第二次追肥应在花球直径 5～8cm 时，每 667m² 随水追施含腐殖酸水溶肥料（腐殖酸≥30g/L，N＋K₂O≥200g/L）35～40L。在花蕾直径达 12～13cm 时进行第三次追肥，如果遇雨水过多，则应配合钾肥施入，每 667m² 施用硫酸钾 15kg 或 45％复混肥 20～25kg；或随水追施含腐殖酸水溶肥料（腐殖酸≥30g/L，N＋K₂O≥200g/L）35～40L。在采收前 15d 禁止追施氮肥。

3. 叶面喷肥　在花椰菜的花球期间，适当喷施 0.3％磷酸二氢钾和 0.1％硼砂溶液，隔 7～10d 喷 1 次，连喷 3 次，增产效果显著。或者在花球形成初期进行追肥、培土、除草和剥去黄叶病叶后，用 0.5％硼酸溶液喷施整个植株 1～2 次，以提高花球品质；当 50％～60％的植株形成花球，并达到直径 5cm 以上大时，用 0.5％尿素溶液叶面喷施 1 次，间隔 7～10d 再喷 1 次。

土壤缺钙可在莲座期至结球期叶面喷施 0.3％～0.5％氯化钙或硝酸钙水溶液。缺硼可在花球形成初期和中期叶面喷施 0.1％～0.2％硼砂溶液。缺镁可叶面喷施 0.2％～0.4％硫酸镁溶液 1～2次。花椰菜对钼的需要量很少，但十分敏感，花球形成期可叶面喷施 0.01％钼酸铵溶液。

第五节　根茎类蔬菜安全高效施肥

一、萝卜安全高效施肥

萝卜是十字花科二年或一年生草本根茎类蔬菜。在我国北方较为集中，一般占秋菜面积的 20％以上，是我国城乡人民的大众化蔬菜。

萝卜为半耐寒性蔬菜，在营养生长时期需要较长时间的强光照。萝卜对土壤适应性较广，但以富含腐殖质、土层深厚、排水良好、疏松透气的沙质土壤为宜。土质黏重，萝卜表皮不光洁。耕土层过浅、过硬，则易发生畸根。土壤的 pH 以 5.3～7 为宜，四季萝卜对土壤的适应性较广，适宜在 pH 为 5～8 的土壤中生长。

（一）萝卜的需肥特点

萝卜以氮、磷、钾、钙、镁、硫的需求量较多，其他营养元素

的需要量较少。一般每生产 1 000kg 商品萝卜，需吸收氮（N）
2.1～3.1kg、磷（P_2O_5）0.5～1.0kg、钾（K_2O）3.8～5.6kg、
钙（CaO）2.5kg、镁（MgO）0.5kg、硫（S）1.0kg，吸收比例
为 1：0.29：1.81：0.48：0.10：0.19。

　　萝卜幼苗期和叶部生长盛期需氮多，磷、钾少；当肉质根迅速
膨大时，磷、钾的需求量剧增，对氮、磷、钾的吸收量约占总吸收
量的 80%，以钾最多，氮次之，磷最少。萝卜对氮敏感，缺氮会
降低萝卜的产量，在生育初期缺氮对产量的不利影响更为明显，到
生育后期，缺氮对产量几乎没有影响，此阶段如氮素过剩，磷、钾
不足，容易造成地上部贪青徒长。钾素过量会抑制钙、镁、硼等元
素的吸收。萝卜对微量元素硼和钼也非常敏感。

（二）萝卜的施肥要领

　　萝卜施肥针对"重氮磷肥、轻视钾肥、忽视微肥"的现状，应
本着"稳氮、控磷、增钾、补微，前控后促"的原则，施肥的要领
是"施足基肥，巧施追肥，补施微肥"。

　　1. 施足基肥　一般每 $667m^2$ 可撒施腐熟的农家肥 2 500～
3 000kg、草木灰 50kg、过磷酸钙 25～30kg。为促进土壤磷、钾活
化利用，每 $667m^2$ 可撒施生物磷钾肥颗粒 25～30kg；对往年已表
现缺硼症状的田块，每 $667m^2$ 可基施硼砂 1kg。结合整地，将肥料
混合，撒施耕翻，耙平做畦。这样，会使幼苗生长健壮、肉质根发
育良好。施基肥时切不可用未腐熟的粪肥，以免损伤幼苗的主根。
北方不少地区施土杂肥时，增施一定数量的饼肥，可使肉质根组织
充实，储藏时不易空心。

　　2. 巧施追肥　根据萝卜不同生长期的需肥特性，按照"前轻、
中重、后轻"的原则，追施硫酸钾型复合肥。在幼苗生长出 2 片真
叶时第一次追肥每 $667m^2$ 10～15kg；四季萝卜等中小型萝卜在第二
次间苗时第二次追肥每 $667m^2$ 25～30kg；15～20d 后第三次追肥每
$667m^2$ 10～15kg；对中小型萝卜 3 次追肥后，萝卜肉质根迅速膨大，
可不再追肥。大型的秋冬萝卜生长期长，待萝卜露肩时每 $667m^2$ 追
施 15～20kg，至萝卜生长到盛期每 $667m^2$ 再追施 20～25L。

3. 补施微肥 在生长中后期，可叶面喷施 0.3％硝酸钙和 0.2％硼酸溶液，每隔 5～7d 喷施 1 次，连续喷 2～3 次，以防缺钙、缺硼。同时，可叶面喷施 0.2％磷酸二氢钾溶液，以提高产量和品质。

二、胡萝卜安全高效施肥

胡萝卜是伞形科二年生草本植物，以肉质根作为蔬菜食用。胡萝卜是冬春的主要蔬菜之一，传统栽培方法多为夏种秋冬收。

胡萝卜为半耐寒性蔬菜，根系发达，要求土层深厚的沙质壤土，pH5～8 较为适宜。要求土壤湿度为土壤最大持水量的 60％～80％，若生长前期水分过多，地上部分生长过旺，会影响肉质根膨大生长；若生长后期水分不足，则直根不能充分膨大，致使产量降低。过于黏重的土壤或施用未腐熟的基肥，都会妨碍肉质根的正常生长，产生畸形根。

（一）胡萝卜的需肥特点

胡萝卜全生育期吸收钾最多，氮、钙次之，磷、镁最少。一般每生产 1 000kg 商品胡萝卜，需氮（N）4.1～4.5kg、磷（P_2O_5）1.7～1.9kg、钾（K_2O）10.3～11.7kg、钙（CaO）3.8～5.9kg、镁（MgO）0.5～0.8kg。吸收比例为 1∶0.44∶2.56∶1.13∶0.15。

胡萝卜幼苗期吸肥量很少，在肉质根生长前期的莲座期开始，吸肥量明显增多。随着肉质根旺盛生长，养分吸收量迅速增加，特别是在收获前 10d，氮、磷、钾吸收量分别占吸收总量的 46％、55％、50％。胡萝卜对硼敏感，缺硼时易发生黑痣病。

（二）胡萝卜的施肥要领

针对胡萝卜"重氮磷肥、轻视钾肥、忽视微肥"的现状，施肥应本着"稳氮、攻磷、增钾、补微"，施肥的要领是"施足深翻基肥，前轻后重追肥，后期补喷微肥"。

1. 施足深翻基肥 胡萝卜根系入土深，适于肥沃疏松的沙壤土。播种前，应结合整地，深耕施足基肥。一般每 667m^2 施腐熟的优质农家肥 2 000～2 500kg、三元复混肥 30～40kg。为促进土壤磷、钾活化利用，每 667m² 可撒施生物磷钾肥颗粒 25～30kg；对往年已表现缺硼症状的田块，每 667m² 可基施硼砂 1kg；将肥料混合施用。

2. 前轻后重追肥　根据胡萝卜不同生育期的需肥特性，按照"前期轻追，后期重追"的原则，追肥硫酸钾型复合肥 2～3 次。第一次是在出苗后 20～25d，长出 3～4 片真叶后，每 667m² 追施 5～10kg。第二次追肥在胡萝卜定苗后进行，每 667m² 追施 10～15kg。第三次追肥在根系膨大盛期，每 667m² 追施 20～25kg。

3. 后期补喷微肥　胡萝卜吸收硼较多，可在肉质根膨大初期和中期分别喷施 0.1%～0.25% 硼酸溶液或硼砂溶液各 1 次。

三、大葱安全高效施肥

大葱是百合科葱属草本植物，可分为普通大葱、分葱、胡葱、韭葱和楼葱 5 个类型。它是一种以假鳞茎食用为主的蔬菜。

大葱好冷凉而不喜炎热，在冷暖的气候下，产量高，品质好。葱的耐寒能力较强，在裸体条件下，能忍受 -20℃ 的低温，幼苗在 -10℃ 的条件下能安全越冬。大葱对光照度要求不高，对日照时间的长短要求为中性，适应性较强。大葱本来对土壤要求不严格，但它根群小，根白色，弦线状，无根毛，侧根少而短，吸肥能力差，耐旱不耐涝，若土壤湿度过大，尤其是高温高湿，根系易坏死、变黑。因此，大葱要求土层深厚、排水良好、富含有机质的壤土。适宜 pH 为 7～7.4。

(一) 大葱的需肥特点

大葱为喜肥作物，生育期长，产量高，需肥量大，吸收钾最多，氮次之，磷最少。一般每生产 1 000kg 商品大葱，需吸收氮 (N) 2.7～3.0kg、磷 (P_2O_5) 0.5～1.2kg、钾 (K_2O) 3.3～4.0kg，吸收比例为 1:0.30:1.28。

大葱对氮素营养反应十分敏感，缺氮减产显著，缺钾次之，缺磷影响较轻。大葱在营养生长时期可分为缓苗期、幼苗生长盛期、发叶盛期、葱白形成期和生长后期。不同生育期因生长量不同，需肥量也不相同。葱白形成期需肥量最大，是施肥的关键时期。

（二）大葱的施肥要领

大葱施肥应本着"主追速氮，前轻后重，攻中补后，克服误区"的原则，一般根据推荐施肥量，40%的氮、钾肥及全部磷肥混匀，作基肥全层撒施，深翻入土。余下60%的氮、钾肥作追肥，施肥的要领是"足施有机底肥，少量多次追肥，克服施肥误区"。

1. 足施有机底肥 大葱对氮、钾需要量多，以有机肥为主施足底肥。一般定植前每 $667m^2$ 施腐熟的优质农家肥 3 000～3 500kg，结合耙地施三元复混肥 25～30kg 或混撒硫酸钾和磷酸二铵共 25～30kg，然后精耕细耙。

2. 少量多次追肥 大葱在 8 月上旬缓苗后即将进入发叶盛期前第一次追肥，每 $667m^2$ 追尿素 5～10kg。在 8 月下旬发叶盛期第二次追肥，每 $667m^2$ 施尿素 5～10kg、硫酸钾 15kg。在 9 月下旬至 10 月上旬葱白形成期第三次追肥，每 $667m^2$ 施尿素 10～15kg、硫酸钾 15kg。将肥料均匀撒施在大葱根部的地表，然后培土盖肥，减少肥料的挥发损失，促进葱白软化伸长，增强抗风能力。培肥后 2d 内浇水 1 次，使肥料溶于土壤并迅速分解，促进大葱健壮生长发育。

3. 克服施肥误区 长期以来，一般菜农习惯开沟为大葱一次性追肥，这并不科学。这不仅容易划断大葱的根须，还会因施肥过于集中而烧坏大葱幼嫩须根，导致干尖和枯叶现象，影响大葱品质，降低葱白产量。正确的施肥应按照"少量多次、前轻后重"的原则，从定植到收获分 3～4 次追施，防止大葱生长后期脱肥。

四、洋葱安全高效施肥

洋葱是百合科葱属二年生草本植物。

洋葱具有耐寒、喜湿、喜肥的特点，不耐高温、强光、干旱和贫瘠。高温长日照时进入休眠期。在营养生长期，要求凉爽的气温，中等强度的光照，疏松、肥沃、保水力强的土壤，较低的空气湿度，较高的土壤湿度。适宜在肥沃、疏松、保水保肥能力强的土壤中栽培，也适宜轻度的盐碱地。洋葱对土壤酸碱度比较敏感，适宜在 pH6.0～6.5 的土壤上种植。

（一）洋葱的需肥特点

洋葱喜肥，对土壤肥力要求高，对氮、磷、钾的需要量是钾＞氮＞磷。一般每生产 1 000kg 商品洋葱，需吸收氮（N）1.9～2.2kg、磷（P_2O_5）0.6～0.9kg、钾（K_2O）3.2～3.6kg，吸收比例为 1：0.37：1.66。

洋葱产量高，但根系吸肥能力较弱，需充足的营养条件。不同生育期氮、磷、钾需求不同。幼苗期生长缓慢，需肥量小，以氮为主；进入叶片生长盛期，生长量和需肥量迅速增长，以氮为主；在鳞茎膨大期，生长量和需肥量仍缓慢上升，以钾为主；洋葱整个生育期均不能缺磷。

（二）洋葱的施肥要领

洋葱施肥应本着"足施底磷，前期攻氮，后期攻钾"的原则，施肥的要领是"足施氮磷底肥，适时巧施追肥"。

1. 足施氮磷底肥　洋葱定植前，应以氮磷为主施足底肥。一般每 667m^2 施腐熟的优质农家肥 1 500～2 500kg、硝酸磷肥 35～40kg 或过磷酸钙 25～40kg，与农家肥混合均匀，结合整地，撒施或条施。

2. 适时巧施追肥　洋葱缓苗后进入茎叶生长，为促进形成良好的营养器官，需抓紧第一次追肥。即在叶生长盛期：每 667m^2 追施高氮型复合肥 15～20kg，随即浇水，以保证植株旺盛生长。在定植后 30～50d，鳞茎开始膨大，当小鳞茎增大至 3cm 左右时，已进入鳞茎膨大期，进行第二次追肥，一般每 667m^2 施高钾型复合肥 20～25kg，促进鳞茎膨大。当鳞茎继续长到 4～5cm 时，可再酌情追肥一次。要注意追肥的适宜时期。如追肥过早，地上部叶子易贪青生长，因而不利于鳞茎的膨大；若追肥过迟，则鳞茎迅速膨大时缺乏足够的营养，成熟期推迟，不能及时转入休眠，既影响洋葱产量，也不利于储藏。

五、大蒜安全高效施肥

大蒜是百合科葱属半年生草本植物。大蒜喜冷凉，适宜温度在
$-5\sim26℃$。大蒜苗 $4\sim5$ 叶期耐寒能力最强，是最适宜的越冬
苗龄。

大蒜根系为弦状肉质须根，主要分布在 25cm 耕层内，属浅根
性蔬菜，对肥水反应敏感，具有喜肥和耐肥的特点；大蒜根毛少且
细弱，根的吸肥能力较差。喜湿怕旱，对土壤要求不严，但富含有
机质、疏松透气、保水排水性能强的肥沃壤土比较适宜。

（一）大蒜的需肥特点

大蒜需肥量大，需氮最多，钾次之，磷最少。一般每生产1 000kg
商品大蒜，需吸收氮（N）$4.5\sim5.0$kg、磷（P_2O_5）$1.1\sim1.3$kg、钾
（K_2O）$4.1\sim4.7$kg，吸收比例为 $1:0.26:0.93$。施肥以氮肥为主，适
量配施磷、钾肥；硫是大蒜品质构成元素，适当施用硫肥，可提高蒜
头、蒜薹产量并改善品质；铜、硼、锌等营养元素对大蒜增产效果
明显。

大蒜耐肥，吸肥量较少，增施有机肥有显著的增产效果。苗期
需肥较少，叶片旺盛生长期和鳞茎迅速膨大期需养分较多。从花芽
充分分化结束到蒜薹采收是营养生长和生殖生长并进时期，生长量
最大，需肥量也最大。

（二）大蒜的施肥要领

大蒜施肥应本着"氮肥为主，配施磷钾，巧施硫肥，少量多
次，适时追肥"的原则，施肥的要领是"重施底肥，适时追肥，补
施叶面"。

1. 重施底肥 大蒜为根系浅，根毛少，吸肥能力差，属耐肥
作物，对底肥的要求较高，应重施底肥。一般每 $667m^2$ 施腐熟的
优质农家肥 $5\ 000\sim6\ 000$kg，硫基复合肥（15-15-15）50kg，结
合整地，撒施或条施。

2. 适时追肥 大蒜一般按照"少量多次，巧施硫肥"的原则，
随浇水进行 4 次追肥，一般采用条施覆土或随水冲施。

（1）催苗肥　一般在出苗后 15d，追施一次催苗肥，每 667m² 施高氮复合肥 5～8kg。肥力较高、底肥较足的田块，也可不施催苗肥。

（2）返青肥　一般在春季气温回升、大蒜的心叶和根系开始生长时施用，即在春分左右施用，每 667m² 用量以高氮复合肥 8～10kg 为宜。

（3）催薹肥　在鳞芽和花芽分化完成、蒜薹露缨时，进入生长旺盛期，此时是氮肥的最大效率期，催薹肥是一次关键性的追肥，一般每 667m² 施硫基复合肥 25～30kg。

（4）催头肥　在催薹肥施后 25～30d，以氮肥为主，配合施磷钾肥，追施催头肥。一般每 667m² 施高氮复合肥 15～20kg 为宜，满足蒜薹采收和蒜头膨大时对养分的需要。

3. 补施叶面肥　在大蒜生长发育后期，每隔 10～15d 叶面喷施 1 次 0.1% 硫酸锌、0.1% 硫酸镁、0.3% 尿素、0.3% 磷酸二氢钾，均匀喷湿所有茎叶，以开始有水珠往下滴为宜，以便从叶面补充养分。

六、韭菜安全高效施肥

韭菜是百合科多年生宿根蔬菜，适应性强，抗寒耐热，全国各地到处都有栽培。南方不少地区可常年生产，北方冬季地上部分枯死，地下部进入休眠，春天表土解冻后萌发生长。中等光照度即可，耐阴性强。对土壤质地适应性强，以壤土和沙壤土为宜，适宜 pH 为 5.5～6.5。

（一）韭菜的需肥特点

韭菜是一年种植多年多次收获的蔬菜，耐肥力较强，施肥对产量影响显著。一般每生产 1 000kg 韭菜，需吸收氮（N）2.8～5.5kg、磷（P_2O_5）0.85～2.1kg、钾（K_2O）3.13～7kg，吸收比例为 1：0.36：1.22。氮对韭菜生长影响最大，氮肥充足，叶厚鲜嫩。

韭菜需肥量大，耐肥能力强。一年生韭菜，植株尚未发育完全，需肥量较少；2～4年生韭菜，分蘖力最强，产量最高，施肥量应相应增加；5年以上的韭菜，由于多年多次收获，土壤肥力和植株长势下降，需增施有机肥提高地力，防止早衰。韭菜是喜硫作物，韭菜特有挥发性气味构成成分均含硫元素。

(二)韭菜的施肥要领

韭菜施肥应本着"氮肥为主，配施磷钾，巧施硫肥，因季施肥，适量追肥"的原则，施肥的要领是"重施有机基肥，因季适量追肥"。

1. 重施有机基肥 施足基肥是韭菜连年持续高产的基本保障。在定植前，结合深翻整地，以有机肥为主，撒施底肥。一般每667m² 撒施或条施腐熟的优质农家肥3 000～5 000kg和通用型硫基复合肥50kg左右。

2. 因季适量追肥

（1）定植第一年追肥 韭菜在株高5cm和10cm时，结合浇水追肥两次，每次追施高氮复合肥10kg左右。进入旺盛生长期后，应加强肥水管理，一般每667m² 追施硫基复合肥20kg左右。

（2）定植第二年追肥

春季追肥：春季气温回升，韭菜开始返青，应及时清除地面枯枝残叶，土壤化冻10cm以上时，松土保墒提温，促进生长，并结合浇水每667m² 追施复合肥15～20kg。进入采收期每次收割后，锄松周围土壤，待2～3d后韭菜伤口愈合，新叶快出时进行浇水、追肥，一般每667m² 追施复合肥20kg左右。

夏季追肥：春韭菜采收后进入养根期，在4～5个月内追肥2次。第一次每667m² 施高氮复合肥15～20kg，第二次每667m² 施高氮钾复合肥15kg左右。

秋季追肥：秋季是韭菜积累养分的主要时期，应加强肥水，减少收割次数，或不再收割。一般在立秋后，每667m² 施用复合肥15kg左右。

主要参考文献

柏凤山，颜杜鹃．2008．微量元素肥料施用技术关键［J］．民营科技
　　（7）：106．

蔡文江．2001．复合肥与复混肥的区别［J］．化工之友（1）：34．

蔡湘文，张学洪．2008．施用不同肥料对蔬菜栽培经济效益的影响［J］．安徽
　　农业科学，36（22）：9631-9632．

曹卫东，徐昌旭．2010．中国主要农区绿肥作物生产与利用技术规程［M］．
　　北京：中国农业科学技术出版社．

常耀，兴森．1997．生物菌肥——酵素菌堆肥的制作方法［J］．农民致富之友
　　（3）：10．

常赞，刘树庆，张仲新，等．2008．新型缓释氮肥肥效及经济效益分析研究［J］．
　　中国土壤与肥料（6）：59-63．

陈林华，倪吾钟，李雪莲，等．2009．常用肥料重金属含量的调查分析［J］．
　　浙江理工大学学报，26（2）：223-226．

陈隆隆，潘振玉．2008．复混肥料和功能性肥料技术与装备［M］．北京：化
　　学工业出版社．

陈伦寿，陆景陵．2006．合理施肥知识问答［M］．北京：中国农业大学出版
　　社．

陈茂春．2010．蔬菜施用氮肥四注意［J］．农家参谋（1）：11．

陈谦，张新雄，赵海，等．2010．生物有机肥中几种功能微生物的研究及应用
　　概况［J］．应用与环境生物学报，16（2）：294-300．

陈廷钦．2011．土壤调理剂及应用进展［J］．云南大学学报：自然科学版，33
　　（S1）：338-342．

陈晓斌，张炳欣．2000．植物根围促生细菌（PGPR）作用机制的研究进展
　　［J］．微生物学杂志，20（1）：38-41．

陈义群，董元华．2008．土壤改良剂的研究与应用进展［J］．生态环境，17
　　（3）：1282-1289．

程亮，张保林，王杰.2011.腐植酸类肥料的研究进展［J］.中国土壤与肥料（5）：1-6.

党永华，曹小平.2010.大棚辣椒高效施肥技术［J］.西北园艺（5）.

董春海.1999.秸秆快速堆腐新技术—催腐剂堆肥［J］.现代农业（4）：18.

董越勇.2004.当前复混肥料产品标识标注存在的问题和建议［J］.磷肥与复肥，19（4）：51-52.

杜文波，张藕珠，张国进.2008.滴灌施肥在山西省主要经济作物上的效果［J］.山西农业科学，36：66-68.

段风华，董彦琪.2011.大葱需肥规律及平衡施肥技术［J］.长江蔬菜（17）：43-44.

樊金海.2009.温棚蔬菜施肥存在问题与改进措施［J］.中国果菜（4）：39.

封朝晖，刘红芳，王旭.2009.我国主要肥料产品中有害元素的含量与评价［J］.中国土壤与肥料（4）：44-47.

封朝晖，王旭.2002.我国复混肥料产品质量状况浅析［J］.土壤肥料（4）：11-14.

冯元琦.2005.我国腐植酸类肥料的发展方向和应用实例［J］.化肥设计，43（3）：56-61.

高祥照，申眺，郑义，等2009.肥料使用手册［M］.北京：中国农业出版社.

高祥照.2000.化肥手册［M］.北京：中国农业出版社.

高仲才.2012.有机肥料无害化处理方法［J］.农村百事通（24）：8-9.

古强，王碧婵.2008.无公害蔬菜生产的钾肥施用技术［J］.四川农业科技（8）：56.

谷夺魁.2005.新型缓控释氮肥研制及其肥效研究［D］.保定：河北农业大学.

顾卫兵，乔启成，杨春和，等.2008.有机固体废弃物堆肥腐熟度的简易评价方法［J］.江苏农业科学（6）：258-259，294.

郭景军，王文敏.2007.早春甘蓝无公害栽培技术［J］.北京农业（2）：12.

韩青.1999.绿肥生物肥料在几种作物上的应用［J］.高等函授学报：自然科学版（4）：48-50.

郝婷芳，李如华.2008.胡萝卜高产栽培技术［J］.现代农业科技（1）：20.

河北省统计局，河北省人民政府办公厅.2014.河北农村统计年鉴2013［M］.北京：中国统计出版社.

侯云鹏，秦裕波，尹彩霞，等.2009.生物有机肥在农业生产中的作用及发展趋势 [J].吉林农业科学，34（3）：28-29，64.

胡可，土利宾，王永富.2011.生物有机肥的发展与展望 [J].山西农业科学，39（12）：1334-1336.

胡玉信.1997."301"菌剂堆肥肥效高 [J].农家参谋（10）：8.

胡玉信.1996."301"菌剂堆肥技术 [J].农业知识（12）：5-6.

黄德义.2005.肥料中微量元素钙、镁检测方法的研究 [J].福建轻纺（10）：25-27.

黄国俊，郝战春，宋红梅，等.2013.日光温室甜瓜高效栽培技术 [J].现代农业科技（8）：68，71.

黄华梅.2011.生物有机肥在蔬菜上的应用研究述评 [J].南方农业学报，42（8）：935-939.

黄燕，汪春，衣淑娟.2006.液体肥料应用现状与发展前景 [J].农机化研究（2）：198-200.

惠云芝.2003.有机肥对番茄产量、品质及土壤培肥效果的影响研究 [D].长春：吉林农业大学.

纪胜.2000.浅谈复混肥料标识标准的制订 [J].磷肥与复肥，15（6）：53-54.

江善襄.1999.磷肥和复合肥料 [M].北京：化学工业出版社.

江志阳，尹微，张雪松.2012.腐植酸生物肥料在蔬菜上的应用效果 [J].腐植酸（1）：12-16.

蒋悦，刘立明，张战利.2012.包膜型缓释肥的开发与研究进展 [J].三峡大学学报：自然科学版，34（1）：95-100.

蒋志毅，黄晓玲.2000.微量元素肥料施用技术 [J].上海：上海科学普及出版社.

焦友，李贵宝，吴德科，等.1997.粉煤灰作为土壤改良剂的效用及其环境评价 [J].河南科学，15（4）：470-475.

焦晓燕，王立革，张东玲，等.2010.山西省日光节能温室蔬菜施肥现状、存在问题及建议 [J].山西农业科学，38（4）：37-41.

金波.2011.磷肥在绿色蔬菜中的应用 [J].黑龙江科技信息（21）：243.

孔庆玲.2013.磷钾肥配方增施对番茄产量影响的研究 [J].吉林农业（5）：22，24.

李翠英.2010.葱蒜类蔬菜需肥特点与施肥技术 [J].蔬菜（8）：24-25.

李莉萍.2004.有机肥、无机肥与微肥配施对色素辣椒产量和品质的影响［D］.太谷：山西农业大学.

李梦梅，龙明华，黄文浩，等.2005.生物有机肥对提高番茄产量和品质的机理初探［J］.中国蔬菜（4）：18-20.

李南，方平.2000.植物生长调节剂在蔬菜上的应用［J］.中国农村小康科技（2）：26.

李庆庚，张永春，杨其飞.2003.生物有机肥肥效机理及应用前景展望［J］.中国生态农业学报，11（2）：78-80.

李蓉春，潘宁军，臧壮望.2012.合理施用微肥应注意的问题［J］.上海科技（1）：61-62.

李瑞国，刘晓霞.2006.无公害蔬菜生产中有机肥的配制及施用［J］.科学种养（3）：24.

李善祥.2007.腐植酸产品分析及标准［M］.北京：化学工业出版社.

李书田，刘荣乐.2006.国内外关于有机肥料中重金属安全限量标准的现状与分析［J］.农业环境科学学报，25（增刊）：777-782.

李小为，金俊艳.2010.腐植酸类肥料生产及应用研究［J］.黑龙江农业科学（5）：52-54.

李银科，章新.2013.施肥对莴苣产量和品质影响的研究进展［J］.玉溪师范学院学报，29（8）：18-21.

梁雄才，黄小练，万洪富，等.2002.当前混合肥生产发展的有关问题及对策［J］.土壤与环境，11（2）：213-215.

梁雄才，万洪富，李芳柏.1998.开发多功能专用肥，促进"三高"农业发展［J］.热带亚热带土壤科学，7（1）：80-83.

林翠兰，曾思坚，蔡蝉凤.2004.肥料中腐植酸测定的研究［J］.腐植酸（1）：13-16.

林蒲田.2007.冲施肥［J］.湖南农业（5）：20.

刘国伟.2004.长期施用生物有机肥对土壤理化性质影响的研究［D］.北京：中国农业大学.

刘红耀.2008.不同肥料配施对大蒜生长发育、品质和养分吸收的影响［D］.武汉：华中农业大学.

刘芃岩.2010.环境保护概论［M］.北京：化学工业出版社.

刘鹏，刘训理.2013.中国微生物肥料的研究现状与前景展望［J］.农学学报，3（3）：26-31.

刘荣乐，李书田，王秀斌，等 .2005. 我国商品有机肥料和有机废弃物中重金属的含量状况与分析［J］. 农业环境科学学报，24（2）：292－297.

刘树庆 .2005. 河北坝上高原错季无公害蔬菜生产的环境标准与技术［J］. 生态环境，14（3）：372－377.

刘树庆 .2010. 农村环境保护［M］. 北京：金盾出版社 .

刘昱东 .2012. 辽宁省有机肥中重金属含量调查分析及科学施用有机肥的建议［J］. 农业科技与装备（1）：10－13.

卢杨，刘树庆，王向峰，等 .2013. 冀西北坝上旱地大白萝卜缓释氮肥效应研究［J］. 北方园艺（14）：177－180.

罗凤来 .2000. 生物有机肥对发展生态农业利用的浅析［J］. 福建农业科技（增）：117.

罗平 .2008. 植物生长调节剂在蔬菜上的应用［J］. 广西园艺，19（2）：55－58.

罗文扬 .2006. 滴灌施肥研究进展及应用前景［J］. 中国热带农业（2）：35－37.

麻生末 .1982. 腐植酸物质的生理效应［J］. 江西腐植酸（2）：41－48.

马丙尧，邢尚军，马海林 .2008. 腐植酸类肥料的特性及其应用展望［J］. 山东林业科技（1）：82－84.

马丁 E 特伦克尔 .2002. 农业生产中的缓控释与稳定肥料［M］. 石元亮，孙毅，等，译 . 北京：中国科技出版社 .

马振江，倪凯刚，王春郁 .1996. 常见化肥简便快速鉴别法的研究［J］. 农业与技术（3）：11－12.

孟瑶，徐凤花，孟庆有，等 .2008. 中国微生物肥料研究及应用进展［J］. 中国农学通报，24（6）273－283.

苗伟利，李愚鹤，李加旺 .2011. 越冬日光温室黄瓜栽培存在的问题［J］. 农业科技通讯（3）：196－197.

牟长荣，朱钟麟 .1994. 复混肥生产应用技术［M］. 成都：成都科技大学出版社 .

牛俊玲，李彦明，陈清 .2008. 固体有机废物肥料化利用技术［M］. 北京：化学工业出版社 .

牛力 .2012. 钾肥对蔬菜生长的作用［J］. 吉林蔬菜（2）：40.

农业部测土配方施肥技术专家组 .2012.2012 年秋冬季主要作物科学施肥指导意见（节选设施蔬菜部分）［J］. 农业工程技术：温室园艺（10）：22.

潘振玉，蔡孝载．2003．新型肥料技术进展［J］．化学进展，22（8）：781-789．

彭崇慧，张锡瑜．1981．络合滴定原理［M］．北京：北京大学出版社．

彭建方，丁亚欣，张建英．2006．植物生长调节剂在蔬菜上的应用［J］．上海农业科技（3）：83-84．

钱佳，马永刚．2009．液体肥料应用与发展［J］．安徽化工，35（1）：17-19．

任引峰，曹小兰，常宗堂．2010．日光温室冬春茬番茄肥害的发生及预防［J］．西北园艺（4）：49-50．

茹铁军，王家盛．2007．腐植酸与腐植酸类肥料的发展［J］．磷肥与复肥，22（4）：51-53．

申秀平．2003．植物生长调节剂在蔬菜生产上的应用［J］．中国农学通报，19（2）：107-108，126．

沈道英，梁雄才，陈显成，等．1995．有机—无机复混肥的性质与肥效研究［J］．热带亚热带土壤科学，4（4）：193-197．

沈德龙，李俊，姜昕．2013．我国微生物肥料产业现状及发展方向［J］．微生物学杂志，33（3）：1-4．

隋小慧，邹德乙．2008．我国腐植酸型绿色环保肥料的发展现状及存在的问题［C］//第七届全国绿色环保肥料（农药）新技术、新产品交流会论文集．

孙蓟锋，王旭．2013．土壤调理剂的研究和应用进展［J］．中国土壤与肥料（1）：1-7．

孙金利，曹仁香．2009．植物生长调节剂在蔬菜生产上的应用［J］．上海蔬菜（1）：33-34．

孙绍宾．2002．如何正确使用"免深耕"土壤调理剂［J］．土肥耕作（10）：28．

孙旭霞，王宏宇，薛玉花，等．2009．廊坊市大棚蔬菜施肥现状及养分平衡研究［J］．安徽农业科学，37（20）：9440-9441．

谭庆斌．2009．农资产品稽查打假工作中化肥的快速鉴别与检测［J］．广西质量监督导报（10）：43-35．

谭晓冬，董文光．2006．商品有机肥中重金属含量状况调查［J］．农业环境与发展（1）：50-51．

田丽丽．2005．几类常用的蔬菜生长调节剂［J］．西北园艺（11）：40-41．

汪家铭．2000．液体肥料的开发与应用［J］．川化（1）：31-33．

王超．2006．叶面肥的科学使用［J］．现代农业科技（4）：70-71．

王春娜，赵建庄，贾临芳，等.2006.快速鉴别真假化肥的方法［J］.北京农学院学报，21（增）：177-178.

王凤文.2012.有机肥对保护地茄子品质的影响［J］.白城师范学院学报，26（3）：23-27.

王景霞.2009.温棚蔬菜化肥施用量简便计算及实例［J］.河南农业（1）：28.

王立刚，李维炯，邱建军.2004.生物有机肥对作物生长、土壤肥力及产量的效应研究［J］.土壤肥料（5）：12-16.

王如芳.1998.EM肥堆制及对作物的增产效果［J］.河北农业科技（4）：26.

王统正.2012.腐植酸肥料及其在蔬菜栽培上的应用［J］.上海化工（20）：31-33.

王向峰，刘树庆.2006.缓控释肥料的氮素利用率及控制效果研究［J］.华北农学报，21（增）：38-41.

王向峰.2007.坝上旱薄沙地缓释氮肥效应及豆科固氮效应研究［D］.保定：河北农业大学.

王小彬，蔡典雅.2000.土壤调理剂PAM的农用研究和应用［J］.植物营养与肥料学报，6（4）：457-463.

王豫.2011.蔬菜缺乏微肥症状与合理施用方法［J］.青海农技推广（2）：37-38.

王志凤.1999.化学肥料施用六原则［J］.安徽农业（9）：29.

魏训培，黄庆银，亓文田.2009.温棚蔬菜施肥存在的问题及改进措施［J］.现代农业科技（1）：95，99.

闻章辉，孙严荣，傅俊璋.2003.测土配方施肥与复混肥料［J］.磷肥与复肥，18（3）：69-72.

吴礼树.2004.土壤肥料学［M］.北京：中国农业出版社.

筱博.2007.提高微肥施用效果的关键技术［J］.农资资讯（9）：39.

许美荣，董克锋.2010.有机肥料在大棚蔬菜高产中的科学施用［J］.农业科技通讯（10）：204-206.

薛志成.2008.蔬菜施用磷肥技术［J］.山西农业（22）：34.

薛志成.2008.无公害蔬菜生产中氮肥的合理使用［J］.山西农业（3）：39-40.

闫宏刚，曲启恒，范英霞.2005.腐植酸类肥料生产综述［J］.磷肥与复肥，20（2）：51-53.

严庆玲.2009.蔬菜使用植物生长调节剂注意事项［J］.吉林蔬菜（3）：72.

杨福存.2003.坝上蔬菜栽培的理论与技术［M］.北京：气象出版社.

杨丽丽,董肖杰,郑伟.2012.土壤改良剂的研究利用现状［J］.河北林业科技（2）：27-30,37.

杨钰,吴士平.2013.植物生长调节剂的简易验质法［J］.农村百事通（10）：62-63.

叶坚达.2005.植物生长调节剂在蔬菜上的应用［J］.云南农业科技（5）.

叶剑波.2010.植物生长调节剂在蔬菜生产中的应用［J］.现代园艺（10）：30-31.

衣桂花,耿新高,林秀梁,等.1998.催腐剂堆肥肥效的研究［J］.科技信息（4）：16-17.

袁田,熊格生,刘志,等.2009.微生物肥料的研究进展［J］.湖南农业科学（7）：44-47.

云南省土壤肥料工作站.2008.云南省测土配方施肥工作系列报道：正确认识和把握中量元素肥料［J］.云南农业（8）：18-19.

曾玲玲,崔秀辉,李清泉,等.2009.微生物肥料的研究进展［J］.贵州农业科学,37（9）：116-119.

翟彩霞,吴欢欢,王丽英,等.2011.变性淀粉包裹型缓释尿素对冬小麦生长发育及氮素农学效率的影响［J］.华北农学报,26（2）：175-179.

占新华,蒋庭春.1999.微生物制剂促进植物生长机理的研究进展［J］.植物营养与肥料学报,5（2）：97-105.

张丹,张卫峰,季玥秀,等.2012.我国中微量元素肥料产业发展现状［J］.现代化工,32（5）：1-5.

张殿杰,武云东,王春峰,等.2001.酵素菌堆肥对冬春茬番茄产量的影响［J］.农村能源（5）：29-30.

张福锁,陈新平,陈清,等.2009.中国主要作物施肥指南［M］.北京：中国农业大学出版社.

张海来.2008.温室蔬菜喷微肥五技巧［J］.农家科技（11）：13.

张辉,李维炯,倪永珍,等.2002.生物有机无机复合肥效应的初步研究［J］.农业环境保护,21（4）：352-356.

张加亮.2008.真假农资的鉴别与选购［J］.现代农业科技（17）：246-247.

张洁霞,刘树庆,胡吉敏.2008.高寒半干旱区水肥耦合对西芹收获期硝酸盐效应研究［J］.中国土壤与肥料（6）：39-45.

张民，史衍玺，杨守祥.2006. 控释肥和缓释肥的研究现状与进展［J］. 化学工业，28（5）：28-30.

张敏，王正根.2006. 生物有机肥料与农业可持续发展［J］. 磷肥与复肥，21（2）：58-59.

张树清，张夫道，刘秀梅，等.2005. 规模化养殖畜禽粪主要有害成分测定分析研究［J］. 植物营养与肥料学报，11（6）：822-829.

张彦才，李巧云，翟彩霞，等.2005. 河北省大棚蔬菜施肥状况分析与评价［J］. 河北农业科学，9（3）：61-67.

张余莽，周海军，张景野，等.2010. 生物有机肥的研究进展［J］. 吉林农业科学，35（3）：37-40.

赵崇山，楚君，王洋.2006. 农药化肥与农业污染［J］. 商丘职业技术学院学报，5（26）：101-103.

赵海红.2011. 微生物肥料作用及其在蔬菜生产中的应用［J］. 黑龙江农业科学（1）：51-53.

赵记军，徐培智，谢开治，等.2007. 土壤改良剂研究现状及其在南方旱坡地的应用前景［J］. 广东农业科学（10）：38-41.

赵娟，柳燕丽，宁国庆，等.2010. 绿菜花有机栽培技术规程［J］. 现代农业科技（18）：114.

赵同科，张成军，杜连凤，等.2007. 环渤海七省（市）地下水硝酸盐含量调查［J］. 农业环境科学学报，26（2）：779-783.

赵晓艳.2003. 不同生物有机肥应用效果及机理的比较研究［D］. 北京：中国农业大学.

中国农业科学院土肥所.2009. 土肥站工作规范标准与测土配方施肥技术指导应用手册［M］. 北京：中国农业出版社.

中国农业科学院土壤肥料研究所.1994. 中国肥料［M］. 上海：上海科学技术出版社.

中国农业年鉴编辑委员会.1970—2001. 中国农业年鉴［M］. 北京：中国农业出版社.

钟希琼，王惠珍，邓日烈，等.2005. 生物有机肥对蔬菜生理性状和品质的影响［J］. 佛山科学技术学院学报：自然科学版，23（6）：74-76.

周岩，武继承.2010. 土壤改良剂的研究现状、问题与展望［J］. 河南农业科学（8）：152-155.

周济.2009. 蔬菜用微肥把好"微"字关［J］. 农村实用技术（2）：33.

周卫.2008.有针对性地补施中量元素肥〔J〕.中国农资（2）：60.

周晓堃，姬鸿斌，贺华.2002.生物有机肥的研究及应用〔J〕.适用技术，25（11）：31-32.

周娅.2004.芹菜无公害施肥技术研究〔D〕.雅安：四川农业大学.

周志勇.2010.日光温室秋冬茬黄瓜棚面集流滴灌节水施肥一体化技术试验报告〔J〕.吉林农业（7）：47.

左其寿，丁克友.2009.中量元素缺乏原因及防治方法〔J〕.上海蔬菜（6）：65.

BEATON D B.1999.散装干粒混合肥料在中国发展的前景（上）〔J〕.高产施肥（2）：5-11.

BEATON D B.1999.散装干粒混合肥料在中国发展的前景（下）〔J〕.高产施肥（3）：6-10.

TISDALE S L，NELSON W L，BEATON D B，et al.1985.Soil fertility and fertilizers〔M〕.New York：Macmillan Publishing Company.